내장탑

냉동탑

윙바디

유압크레인

컨테이너운반트럭

캠핑카

활어운송차

리프트게이트

카캐리어

동물운송차

푸드트럭

탱크로리

어린이운송차

철스크랩운반차

도로유도표시등

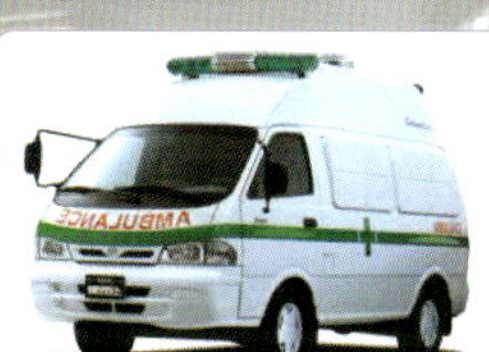

구급차

덤프차

진개덤프

곡물운송차

이동도서관차

하드탑

포장윙바디

의료검진차

구난형렉카

승인을 받아야 하는 튜닝(사례)

구조에 대한 변경을 원하는 운전자는 별도로 자동차 검사소 또는 교통안전공단
튜닝승인 인터넷 사이트를 통하여 확인할 수 있다.

출처 : 교통안전공단 홈페이지

언더리프트

셀프로더

트랙터공기압축기

동력인출장치(PTO)

HID 전조등

경광등

주간주행등

원동기

변속기

실린더블록

터보챠져

저공해가스엔진개조

배출가스저감장치

튜닝소음기

연료탱크 추가

LPG/휘발유겸용

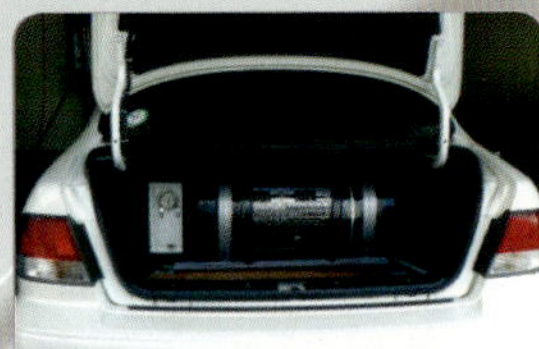

CNG/휘발유겸용

제설장비브라켓

연결장치

휠체어리프트

구형 ▶ 신형 외관변경

튜닝 승인없이 변경할 수 있는 경미한 튜닝(사례)

출처 : 교통안전공단 홈페이지

루프박스

루프캐리어

색상변경

썬루프

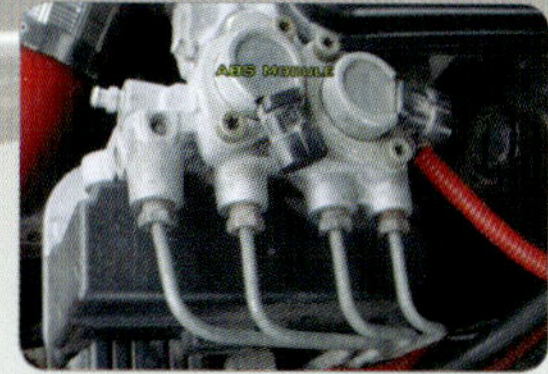

ABS브레이크

자동주차브레이크

브레이크디스크 및 패드

쇽업소버

코일스프링

스트럿바

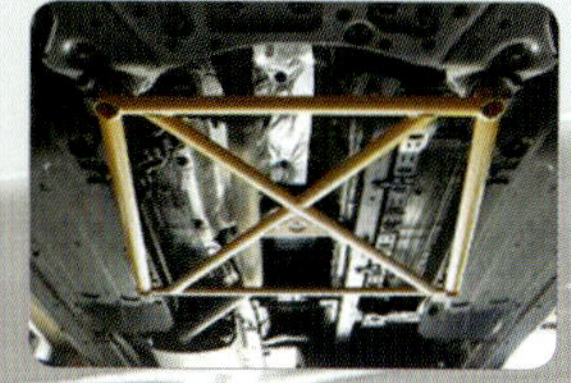

언더바

블랙박스

연료저감장치

카오디오

후방카메라

내부방음재

원격시동경보기

루프백

자전거캐리어

스키캐리어

롤바

에어스포일러

에어댐

바람막이

튜닝 승인없이 변경할 수 있는 경미한 튜닝(사례)

출처 : 교통안전공단 홈페이지

윈도우디프렉터

루프탑바이져

흡기매니폴드

배기매니폴드

에어크리너

스노클

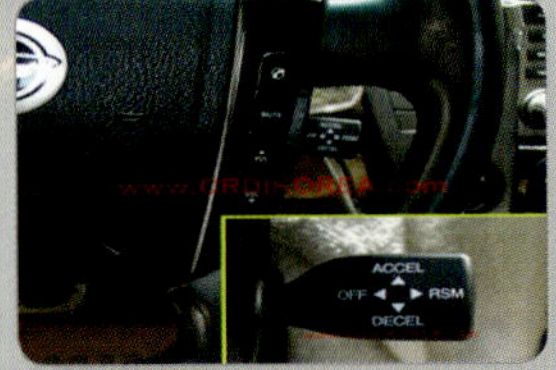

정속주행장치

장애인보조장치

런닝보드

후방경보장치

배기관팁

범퍼

전기식 윈치

썬바이져

범퍼가드

그릴가드

휀더커버(몰딩)

안테나

포장탑

밴형화물차 창유리

자동차관리법에 따라 인증받은 등화장치 상호변경

튜닝 승인이 불가능한 불법튜닝(사례)

과도한 튜닝으로 인하여 안전에 위험하다고 예상되는 항목들은 불법튜닝으로 규정하고
단속이 이루어지고 있으므로꼭 확인하여 피해를 보는 경우가 없어야 할 것이다.

출처 : 교통안전공단 홈페이지

안전기준위배등화

트레일러길이연장

차체높이초과

등화장치임의개조(클리어램프)

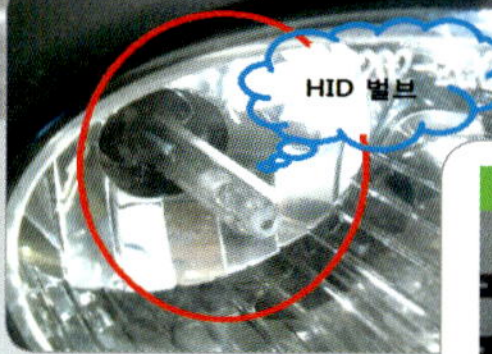

미인증 HID전조등 불법개조

등화장치임의개조(LED)

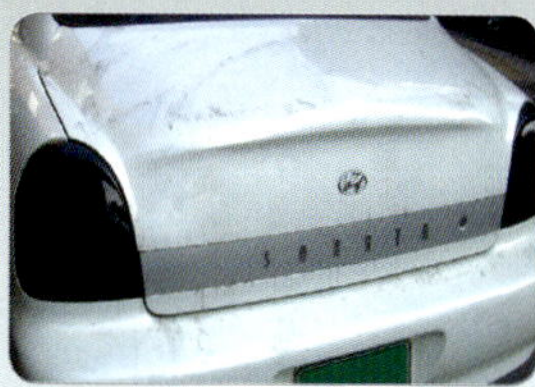

제동등착색

경광등색상상이

승차좌석임의변경

스마일등

번호판각도개조

슬라이딩답판확장

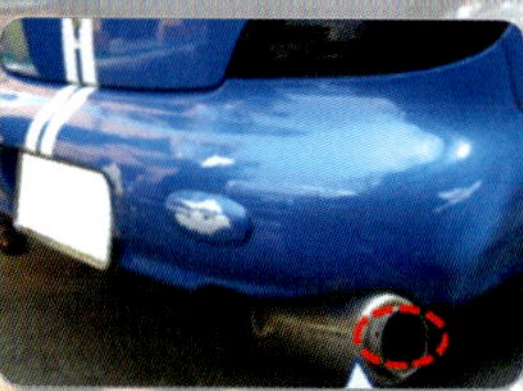

소음기우향설치

난간대임의설치

적재장치임의변경(차체길이연장)

적재장치임의변경

화물자동차캠핑카개조

트럭캠퍼설치

상승형윙바디설치

오픈카개조

철제범퍼임의설치

CONTENTS

DIY TUNNING HAND BOOK 편

DIY
TUNNING _편

What's Rental Garage?

렌털 게라지가 뭐지?

렌털 게라지는 리프트 작업이나 작업 공간, 나아가 자동차의 작업에 필요한 공구나 설비를 시간
단위로 임대하여 주는 곳을 말한다. 이번에 취재한 마이피트(Mypit)와 같이 전문적으로 렌털을
해주는 샵(shop)이 많지만 정비업체가 작업이 없는 시간에 공간을 개방하여 주는 경우도 있다.
물론 샵에 따라서는 이용할 수 있는 설비나 공구에 차이가 있기 때문에 작업 전에 예약을 겸하여
문의를 해보는 것은 기본이라 하겠다.

※ 샵(shop) : 가게, 상점, 물건을 만들거나 수리하는 곳. 특히 공장의 일부

※ DIY : do-it yourself의 약어

초보자 필독! That's DIY 서포터즈

전문가가 사용하는 설비와 공구를 자유롭게 사용하여 DIY를 안전 & 쾌적하게 즐겨보자!

간단한 부품 정도는 내가 장착해 보고 싶은데...

DIY 입문은 이러한 기분이 계기가 되어 시작이 된다. 그런데 걱정스러운 것이 작업을 할 수 있는 공간을 확보하는 것이다. 더불어 조언을 해줄 사람이 있으면 더할 나위 없이 안심이 되지 않을까? 심지어 스텝업(step-up)을 할 경우에는 충분한 설비와 공구도 사용하고 싶어질 것이다. 그런 DIY 초보자나 심도 깊은 작업을 하고 싶을 때 찾아 갈 수 있는 존재가 렌털 게라지다. 저렴한 예산으로 설비도 사용할 수 있고, 안심 & 확실하게 작업을 할 수 있는 그야말로 DIY 천국인 것이다.

타이어 교환에서 엔진 스왑까지
모든 작업이 가능한 어른들의 비밀기지

DIY로 부품을 장착할 경우 아무래도 걱정스러운 것이 작업 공간의 확보가 아닐까. 간단한 부품 정도라면 집 앞이나 주차장 빈터에서 가능하겠지만 부품이 크거나 복잡하면 자동차+작업 공간이 필요해진다. 게다가 날씨에 따라서는 작업이 안 될 수도 있어서 걱정이다. 계획을 잡은 날에 비가 내린다거나 또는 작업 중에 비가 내린 경험 등은 누구에게나 있을 것이다. 그런 문제를 해결해 주는 것이 렌털 게라지다.

공간적인 문제뿐만 아니라 제반 작업의 환경도 주목하기에 충분하다. 이번에 취재한 마이피트에서는 기본적인 작업 공구부터 작업의 효율을 높여주는 리프트 등의 설비, 개인적으로는 쉽게 가질 수 없는 에어 툴, 용접기와 얼라인먼트 테스트 등도 렌털 대상으로 준비되어 있다.

오일의 교환이나 차고 조정장치의 장착, 브레이크 패드 교환 등의 작업은 물론이고 할 생각만 있으면 모든 방면의 작업이 가능하다(이것은 일본의 경우이고 국내에서는 정비자격이 없으면 안 되는 분야도 있음). 게다가 설비 임대와 더불어 사용방법이나 작업방법에 대한 지도도 받을 수 있기 때문에 더할 나위가 없다. 개중에는 엔진 스왑(engine swap)이나 전체 도색까지 DIY로 하는 실력자도 있다고 한다.

단순한 작업 공간으로 빌리는 것도 있겠지만 모처럼 빌리는 경우라면 스태프나 다른 손님과 의견을 교환하는 것도 DIY를 배로 즐기는 요령이다. 혼자서 묵묵히 작업하는 것보다 같은 취미를 가진 사람을 동료로 만들어 재미있게 작업하는 것이 더 흥겹지 않을까. 그런 의미에서도 앞으로 DIY를 시작하려는 사람이나 집에서 DIY를 하는 사람은 렌털 게라지를 활용해 볼 것을 권해 본다. 자동차를 만지는 재미가 더 할 것이다.

타이어 교환에 도전해 보자!

타이어 교환기는 2대가 준비되어 있다. 사용료는 타이어 개당 4,000원이며 폐기에 따른 비용 등은 별도다. 또한 휠 밸런서(wheel balancer)도 준비되어 있기 때문에 DIY로 타이어를 교환하여도 쾌적성을 손상시킬 경우는 전혀 없다. 휠 밸런서의 사용료는 개당 3,000원이며, 밸런서 웨이트는 개당 2,400원.

Before

After

오래된 도장이 이 기계로 번쩍번쩍

부품의 표면에 부착되어 있는 오래된 도장이나 녹을 제거하려면 샌드블라스트(Sandblast)가 최고다. 1시간에 2만원의 사용료에는 비드(beads) 값도 포함된 합리적인 요금의 설정이다. 캐비닛은 소·대형 2개가 있는데 소형 바이크의 크기 정도면 수납할 수 있다.

낡은 도장의 갈라진 틈에서부터 녹이 퍼지는 부품도 샌드블라스트를 사용하면 도장과 녹 모두 제거할 수 있다. 샌드 페이퍼로 갈아내는 것보다 몇 배나 빨리 작업을 완료할 수 있기 때문에 후속 작업도 순조롭게 진행된다. 이밖에 부품의 청소 등에도 활용할 수 있다.

DIY로 이런 것까지 할 수 있네!?

제휴하고 있는 판금공장의 도장 부스 & 기자재도 사용이 가능하다. 도장과 관련된 설명도 들을 수 있어서 전체 도색을 하는 사람도 있다고 함. 캔 스프레이 페인트로 하는 DIY보다도 깨끗하게 칠할 수 있다는 점은 틀림없다. 요금은 지도료가 4만원이고 별도로 샌드 페이퍼나 도료비가 추가된다(일요일만 가능). 이밖에도 광택 기계(polisher)를 무료로 빌려서 하는 차량의 광택 가공 등도 인기라고 한다.

최신 테스트 장비로 얼라인먼트를 점검!

섀시(조향 또는 현가장치 관련) 부품을 교환하고 난 뒤 필수적으로 해야 할 것이 얼라인먼트 테스트인데, 와이어리스 타입의 최신식 장비를 갖추고 있다. 사용하는 방법에 대하여 설명을 듣고 나서 테스터를 사용하면 정확하게 측정할 수 있다. 물론 조정은 DIY로!! 최초 1시간은 6만원, 연장 30분마다 3만원이 소요된다.

빈손으로 와도 작업이 가능!!

수공구나 유압 잭 같은 기본 공구 외에 에어 툴도 완비되어 있다. 스냅원 제품의 임팩트 렌치나 V트윈의 대형 컴프레서 등 아마추어로서는 갖출 수 없는 고급 공구를 사용할 수 있다는 것도 매력적이다. 심지어 브레이크 클리너나 오일 같은 소모품도 구입할 수 있기 때문에 빈손으로 작업하러 가도 아무 문제가 없다.

힘든 작업도 어려움 없이 가능!

엔진 잭이나 미션 잭 등을 이용하여 부품을 장착하는 작업뿐만 아니라 더 복잡한 작업까지도 가능하게 해주는 설비도 충분하다. 유압잭을 사용하면 서스펜션 암의 부시 교환도 DIY로 할 수 있다.

집에서는 할 수 없는 작업도 가능!

탈착한 부품을 세척하기 위한 세면대. 오일의 성분이 부착되어 있는 엔진이나 미션의 부품을 닦아내기에 편리하다. 자기 집 세면대에 하기에는 곤혹스러운 작업이기 때문에 렌털 게라지를 활용하는 장점이 큰지도 모르겠다. 1시간에 8천원.

머플러 제작도 도전해 볼까!?

마이피트에서는 용접기(TIG · MIG)도 렌털할 수 있기 때문에 스스로도 부품을 제작할 수 있는데, 이 부분은 경험자한테만 렌털이 가능하다. 머플러의 가공이나 제작 · 보수 외에 한 가지만의 제작물도 폭넓게 할 수 있다.

DIY 빌더, 강력 지원!

2005년에 오픈하고 나서 많은 DIY 빌더들에게 사랑받고 있는 마이피트. 고속도로를 내려와 바로 위치한 입지적 조건 때문에 주말에는 많은 DIY 빌더가 찾아온다고 한다. 「옛날부터 저도 이런 장소가 있었으면 했거든요」라는 이유만으로 DIY 빌더들의 욕구에 딱 들어맞는 설비를 갖추고 있다. 작업 공간은 2주 리프트 2개에 4주 리프트 1개, 평지 공간은 5군데로 한정되어 있기 때문에 사전 예약은 필수다. 이곳을 이용하는데 있어서 연회비 2만원을 지불하면 저렴한 사용료로 DIY를 즐길 수 있다.

주소 : 경기도 XX시 XXX 031-XXX-XXXX

영업시간 : 9:00~18:00

휴무일 : 공휴일을 제외한 매주 목요일

http://www.mypit.co.kr(가상)

연회비 : 2만원(자동차 1대당)

평지사용 : 4천원/1시간

리프트 : 7천원/1시간

판금도장 지도료 : 4만원(샌드 페이퍼 : 1,000원/1장, 퍼티 종류:1,500원/100g)

광택 가공 : 98,000원(광택기계 무료)

EZ그래픽 : 5만원/1m×40cm(나뭇결, 카본)

※기타 각 설비마다 사용료 발생

전장부품을 장착하는데
큰 도움을 주는 아이템 가득!

> **편리한 공구가 있으면 배선 작업도 두렵지 않다!**

전장부품을 장착하는데 있어서 빠져서는 안 될 배선처리. 전류나 암페어 등을 떠올리거나 세밀한 작업을 생각하면 머리가 아파오는 사람도 많지 않을까? 여기서는 그런 골칫거리를 극복하기 위해 전자부품의 장착이나 배선처리를 손쉽고 확실하게 할 수 있는 아이템을 소개할까 한다. 여기서 취급하는 제품은 누구나 쉽게 구할 수 있는 것들을 위주로 하였다.

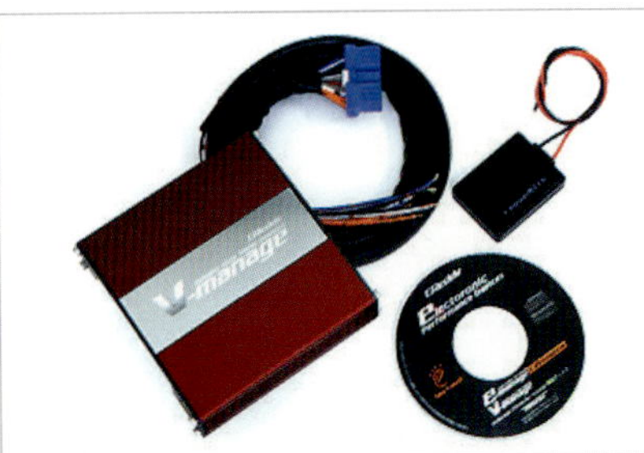

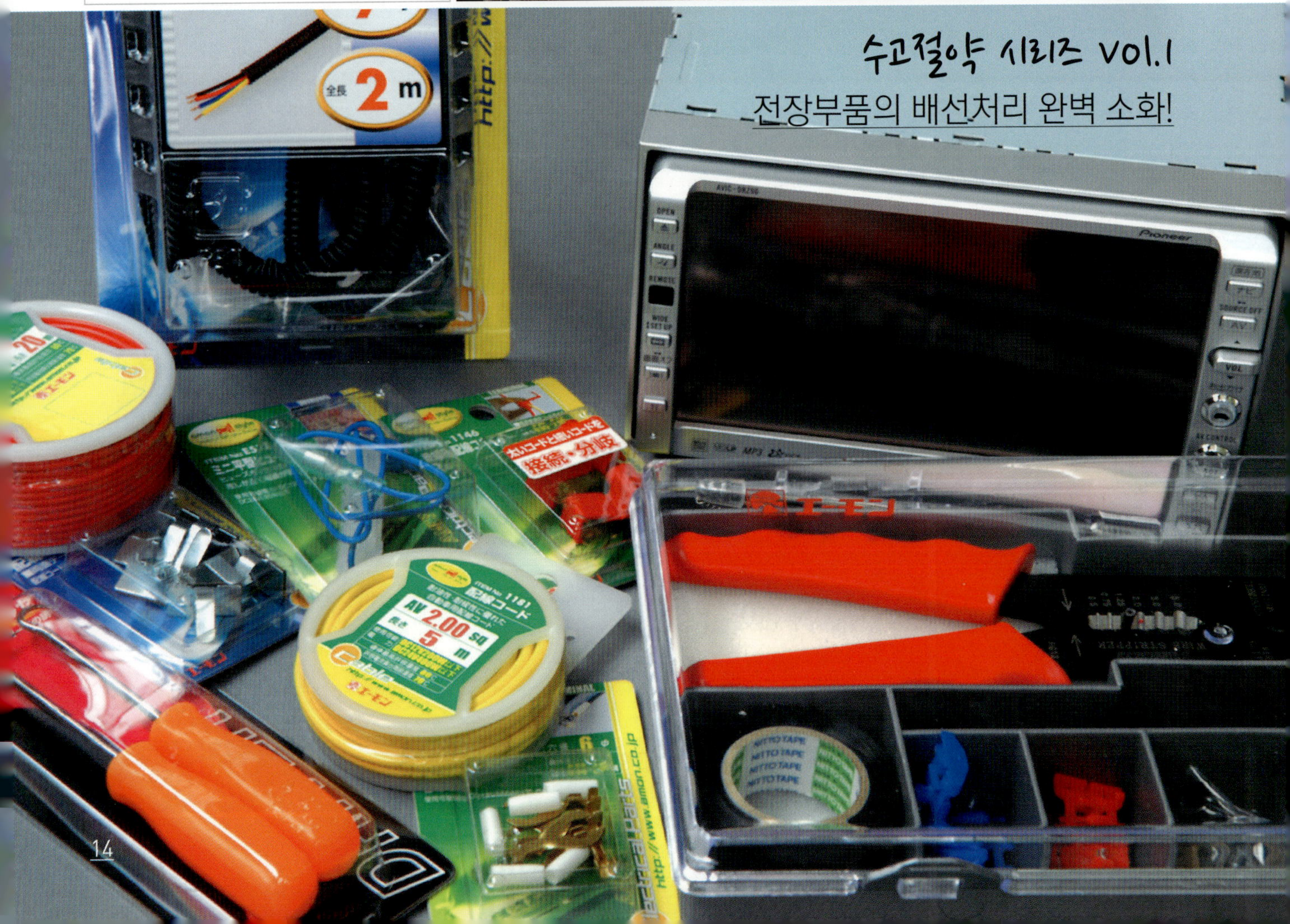

전원 & 어스를 찾다.

전원은 집중되어 있어서 의외로 간단하게 찾아낼 수 있다!

전장품을 장착할 때 반드시 해야 하는 작업이 전원을 찾는 것이다. 부품에 따라서는 액세서리나 조명 등 복수의 전원을 확보해야 하는 경우도 있다. 복수의 전원을 분기하는 작업이 어렵게 느껴지지만 전원은 카오디오 뒤쪽이나 키 실린더 주변 등에 집중되어 있기 때문에 의외로 간단하게 찾아낼 수 있다.

테스트 램프

전원을 찾는데 빼놓을 수 없는 테스터 램프. 클램프를 보디(어스)에 연결하고 본체 끝을 찾고 싶은 코드나 커넥터에 접촉시켜 본체에 내장되어 있는 벌브가 점등되면 통전되고 있다는 증거다.

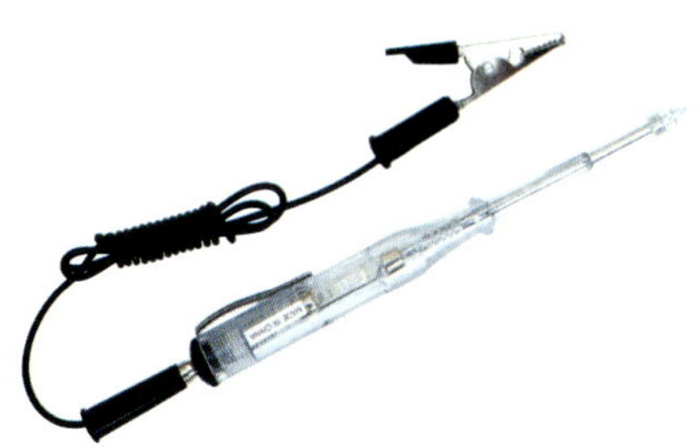

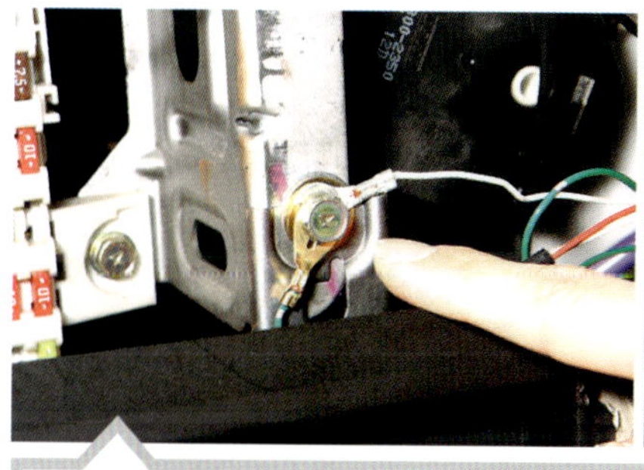

어스는 보디에 연결

자동차는 보디 전체가 마이너스 어스로 되어 있기 때문에 마이너스 코드는 보디의 금속부분과 같이 체결하면 된다. 단 도장이 된 부분은 전기가 통하지 않으므로 주의할 것. 필요에 따라 줄 등으로 도장을 벗겨내면 된다.

다양한 전원이 있다!

한 마디로 전원이라고 하지만 상시 전원이나 조명 전원 등 종류는 여러 가지다. 이들 전원은 카 오디오 뒤나 키 스위치 이외에도 시거 라이터 소켓이나 퓨즈 박스 등 여러 장소에서 확보할 수 있다.

전원의 종류

1. 상시 전원 : 오디오 메모리나 엔진 스타터 등 키 스위치를 뺀 상태에서도 전류가 계속 흐르는 배선. 메모리 등을 보존하는 장치에 사용.

2. 이그니션 전원 : 키 실린더의 이그니션 스위치를 ON시켰을 때 전기가 흐르는 배선. 주행 중에 사용하는 전자장치를 이용할 때 사용.

3. 액세서리(ACC) 전원 : 이그니션 스위치를 액세서리(ACC)로 돌렸을 때 전기가 공급되는 회로. 이그니션 전원과 마찬가지로 사용.

4. 조명 전원 : 라이트와 연동되는 조명 전원은 차폭등(또는 미등)을 점등했을 때 전류가 흐르는 배선을 말한다. 추가된 미터의 조명 등에 사용.

STEP2

전원 확보

전원을 설치하기 편한 아이템이 가득!

전기가 통하는 배선을 찾아냈으면 이번에는 전원을 분기하는 작업이다. 일렉트로 탭을 사용하여 전원을 나눠주면 간단하게 전원을 확보할 수 있다.

한 가지 주의해야 할 것은 배선의 굵기 등에 맞는 일렉트로 탭을 사용해야 한다는 것이다. 굵은 배선을 무리하게 물리면 나중에 벗겨지는 등 트러블을 일으킬 수 있으며, 내부의 동선이 절단되어 용량이 감소됨으로써 과열이나 쇼트의 원인이 된다.

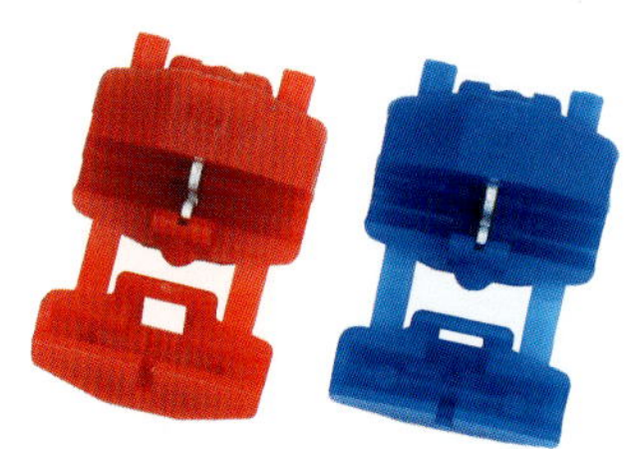

일렉트로 탭

전선의 피복을 벗기지 않고 전원을 분기할 수 있는 일렉트로 탭. 스토퍼가 있는 쪽으로 분기할 전선(지선)을 세팅하고 스토퍼가 없는 쪽에 전원선(본선)을 물리도록 하면 된다.

용도에 맞는 배선을 선택하자!

배선 코드는 여러 가지 굵기가 있어서 대응전력이 정해져 있다는 것을 알고 있나? 예를 들면 0.75SQ 코드의 경우 약 140W까지 대응한다는 식이다. 전자장치는 소비전력이 적기 때문에 그다지 신경 쓸 일은 없지만 오디오 앰프 등은 커다란 전력을 필요로 하는 것이 있기 때문에 신경을 써야 한다. 예비지식으로서 기억해 두면 좋을 것이다.

적정 배선 코드표

SQ(심선 단면적)	대응 전력(12V의 경우)
0.50	60W
0.75	80W
1.25	140W
2.00	200W
5.00	480W

전원 설치 커넥터

이미 전원 분기용 코드가 배선된 일렉트로 탭. 압착 단자가 붙어 있어서 고생스러운 결선 작업을 할 필요가 없다.

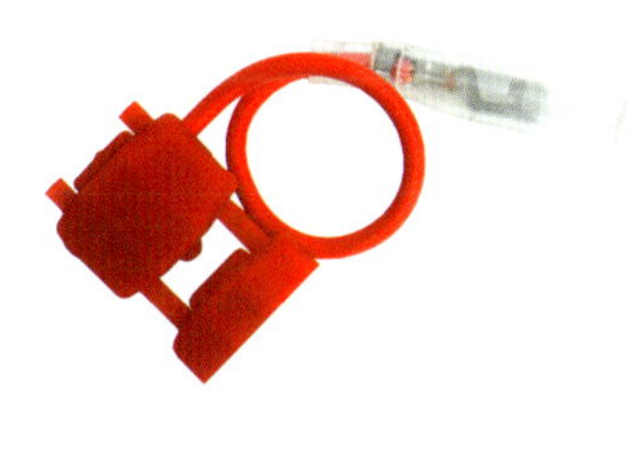

평형 퓨즈 전원

퓨즈 박스에 설치되어 있는 퓨즈와 바꿔 끼우기만 하면 전원을 확보할 수 있다. 필요한 전원 용량에 맞춰 선택하면 된다. 바꿔 끼울 퓨즈는 반드시 똑같은 용량이어야 하는 것이 기본이다.

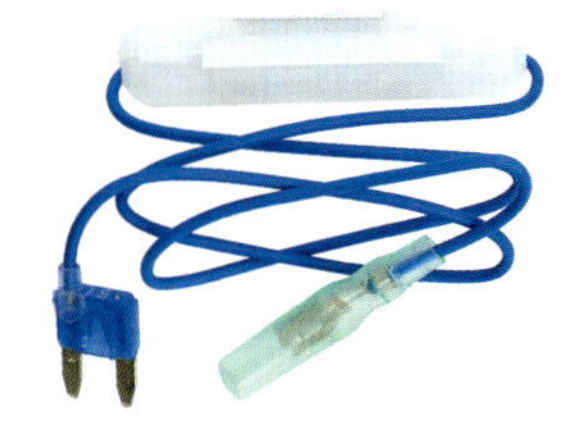

시거 라이터 전원

시거 라이터 소켓에 끼우기만 하면 되는 것으로서 플러스와 마이너스를 동시에 확보할 수 있다. 퓨즈가 내장되어 있으므로 만일의 경우에도 안심. 스위치가 배치되어 있는 것도 있다.

어스용 단자

전자장치를 많이 붙이면 어스선을 연결할 곳을 찾는 것이 곤란할 때도 있다. 하지만 이 어스용 단자를 사용하면 동시에 4개의 어스를 연결할 수 있다(평형단자 전용).

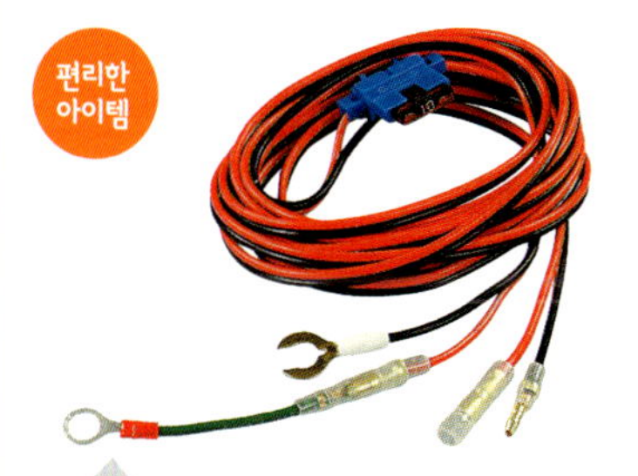

전원 설치용 코드

대용량 전원을 확보하기 위해 배터리에서 직접 전원을 가져올 때 단자와 코드, 퓨즈 홀더가 세트로 되어 있어서 편리하다. 플러스 전원을 두 개 확보할 수 있는 타입도 있다.

STEP3

배선 처리

배선을 깔끔하게 하면 트러블도 잘 일어나지 않는다!

전공 펜치(wire stripper)를 잘 사용할 줄 알면 당신도 배선 기술자!

배선끼리 연결할 때 등에 유용한 것이 압착 단자를 비롯한 단자 종류다. 평형 단자나 C형 단자, 커플러 타입 등 다양한 단자가 있는데 무엇을 쓰든 준비해야 할 것은 전공 펜치다. 이것을 잘 사용하면 보기에도 깔끔하게 마무리되고 튼튼하게 접속이 된다. 요컨대 압착 처리를 펜치 등으로 하면 단단히 맞물리지 않아 빠지거나 쇼트가 발생될 위험이 있으므로 주의해야 한다!!

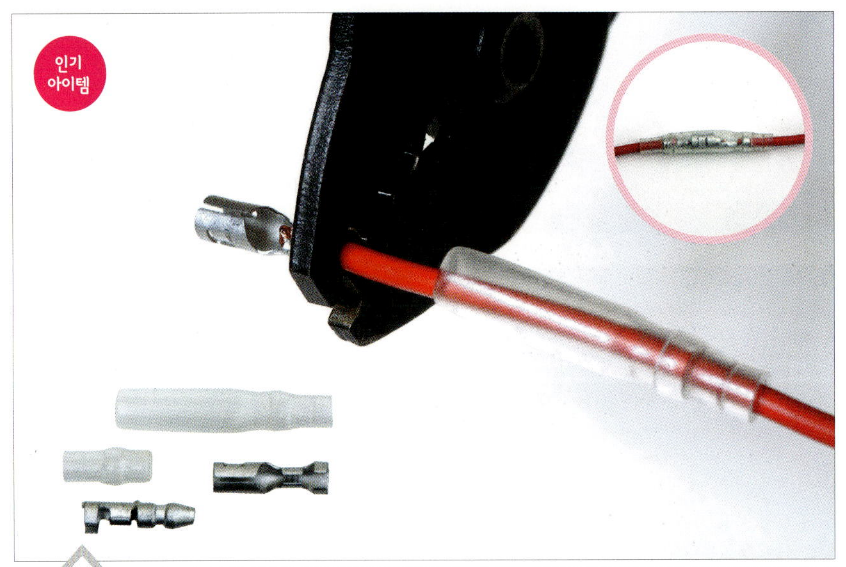

압착 단자

탈착할 수 있고 확실하게 접속할 수 있다는 이유 등으로 자동차의 전기 계통에 많이 사용되는 것이 압착 단자다. 절연 슬리브의 밀폐성이 뛰어나기 때문에 물이나 이물질이 들어가기 쉬운 장소에서 코드끼리 접속할 때 적합하다. 주의할 점으로는 전원 쪽에 암 단자, 전장품 쪽에 숫 단자를 사용해야 하는 것이다. 그 이유는 진동 등에 의해 서로 떨어졌을 때 슬리브에 덮여 있는 암 단자 쪽이 플러스인 경우에는 쇼트가 발생되지 않기 때문이다.

압착 단자를 물리는 방법

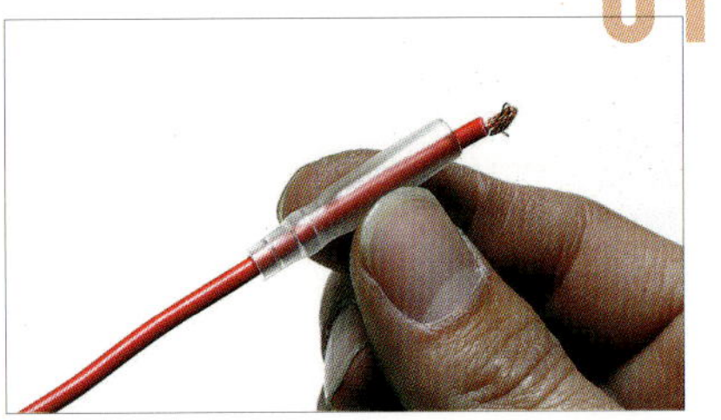

01

절연 슬리브를 끼워 둔다.

코드 끝을 5mm정도 벗긴 다음 절연 슬리브를 끼운다. 이 슬리브는 긴 쪽이 암 단자용이고 짧은 쪽이 숫 단자용이다. 배선을 처리한 다음에는 슬리브가 들어가지 않으므로 잊지 말고 끼워두도록 할 것.

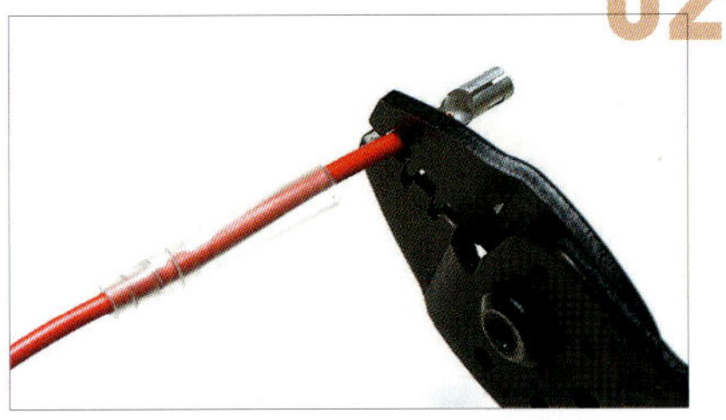

02

전공 펜치로 잘 물린다.

압착 단자에 물리는 부분이 두 군데가 있다. 한 쪽에 동선을, 다른 한 쪽에 피복을 물리면 된다. 간단해 보이지만 전공 펜치를 사용하여 단단히 물리도록 한다.

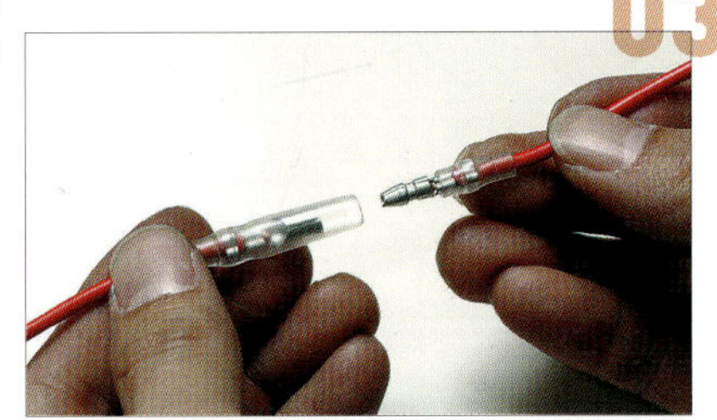

03

잘 끼우면 완성된다!

숫 단자와 암 단자를 잘 끼운 다음 절연 슬리브로 덮으면 완성이다. 잘 끼워졌는지 확인하는 것을 잊지 말도록.

전공 펜치 사용법

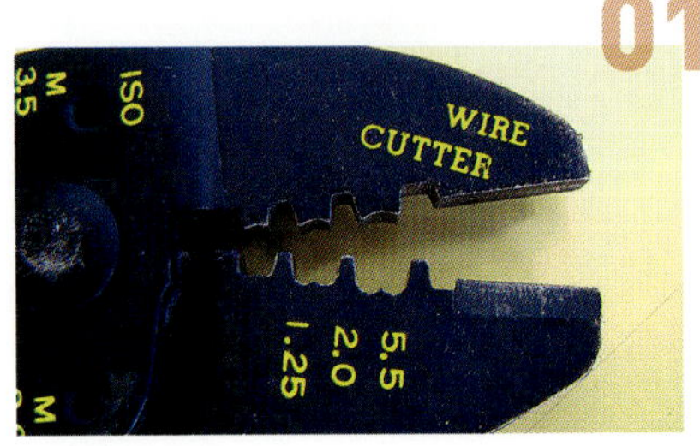

01

손잡이 쪽에 있는 구멍은 배선의 피복용이다. 코드를 구멍에 끼우고 당겨 주면 동선을 남기고 피복을 벗겨낼 수 있다.

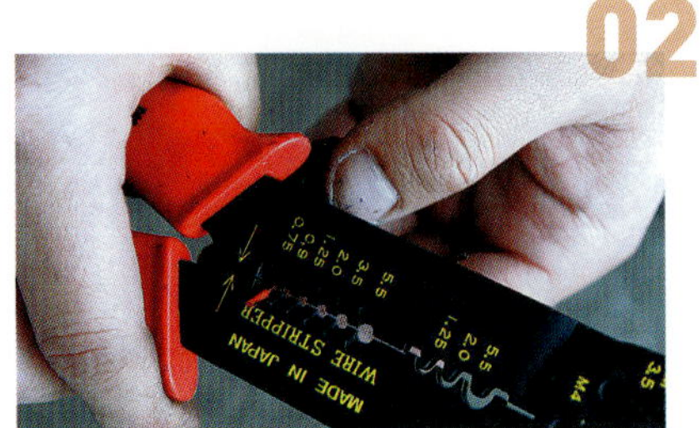

02

배선에 단자를 접속할 때 사용하는 것이 이 부분이다. 이상한 모양을 하고 있지만 이 요철로 단자를 눌러주면 배선과 단단히 압착된다.

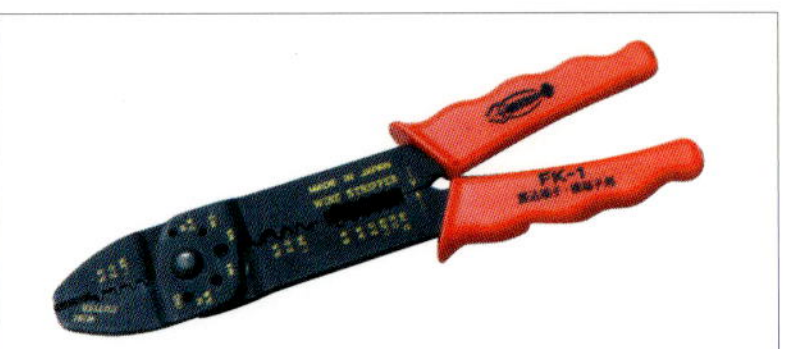

배선작업을 하는데 있어서 빼놓을 수 없는 것이 전공 펜치다. 본 적은 있지만 사용법을 잘 모르는 사람도 있지 않을까? 단자를 배선에 꽉 물리도록(압착) 하는 것뿐만 아니라 코드를 자르거나 피복을 벗기는 등 이것 하나로 여러 가지 작업을 할 수 있다.

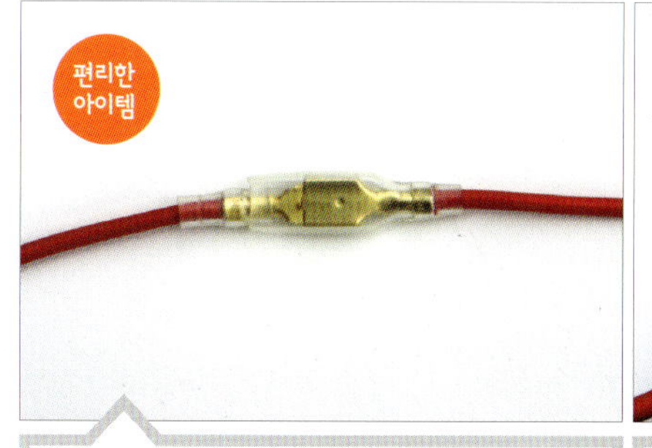

평형 단자

압착 단자와 마찬가지로 간단히 뺄 수 있게 되어 있는 평형 단자. 평형 단자는 스피커나 혼 같은 기기와 접속할 때 사용하는 경우가 많은 것 같다. 압착 단자와 마찬가지로 눌러서 단자를 물리는 타입이다.

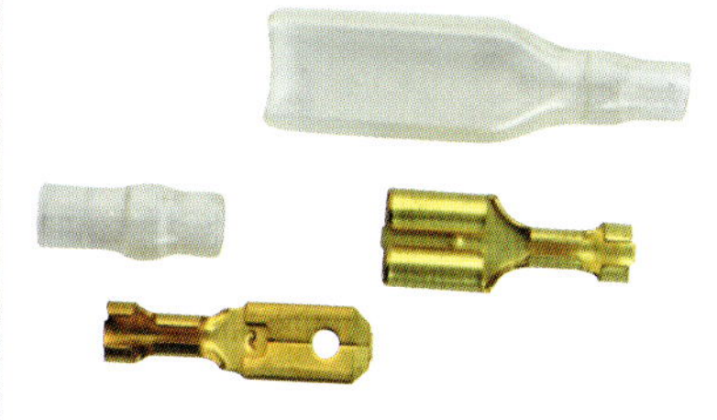

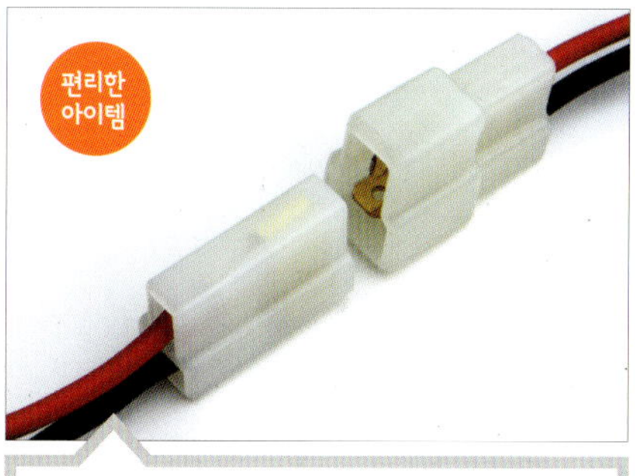

커플러

플러스와 마이너스, 상시 전원과 액세서리 전원 등 복수의 코드를 서로 배선할 때 편리한 것이 이 커플러다. 2개의 배선을 같이 정리할 수 있어서 보기에도 깔끔하고 끼우거나 빼는 것도 한 번에 끝난다. 커플러 안에는 평형 단자가 들어가 있다.

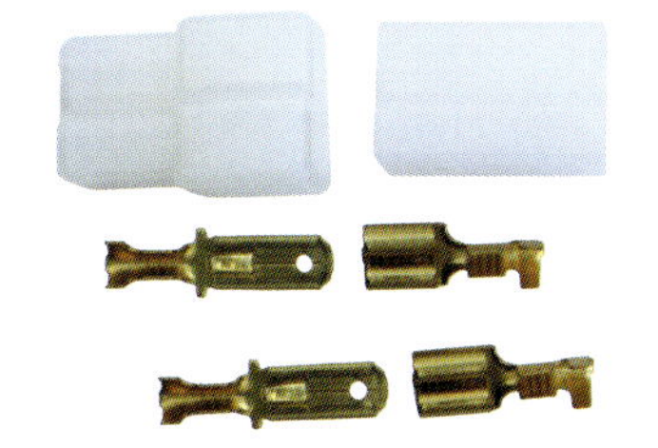

압착 접속 단자

분리할 필요가 없을 때는 압착 접속 단자를 사용하는 것도 방법이다. 단자 양쪽으로 배선을 끼운 다음 전공 펜치로 압착하기만 하면 접속 작업 끝이다. 코드의 굵기에 맞춰 2가지 타입이 있다.

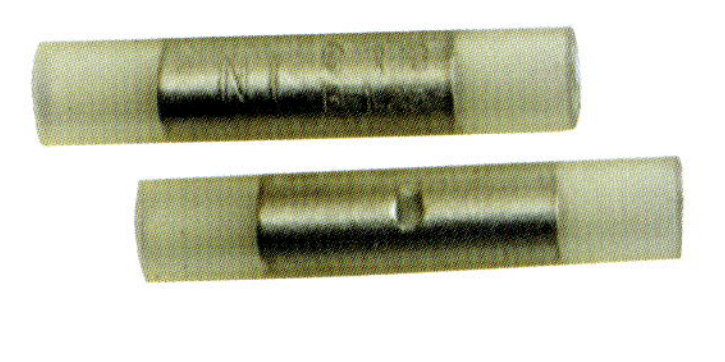

Y자형 접속 단자

혼이나 안개등의 배선 등 전원을 분기할 필요가 있을 때는 Y형 접속 단자가 편리하다. 원래는 1개의 배선을 2개로 분기하도록 되어 있는 것이다. 사진의 압착 단자 타입 외에 평형 단자 타입도 있다.

원터치 커플러

이것도 커플러이긴 하지만 단자를 물리는 작업이 필요 없는 간편한 타입이다. 코드의 피복을 벗겨 끼워 넣기만 하면 물릴 수 있기 때문이다. 2극 타입과 4극 타입이 준비되어 있다.

STEP4

절연 처리

이물질이나 물을 차단시켜 트러블을 미연에 방지한다.

배선에 있어서 가장 큰 문제가 물이나 이물질이다. 특히 엔진룸 안은 심각하다. 따라서 절연처리를 꼼꼼히 하는 것이 중요하다. 수축 튜브나 절연 테이프를 사용해 보호하면 트러블을 미연에 방지하는 것이 가능하다.

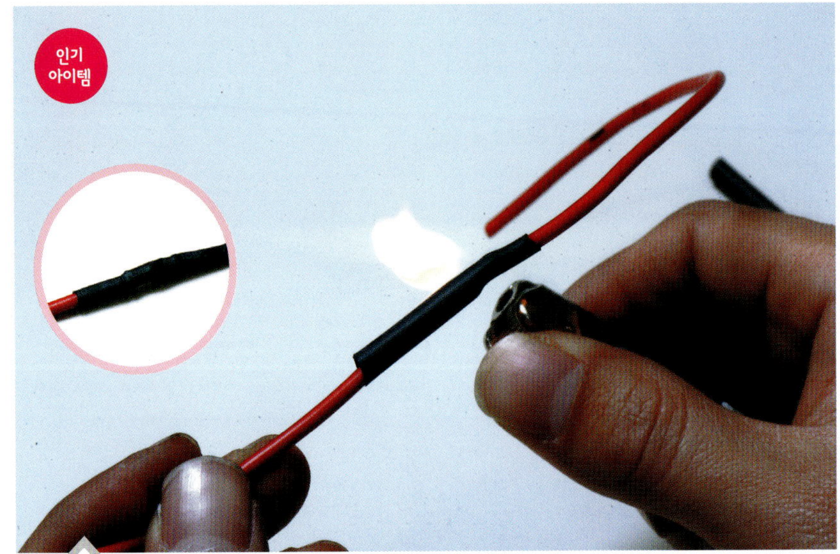

수축 튜브

코드의 절연이나 보호하는데 편리한 수축 튜브. 드라이어로 열을 가하거나 라이터로 가볍게 불을 쏘여주면 약 반 정도로 오그라든다. 여러 가지 크기가 있으므로 배선에 맞는 것을 선택하면 된다. 또한 배선을 몇 가닥 모아서 사용하는 것도 가능하다.

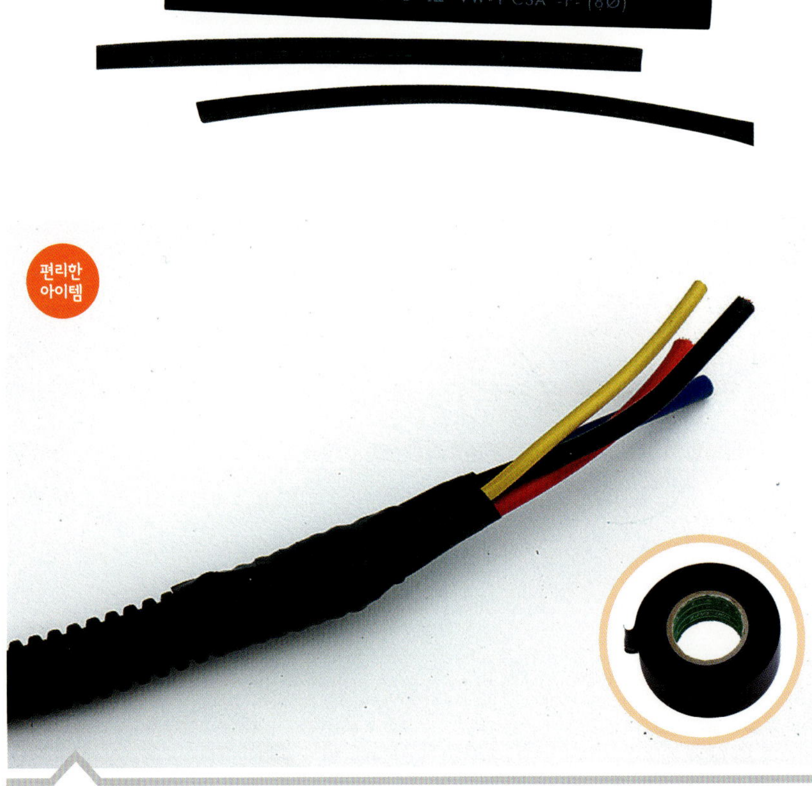

절연 테이프

배선을 정리할 때나 코드의 절연할 때 외에도 비닐 테이프를 사용하면 열에 의해 벗겨지거나 떼어낼 때 접착제가 남아 끈적거리는 것이 안 좋다. 하지만 접착력이 약한 절연 테이프라면 깨끗하게 벗겨낼 수 있다. 테이프 자체도 얇고 유연성이 있기 때문에 배선을 정리하는데 안성맞춤이다. 손으로 쉽게 벗겨낼 수 있어 작업성도 좋다.

배선 처리

배선 처리를 잘 해 놓으면 보기에도 깔끔하다!

배선을 어지럽게 해 놓으면 차 안이나 엔진룸을 봤을 때 보기에도 안 좋고 트러블이 일어나기도 쉽다. 그만큼 여기저기 다른 부분과 접속하기 쉽기 때문이다. 배선은 가능한 눈에 잘 띄지 않게 처리하는 것이 철칙이다. 그것이 무리라면 나선형 튜브 등을 사용해 배선을 정리하면 깔끔하게 만들 수 있다. 트러블의 예방도 되는 것은 물론이다.

주름 튜브

세로 방향으로 슬릿이 들어가 있는 주름(corrugate) 튜브는 배선을 간단하게 정리할 수 있다. 또한 어느 정도 내열성도 있기 때문에 코드를 보호하는 역할도 한다. 유연하게 움직이므로 작업성도 좋다. 마찬가지로 나선형 튜브를 사용하는 방법도 있다.

실리콘 고무 테이프

접착제를 사용하지 않는, 자기 융착 타입의 고무 테이프. 3배나 늘어나는 등 유연성이 뛰어나 복잡한 배선을 에둘러서 처리할 수 있다. 사용 온도 범위가 −54℃~260℃까지로 폭넓은데다가 내수성도 뛰어나기 때문에 엔진룸 안의 배선을 정리하는데 적합하다.

결속 밴드

프리 사이즈의 타이 랩이라고 할 수 있는 것이 이것이다. 클립부분과 밴드부분이 별도로 되어 있어서 상황에 맞춰 적당한 길이로 잘라 사용할 수 있다. 최대 300파이까지 결속할 수 있으며 클립은 12개가 들어가 있다.

배선 고정 밴드

차체에 배선을 고정할 때 편리하다. 토대 부분은 양면 테이프로 붙이기 때문에 간단히 작업할 수 있다. 밴드는 로크 해제 기능이 있어서 탈착도 가능하다.

코드 고정용 아이템

배선을 고정하기 위한 아이템도 다양하다. 작업할 장소나 배선의 굵기 등 용도에 맞춰 최적의 것을 선택하면 된다.

부품을 장착한 결과가 실패로끝나지 않기 위해 기본적인 작업을 몸으로 익히자!!

초보자 필독!!
DIY 고수가 되기 위한 기초 지식

초보자가 예비지식 없이 갑자기 장착에 나서는 것은 금물이다. 자동차를 분해하고 조립하는 작업은 항상 위험이 뒤따르는데 만약 실패로 끝나면 모처럼의 기대가 실망으로 바뀔 뿐만 아니라 비싼 수리비용을 지불해야 하는 처지가 될 수도 있다. 이 코너에서는 초보자가 DIY 튜닝에 도전할 때 실패하지 않기 위해 알아야 할 기초적인 사항에 대하여 어드바이스를 해 준다. 작업 전에 읽어보고 즐거운 DIY튜닝을 즐기도록 하자.!

작업 전 기초 지식

01

"조급히 장착하지 말고 사전 조사를 신중하게!!"

설명서를 꼼꼼히 읽고 이해해야 한다!!

튜닝 부품을 구입하면 바로 장착해 보고 싶은 것이 인지상정이지만 일단은 설명서의 내용을 꼼꼼히 읽도록 한다. 읽으면서 작업 절차나 주의사항, 필요한 공구까지 이해할 수 있을 것이다. 무턱대고 작업에 나섰다가 도중에 몇 번이고 작업을 중단하는 일은 비효율적일뿐만 아니라 실수를 유발하는 원인이 될 수도 있다.

부품을 구입한 뒤에는 내용물을 확인할 것!!

설명서를 읽은 다음에는 모든 내용물이 제대로 들어가 있는지 점검한다. 부품에 따라서는 부속품이나 어댑터를 추가로 구입해야 장착이 가능한 경우도 있기 때문이다. 내용물을 확인하는 가운데 작업이나 부품, 튜닝에 대한 이해도 깊어질 것이다.

대형 부품은 2명 이상이 작업하도록 한다.

2명 이상이 작업하는 것을 추천하는 것은 혼자서 작업을 하면 위험한 경우도 많고, 무슨 일이 생겼을 때 대처가 안 된다는 것이 첫째 이유다. 또한 작업효율이 떨어지거나 대형 부품을 제대로 받쳐주지 못해서 자동차나 부품에 손상을 입히는 경우도 있기 때문이다. 그리고 무엇보다 친구와 얘기해 가면서 하는 작업이 더 즐겁지 아니한가!!

작업 시간은 여유를 가져야!!

초보자가 작업을 하기 시작하면 처음에 예상했던 것보다 장착 시간이 더 많이 걸리는 경우가 적지 않다. 다음날에 자동차를 사용할 예정인데 작업이 끝나지 않아 곤란을 겪는 등의 경험을 한 사람도 많을 것이다. 게다가 시간에 쫓기는 가운데 세팅 작업을 하게 되면 실수를 일으킬 확률이 더 높아지므로 작업 시간에 여유를 갖도록 한다.

작업 전에 사진으로 기록을 남겨두자!!

메커니즘에 대한 지식이 없는 사람은 작업 전의 상태나 행정(行程), 커플러 등의 결합 상태를 사진으로 남겨 두는 것이 좋다. 작업이 기록될 뿐만 아니라 부품을 조립하다가 잘 모를 때 참고가 되기 때문이다. 이런 이유로 작업하는데 있어서 공구 외에 디지털 카메라나 스마트 폰이 필수품이라고 하는 것이다.

초보자 필독!!
DIY 고수가 되기 위한 기초 지식

기본을 모르고 실패하는 초보자가 많아요!!

작업 준비 기초 지식

01

몸을 보호하는 준비는 잊지 않도록!!

움직이기 쉽고 더러워져도 괜찮은 복장으로 작업하는 것은 당연지사. 여기에 화상이나 예리한 부품에 찔려도 상처를 입지 않도록 긴 팔에 작업 글로브 등을 착용하는 것이 좋다. 엔진룸에서 시동을 점검하거나 할 때는 머리카락이나 옷이 회전하는 물체에 감겨들지 않도록 주의하는 것도 잊지 말아야 한다.

02

하체 쪽 작업은 리지드 랙으로 고정!!

자동차 밑으로 손을 넣거나 들어가서 작업해야 할 때는 반드시 리지드 랙(rigid rack)을 넣어 자동차를 고정하도록 한다. 자동차에 들어 있는 소형 잭만 받쳐서 작업하는 것은 금물이다. 또한 잭이나 리지드 랙을 대는 곳도 주의가 필요하다. 하중을 견디지 못하고 차체가 찌그러지거나 미끄러져 사람을 덮치기라도 하면 대형 사고다.

03

작업 전에는 자동차를 식힌다!!

엔진뿐만 아니라 머플러나 브레이크 주변 등 주행 직후의 자동차는 여러 부위에서 상당한 열을 발산한다. 또한 한여름에는 주차만 해놓아도 데일 정도로 차체가 열을 담고 있는 경우도 있다. 이런 상태에서는 안전하고 확실한 작업이 불가능에 가깝다. 때문에 주행 직후의 작업도 NG다. 작업 전에 자동차를 식혀 두는 것이 좋다

04

부품을 구분해 둘 수 있는 트레이를 준비한다!!

볼트 종류를 잘 정리해 두지 않으면 조립할 때 어떤 볼트를 어디에 사용하는지 헷갈리기 쉽다. 또한 아무렇게나 볼트나 너트를 놔두어서는 분실이나 타이어가 밟으면서 펑크를 일으키는 원인이 될 수도 있다. 트레이나 종이컵 등을 많이 준비해 두었다가 작업 중이라도 공구나 너트의 종류를 정리하는 습관을 갖도록 하자.

05

전기계통의 작업은 배터리를 탈착시키고!!!

작업 중에 일어나는 쇼트는 전자부품이나 컴퓨터 등을 고장 나게 하는 원인이다. 잘못하다간 자동차가 움직이지 못해 많은 수리비를 내야하는 지경에 이를 수도 있다. 전기계통의 작업뿐만 아니라 모든 작업에 있어서 배터리의 전극을 분리하도록 시키는 샵이나 메이커가 있을 정도다.

06

부품과 차체를 보호하는 대책을 잊지 않도록!!

대형 부품을 탈착할 때는 차체에 닿지 않도록 주의한다. 닿을 염려가 있는 부분에는 마스킹 테이프 등을 붙이고 나서 작업하도록 한다. 또한 외부에 드릴 등으로 구멍을 뚫을 경우 드릴의 날이 미끄러져도 괜찮도록 구멍을 뚫을 자리 주변에 마스킹을 해 두는 것은 상식이다.

<u>초보자 필독!!</u>
<u>DIY 고수가 되기 위한 기초 지식</u>

디테일한 작업을 통해 **완성도를 향상시키자!!**

주변 작업 기초 지식

01

외장 부품은 물이 새지 않도록 주의!!

외장 작업은 작업의 공정이 비교적 간단한 것이 많지만, 렌즈류나 스포일러, FRP 트렁크의 장착이 불완전하여 실내로 빗물이 스며드는 경우가 많다. 실 종류나 코킹을 꼼꼼히 넣어 불필요한 트러블을 방지하자.

02

내장 부품은 파손되지 않도록 주의!!

클립이나 볼트가 안쪽으로 고정되어 있는 내장 부품은 신중하고 조심스럽게 탈착한다. 무리하게 힘을 주면 의외로 쉽게 부러지는 경우가 많다. 특히 새 자동차는 재활용 수지 부품을 내장에 사용하는 경우가 많아서 추운 날에 작업을 하다 보면 쉽게 부러지는 경향이 있다.

03

엔진룸은 열원에 주의!!

부스트 컨트롤러나 미터 종류 등 엔진룸 안에 부품을 장착해야 할 때는 배기매니폴드 등 열이 많이 나는 위치에서 가능한 먼 곳에 장착하는 것이 이상적이다. 배선류의 배치도 마찬가지다. 열기를 정면으로 받으면 부품의 수명이 극단적으로 짧아지는 경우도 많다.

04

전자부품은 접촉 불량과 어스에 주의!!

전자부품을 장착할 때는 전원을 분기시키는 작업이나 차체 어딘가에 어스를 시키는 것이 필수작업이다. 이 작업을 쉽게 어설프게 했다가는 시간이 지나고 나서 전원이 들어오지 않는 경우도 있다. 또한 전원을 분기시킨 부위에 따라서는 전압의 부족으로 인해 부품이 작동 불량을 일으킬 소지도 있으므로 염두에 두는 것이 좋다.

05

볼트와 너트는 너무 조이지 않도록 주의!!

초보자의 경우 바퀴 주변의 부품이나 10mm 이하의 가느다란 볼트 등을 너무 세게 조이는 경향이 있다. 토크 부족으로 탈락하는 것도 위험하지만 과도한 체결로 인해 부품이 손상되어도 안 된다. 최선은 규정의 토크를 조사하여 토크 렌치를 사용하는 것이다. 또한 작업 경험을 쌓아 너무 세게 조이기 직전에 볼트가 조여드는 감각을 몸으로 익히는 것도 중요하다.

06

배관과 배선은 확실하게 고정할 것!!

전자부품의 배선이나 부압이 걸리는 배관은 타이 랩 등을 사용사여 주변의 부품에 고정시킨다. 배선과 배관은 주변의 부품과 간격을 두고 여유롭게 배치하면 보기에도 좋다. 팽팽하게 당겨야 할 정도로 빡빡하거나 느슨한 배선이 너덜거리게 두면 트러블의 원인이 된다.

초보자 필독!!
DIY 고수가 되기 위한 기초 지식

점검과 뒷정리도 잊지 않도록!!

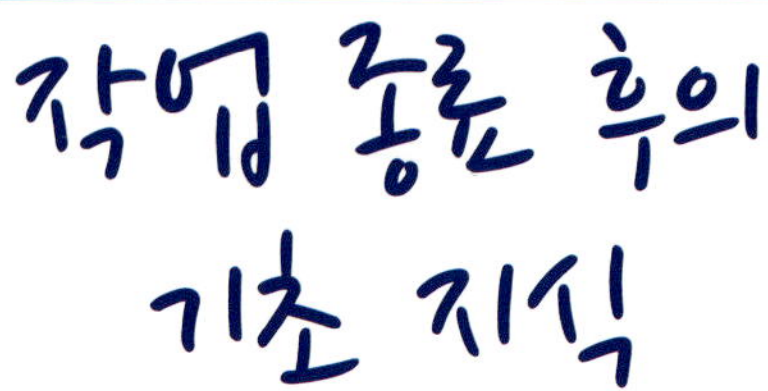

작업 종료 후의
기초 지식

01

시운전은 신중하고 안전하게!!

부품을 장착한 뒤에는 먼저 시운전을 하게 되는데, 이때 급하게 액셀러레이터를 최대로 밟는 것은 금물이다. 조심히 장착한 부품이라도 작업의 실수나 볼트의 체결 누락으로 인해 갑자기 탈착되거나 전자부품의 설정이 맞지 않으면 순간적으로 엔진을 망가뜨릴 수도 있기 때문이다. 무슨 일이 있더라도 서서히 주행 속도를 올려야 한다.

탈착한 부품과 작업한 장소를 확인할 것!!

작업 종료 후에는 장착한 부품 이외에 남은 것은 없는지, 탈착한 볼트 등이 엔진룸이나 주변에 떨어져 있지는 않은지, 자동차 밑을 살펴보고 오일이나 물이 흐르지는 않았는지 등 시운전 전에 트러블이 일어날 가능성은 없는지 점검한다.

추가 점검과 반복 체결은 필수!!

튜닝이나 작업을 마친 자동차에서 이상을 발견하지 못했더라도 추가 점검은 필수 항목이다. 부품의 장착상태에 이상은 없는지, 탈착한 볼트가 느슨해지지는 않았는지 등등, 대략적인 점검을 하는 습관을 갖도록 하자. 프로 샵에 작업을 의뢰했더라도 간단한 확인 작업을 해 두는 것이 손해될 일은 아니겠죠.

공구는 잘 닦아서 정리 · 정돈해 둘 것!!

작업 종료 후에는 공구들을 점검하거나 청소, 정리 · 정돈하는 것도 잊지 말아야 한다. 의사의 수술은 아니지만 엔진룸 안에 깜빡 잊고 공구를 두는 일도 종종 있다. 또한 공구 치우는 것을 잊어버리면 다음 작업 때 고생하는 것은 두말할 필요도 없다.

작업 후에는 반드시 손을 씻고 옷을 갈아입을 것!!

작업이 끝났으면 자동차를 타기 전에 손을 씻고 옷을 갈아입도록 한다. 빨리 시운전을 해보고 싶은 나머지 기름이 묻은 상태로 자동차에 타서는 실내를 더럽히기 때문이다. 때문에 DIY 작업을 할 때는 작업복을 착용하던지 갈아입을 옷을 준비하는 것이 좋을 것이다.

튜닝 샵에서 보내는

첫 번째 DIY 응원 메시지

부품 장착은 구조와 기능을 이해하고 나서 시작하자!!

최근의 튜닝 부품은 설명서도 자세하고 장착하는 자체는 복잡하지도 않기 때문에 메커니즘에 관심이 있는 사람이라면 공구만 있으면 장착할 수 있는 것들이 많다. 그리고 보면 특수한 공구마저도 손쉽게 살 수 있는 시대다.

그런데 초보자가 직접 장착을 하려고 할 때 설명서도 읽지 않고 열정만으로 작업을 하는 것은 논외로 치고, 그냥 설명서대로 작업을 진행하는 것도 반대라고 할까, 그것만으로는 조금 걱정이 앞서는 것도 사실이다.

그도 그럴 것이 장착에 관해서 설명서에 자세히 적혀 있더라도 대부분은 작업이 가능한 사람이나 메커니즘을 이해하고 있는 사람들만이 소화할 수 있기 때문이다.

무엇을 이야기하고 싶은 것이냐면, 장착할 부품의 기능까지 자세히 이해하고 나서 작업에 임해야 한다는 것이다. 그리고 설명서 내용에 플러스해서 어떤 장착이 적합한지, 진동이나 감속으로 인해 어떤 트러블이 예상되는지, 심지어 장착하는 방법을 연구하여 효율을 높일 수 있는 방법은? 등등을 머릿속에서 상상해 보는 것이 좋다는 것이다. 경험이나 지식을 갖춘 프로에게 있어서는 당연한 일이지만 아마추어나 초보자에게 있어서는 당연한 일이 아니기 때문에 잘 생각하고 장착에 나서는 것이 좋을 것이다.

장식하는 방법에 따라 성능이나 내구성이 바뀌는 경우도 많은데, 그런 것에 주의하면 장착할 때나 후에 트러블이 일어날 가능성도 줄어들 것으로 생각한다.

대충하는 작업은 절대로 금물
그럴 때 확실하게 작업해야 한다.

우리가 오너들이 장착한 부품을 보고 "이건 좀 이상하네"라고 생각하는 경우가 자주 있는데, 특히 많이 느껴지는 것이 나중이라도 정확히 장착해야 할 작업에 관해서다. "좀 이따", "나중에" 등등의 습관 때문에 트러블이 발생될 때까지 방치해 두는 경우가 많기 때문이다. 예를 들면, 고정할 볼트를 분실했다고 해서 타이랩으로 묶어둔다거나 4개여야 할 볼트를 3개만 체결하는 경우가 그런 것이다. 볼트만 보면 너무 세게 조이거나 느슨하게 조이는 경우도 많다.

규정 토크까지 하나하나 정확히 적혀 있지 않은 설명서도 많고, 토크 렌치가 없는 사용자가 대부분이지만 볼트 & 너트에는 그 크기에 따라 적절한 규정 토크가 있기 마련이다.

또한 전장 부품의 배선을 못 봐줄 정도의 상태로 작업하는 경우가 많다. 적당히 연결해서는 절연도 제대로 안된 전원 선을 너무 느슨하게 보닛에 끼워 두거나 녹아내릴 만큼 배기 매니폴드에 닿게 작업하는 경우가 그것이다. "조금만 더 신경 써서 고정시키면 좋을 텐데"라고 느끼는 경우가 많다.

그리고 물에 취약한 전장 부품의 경우 장착하는 방향이 잘못되어 물이 내부로 들어갈 것 같은 경우도 있다. 물이 위에서 들어가기 어려운 위치나 아래에서 튀어 오른 물이 직접 닿지 않는 위치를 생각하고 장착해야 한다. 개중에는 상하위치가 지정된 부품도 있을 것이다.

배기 매니폴드 주변에 부품을 배치할 때는 열에 의한 손상에 관해서도 생각해야 한다. 왠지 잔소리만 늘어놓은 것 같지만 실패만 하지 않으면 장착한 부품으로 얻게 되는 성능이 각별할 것이다.

이 책을 보는 사람은 "스스로 해 보자!!" 하는 도전정신이 왕성한 사람들이겠지만 열정만으로 접근해서는 안 된다. 돌다리도 잘 두들겨 가면서 앞으로 나아가듯이, 즐거운 튜닝 DIY라이프를 보내길 바란다.

오픈한지 오래 되지 않은 튜닝 샵.
기술이 뛰어나고 그래서 초보자가 편하고
부담 없이 들릴 수 있는,
적당한 평수의 튜닝 샵을 지향하고 있다.

튜닝 샵에서 보내는

첫 번째 DIY 응원 메시지

01

라디에이터나 히터 계통의 호스를 너무 깊숙이 끼우면 냉각액이 미세하게 샐 수 있다. 또한 밴드를 너무 세게 조이면 호스에 손상이 나거나 수지 부품이 파손되기도 한다. 정도의 문제에 관해서는 설명서로 표현할 수 없으므로 어려운 부분이다.

02

자주 언급되는 부분이지만 오일 쿨러 등의 메시 호스는 주변과 마찰이 생기지 않도록 주의할 것. 접촉이 되면 주변 부품을 손상시키며, 호스 같은 경우는 구멍이 생길 수도 있다. 타이 랩이나 주름 호스로 마찰을 방지하고 잘 고정시킨다.

코어 파트를 장착할 때 코어의 면을 보호하여야 한다. 보디 등에 부딪혀 상처가 나는 경우가 많다. 새것에 상처가 나면 슬프다!!

03

덕트를 사용해 에어클리너로 신선한 공기를 유도하는 방법은 +알파라고 할까. 우리 샵에서는 여기에 박스를 제작하여 공기가 머물도록 해줌으로써 성능의 향상을 꾀하는 경우도 많다. 설명서에는 없는 사소한 아이디어가 트리블 방지와 내구성 향상으로 이어진다!!

쾌적한 사용!! 번쩍이는 존재감!!
일렉트릭 파트 랜드

전장 편

부적절한 전원 분기는 트러블의 원인
장착하는 부품의 용량을 점검하는 것도 잊지 말도록

DIY로 하는 장착 작업 가운데 가장 대중적인 것이 램프나 모니터와 같은 전장 파트다.

작업 자체는 간단하지만 별 생각 없이 가까이 있는 배선에서 분기하면 용량이 초과되어 퓨즈가 끊어지거나 쇼트로 인해 자동차가 움직이지 못하게 되는 경우도 예상할 수 있다. 그런 이유들 때문에 전원이나 어스의 배선은 용량을 확인하고 쇼트를 예방하는 등의 배려를 잊어서는 안 된다!

LED TAEL 편

난 이 도	★★
작업시간	약 1시간

샘플차량
닛산 실비아 S14

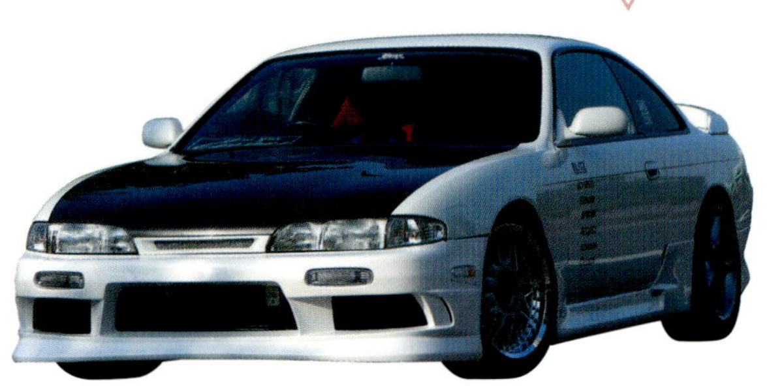

LED 특유의 개별감이 뒷모습을 어필하기에 충분!!

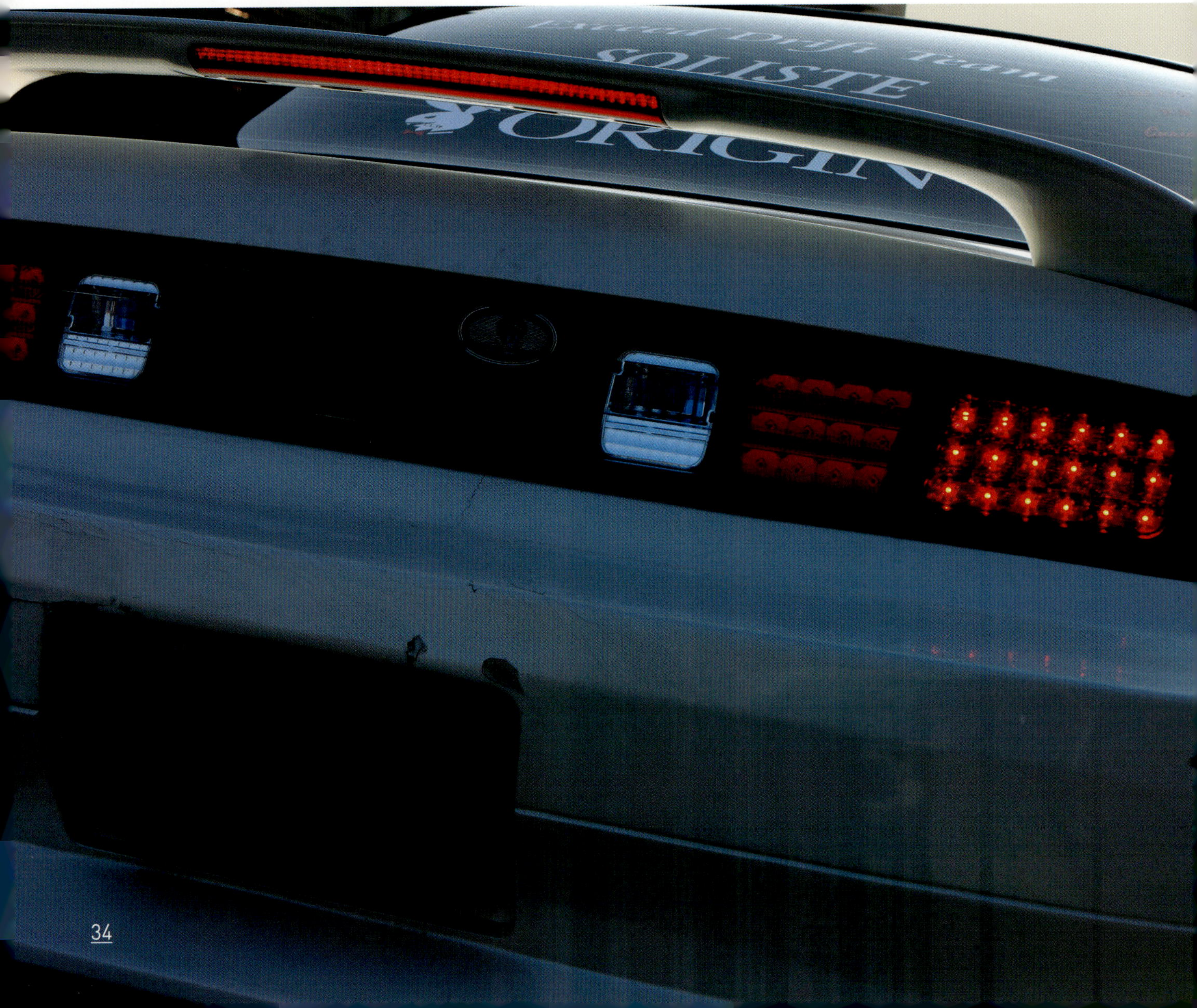

사용한 공구

래칫(ratchet), 클립 리무버, 히트 건 외

기존의 전구보다도 시인성이 높고 수명도 길어서 순정품으로 장착되어 있는 차종도 늘어나고 있는 LED 테일 램프. 최근에는 소형차나 미니밴에도 사용되고 있지만 원래는 고급차량부터 도입되었기 때문에 커스터마이즈(customize) 세계에서는 고급스러움이나 럭셔리한 맛을 내기 위한 인기 아이템이다. 독특한 개별감이 LED 테일이라는 것을 직접적으로 어필해 주기 때문이다.

오리진 제품의 크리스털 LED 테일 램프는 노멀(normal)과 어셈블리(combination lamp)로 교환만 하면 될 정도로 간단하다. S14 실비아 용은 가니시(garnish)와 세트로 되어 있다. 한 쪽에 18개의 LED를 사용하여 테일 램프 & 스몰 램프를 LED로 바꿨다. 내부 구조는 도금처리가 되어 있어서 LED가 점등되지 않더라도 고급스러움을 어필할 수 있다는 점이 포인트다. 가니시에는 LED를 사용하지 않았지만 LED식의 리플렉터(reflector)를 사용하고 있다.

ORIGIN
CRYSTAL LED TAEL

컬러 : 블랙 프레임

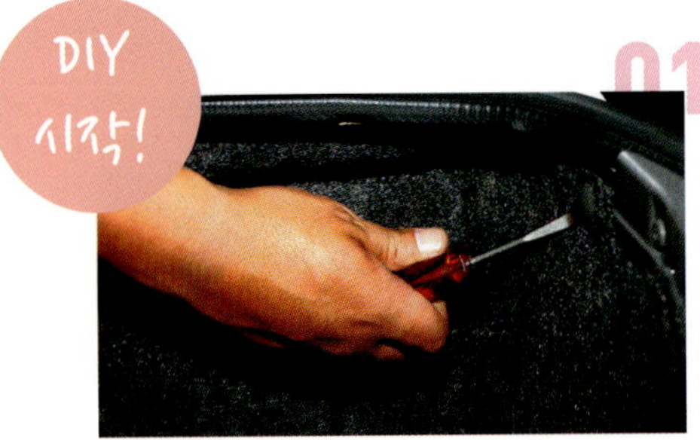

트렁크의 내장을 벗겨낸다.

먼저 트렁크 안쪽의 내장을 벗기는 것부터 시작. 클립 리무버를 사용하여 테일 램프 주변의 카펫을 고정하고 있는 6군데의 핀을 빼낸 다음 카펫을 뜯는다.

램프 유닛을 탈착한다.

테일 램프 유닛에서 램프 유닛을 떼어낸다. 걸이로만 고정되어 있으므로 손가락으로 걸이를 세우면서 유닛을 빼내면 간단하게 분리된다.

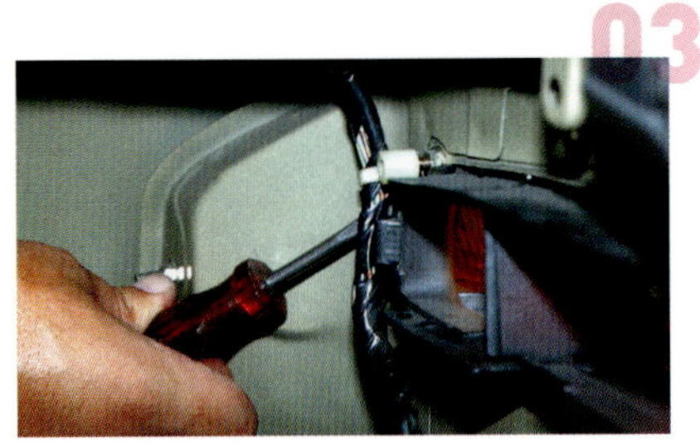

코드 및 브래킷을 탈거한다.

테일 램프의 코드를 고정하고 있는 플라스틱 제품의 브래킷이 나타나는데 클립 리무버를 사용하여 뽑아 낸다.

테일 램프 유닛을 탈거한다.

테일 램프 유닛(combination lamp)과 보디는 너트로 고정되어 있기 때문에 복스 렌치 등을 사용하여 모든 너트를 탈거한다. 또한 너트뿐만 아니라 부틸고무로도 고정되어 있다. 따라서 히트건(가정용 드라이어도 OK)으로 부틸고무를 남김없이 데우도록 한다. 유연해질 때까지 열을 가하면 손으로 당겨서 벗겨낼 수 있다.

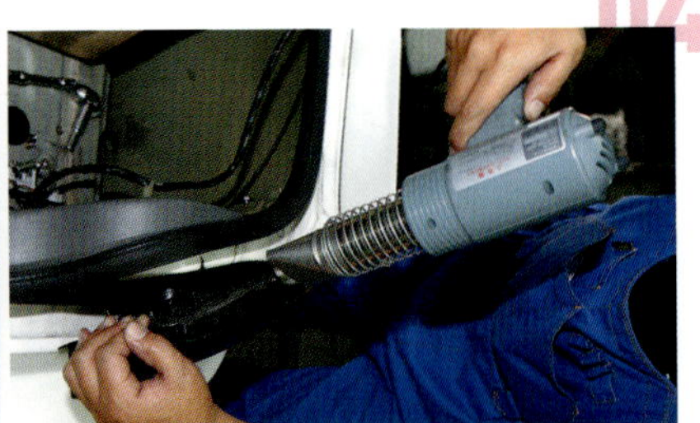

LED 테일 램프 유닛을 장착한다.

크리스털 LED 테일 램프 유닛(combination lamp)에 부속되어 있는 방수고무가 보디 쪽에 잘 맞도록 너트를 천천히 조여 나간다. 최종적으로 세게 조일 때는 너무 세게 조이다가 볼트가 부러지지 않도록 주의할 것. 어느 정도까지 조이다보면 손으로 전해지는 감촉이 있으므로 기준으로 삼으면 된다.

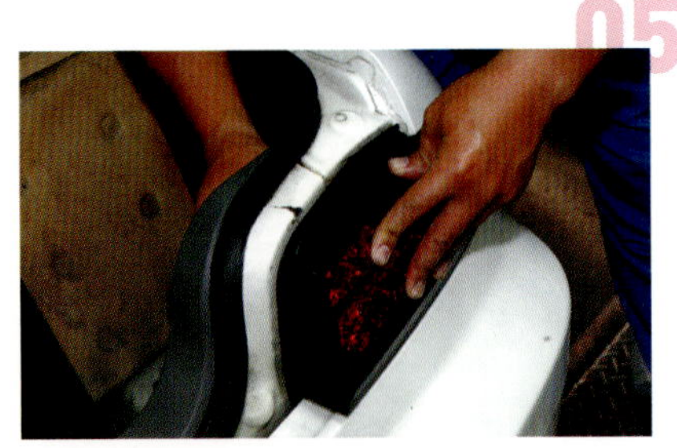

커플러를 접속한다.

테일 램프의 코드를 고정시키는 브래킷을 끼우고 새롭게 크리스털 LED 테일 램프의 커플러를 접속하면 일단은 테일 램프 유닛의 장착이 완성된다.

가니시 부분을 착수한다.

차종이나 키트의 내용에 따라서는 가니시를 동시에 교환하는 경우도 있다. 가니시 본체를 탈거하기 전에 먼저 후진등(back lamp)의 전구를 손으로 돌려서 탈거한다. 다음으로 클립 리무버로 코드를 고정하고 있는 플라스틱 브래킷을 탈거한다.

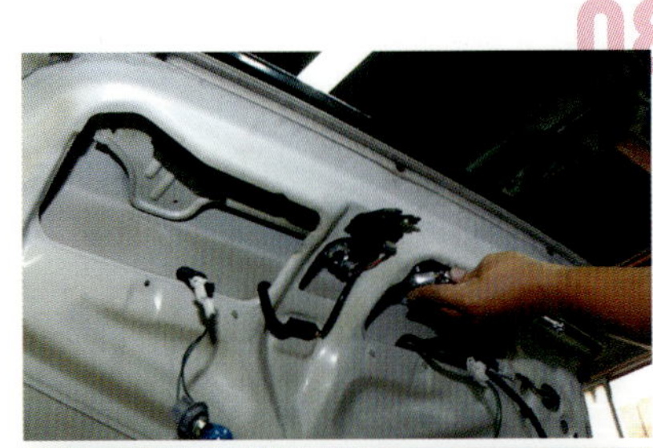

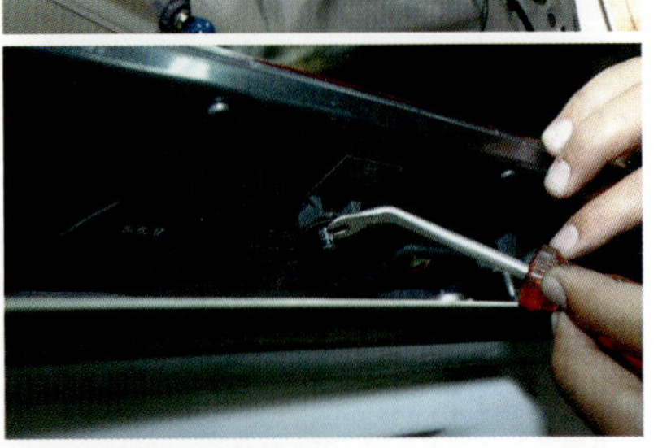

볼트 & 너트 & 클립을 탈거한다.

트렁크에 고정되어 있는 가니시를 떼어낸다. S14 초기 모델의 경우는 주변에 8mm 너트 4개 외에도 센터가 클립으로 고정되어 있다. 클립 리무버를 가니시와 트렁크 틈새로 넣어 깨지지 않도록 가니시를 신중하게 탈거해 나간다.

방수용 순정 패드를 제거한다.

노멀 가니시를 떼어내면 트렁크 쪽에 순정 방수 패드가 남아 있을 것이다. 손으로 간단히 떨어지므로 이 고무패드를 깨끗하게 없앤다.

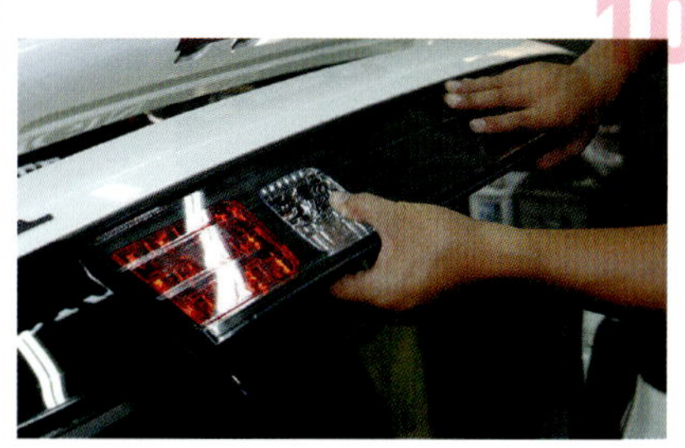

가니시를 붙이면 완성된다!

순정의 장착 구멍을 이용해 센터 핀을 눌러 끼운다. 이때 부속되어 있는 전용의 패드를 잊지 말고 붙이도록 한다. 그 다음은 탈착했을 때와 역순으로 너트를 끼우고 전구를 장착하면 완성이다.

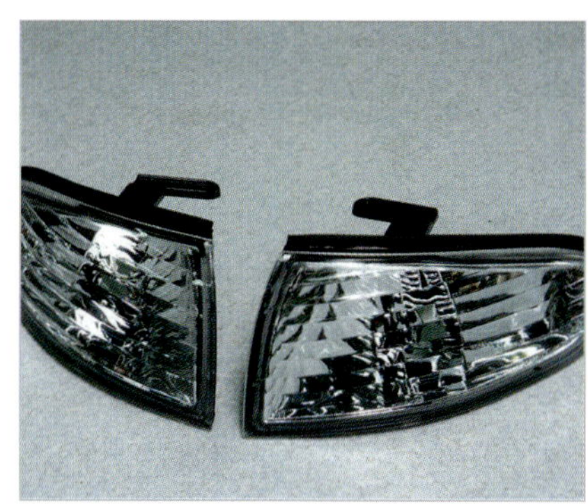

이런 일렉트릭 PARTS도 있다!

ORIGIN 크리스털 코너 램프

십자 드라이버 1개를 이용하여 깔끔한 인상으로 바꿀 수 있다!

오렌지 프런트 윙커(앞 방향지시등)나 코너 마커를 클리어 타입으로 교환하면 외관이 깔끔한 인상으로 바뀐다. 오리진의 크리스털 코너 램프는 램프 유닛 내부에 도금으로 처리된 크리스털 구조가 독특한 광택을 발휘하면서 티가 나지 않는 고급스러움을 연출한다.

교환 작업은 십자 드라이버 한 개면 될 정도로 쉽다는 것이 매력이다. 보닛을 열고 순정 코너 렌즈와 헤드라이트를 고정하고 있는 나사를 풀고 렌즈 뒤쪽을 밀어내면 툭하고 떨어진다. 그 다음 순정 포지션 램프를 오렌지 포지션 램프로 교환하고 나서 탈착의 역순으로 장착하면 끝이다. 코너 램프를 교환했으면 콤파운드로 헤드라이트도 광을 내 번쩍번쩍하게 만들어 주면 더 좋다. S14 초기 모델은 플라스틱이기 때문에 알아보기 어려울지 모르지만 유리 헤드라이트를 사용하는 후기 모델은 확실한 효과를 볼 것이다.

비웨스트 코바야시

방수효과가 있는 부틸고무를 떼어 낼 때는 약간 망설여질지도 모른다. 히트 건이 없으면 가정용 드라이어도 괜찮으니까 온풍을 쏘여 부틸고무를 부드럽게 만들어 주면 쉽게 떼어 낼 수 있다. 이때 테일 램프 끝에 힘이 가해져 깨지지 않도록 가능한 똑바로 떼어 내는 것이 좋다.

HID LIGHT 편

난 이 도	★★★
작업시간	약 5시간

샘플차량
미쓰비시 랜서 에볼루션 CT9A

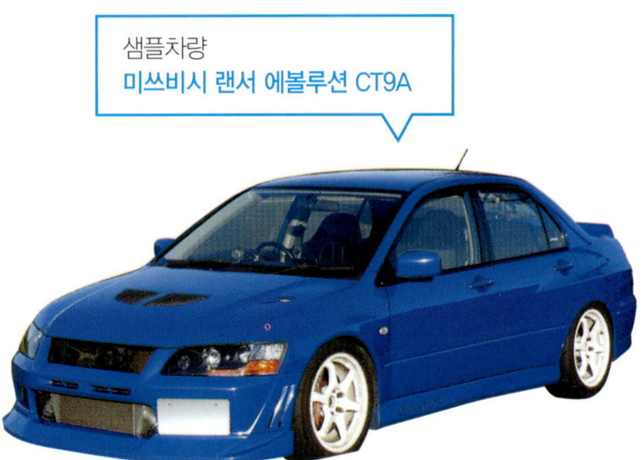

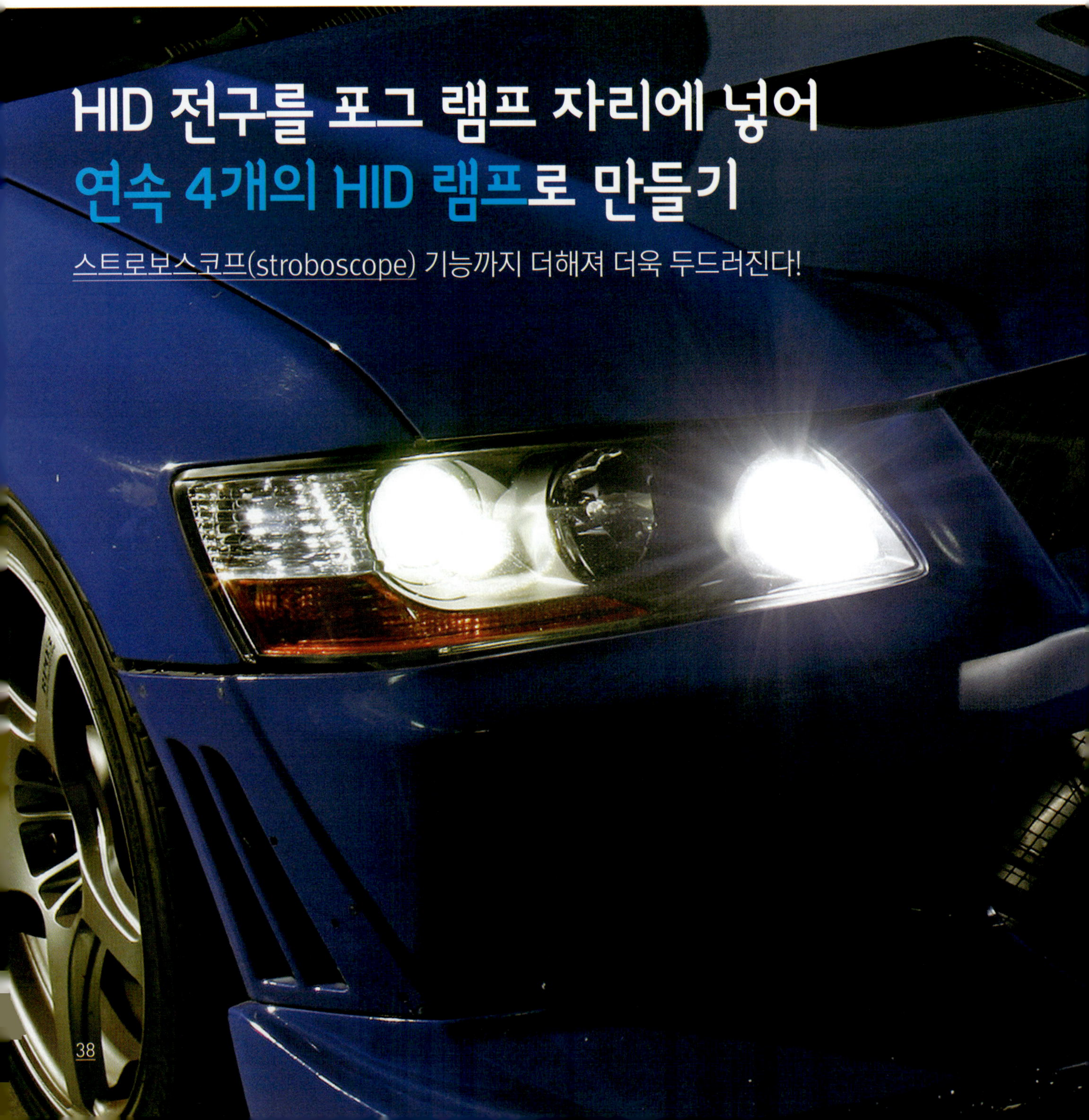

HID 전구를 포그 램프 자리에 넣어 연속 4개의 HID 램프로 만들기

스트로보스코프(stroboscope) 기능까지 더해져 더욱 두드러진다!

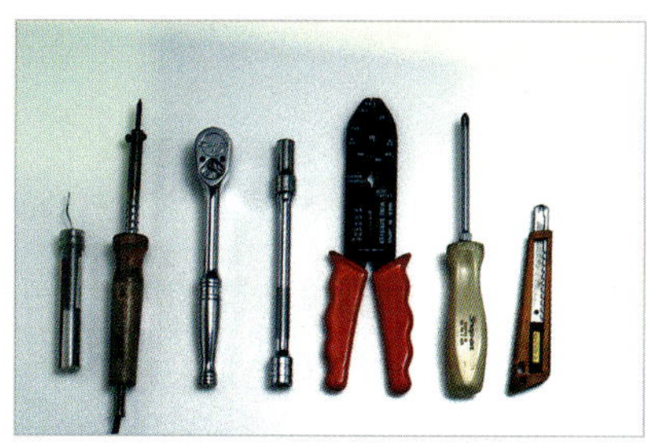

사용한 공구

래칫, 드라이버, 전공 펜치, 납땜 장치,
커터 나이프 외

조명에 대한 튜닝의 대명사는 누가 뭐라 해도 HID 전구(bulb)다. 푸른빛이 나는 HID 램프는 차가운 느낌을 주지만 할로겐 램프와 비교하면 야간에 주행할 때 훨씬 잘 보인다.

이러한 효능도 있지만 이번 작업의 샘플로 사용할 랜서 에볼루션은 순정 상태에서 로 빔이 HID 전구다. 그러나 하이 빔이나 포그 램프는 할로겐 전구이기 때문에 여기서는 포그 램프를 HID 전구로 바꿔줌으로써 연속 4개의 HID 램프를 연출하여 드레스 업 효과를 꾀하였다.

장착할 HID 키트는 할로겐에서 HID로 바꿀 수 있는 컨버전 키트인데, 별도의 스위치를 ON 시키면 스트로보스코프까지 되는 뛰어난 장치다. 이 정도면 존재감을 어필하기에도 훌륭하다. 배선 자체는 보통 HID 키트와 별로 다르지 않기 때문에 장착도 그다지 어렵지 않게 충분히 DIY로 할 수 있다.

기본적으로 배선은 압착 단자로 결선하는 것과 Y형 단자로 어스나 배터리 단자와 접속하는 정도다. 주의할 점으로는 어스선을 확실하게 연결해야 한다는 것이다.

차종에 따라서는 헤드라이트 어셈블리나 범퍼를 탈착해야 하지만 즐겁게 해보길 바란다. 물론 전구는 가격이 비싸고 약할 수 있으므로 취급하는데 있어서 주의하도록 한다.

이런 일렉트릭 PARTS도 있다!

스트로보 점등을 리모컨으로 조작할 수 있는 배선 & 스위치 키트
리모컨 스위치 키트

이번에 장착한 HID 키트의 스트로보용 스위치를 리모컨으로 만들어 주는 키트다. 키트 내용은 배선 키트와 리모컨 스위치, 수신기로 되어 있다. 이것도 배선 자체는 별로 어렵지 않다. 이 키트만 있으면 스위치 배선을 실내로 끌고 올 필요도 없고, 자동차 밖에서도 작동시킬 수 있어 편리하다.

호에조 NEO

작업이 좀 커졌지만 배선 자체는 간단하다. 밸러스트는 최대한 엔진룸 안에서 열이 잘 미치지 않는 곳에 단단히 고정시켜야 한다. 스트로보 스위치를 엔진룸 안에 장착하면 배선도 모두 엔진룸 안에서 해결되므로 작업도 간편하다.

LEAD INTERNATIONAL
BEAM FLASH

01 범퍼를 탈착한다.

랜서 에볼루션 VII는 엔진룸 안에 HID 밸러스트를 설치할만한 공간이 거의 없다. 그래서 범퍼 안쪽의 공간에 장착하기 위해 범퍼를 탈착하는 것부터 시작하였다.

02 헤드라이트를 탈착한다.

헤드라이트 안쪽의 전구 커넥터도 탈착하기 어려웠기 때문에 헤드라이트도 탈착. 헤드라이트는 볼트 3개와 태핑 비스 1개만 풀면 된다.

커넥터는 어떤 차종이나 그렇지만 스토퍼 역할의 걸이를 잘 벌리고 나서 하도록 한다. 잘 벌어지지 않는다고 해서 드라이버로 무리하게 힘을 주거나 하면 부러질 위험이 있으므로 주의할 것.

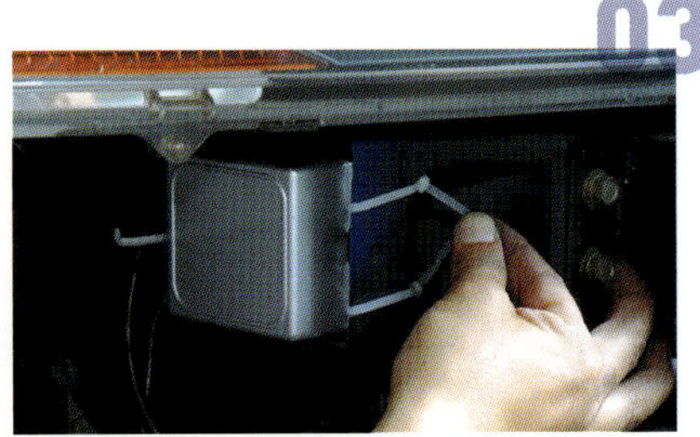

03 밸러스트를 장착한다.

HID는 고전압으로 방전하여 점등시키는 시스템이기 때문에 전압을 높이는 장치가 필요하다. 그것이 밸러스트(ballast)다. 밸러스트는 물이 잘 닿지 않는 장소에 튼튼히 고정하도록 한다. 공간이 거의 없었기 때문에 헤드램프 아래 프레임에 장착하였다. 볼트 구멍도 적당한 것이 없어서 타이 랩으로 고정하였다. 원래는 볼트로 고정하는 것을 추천하고 있다.

전구를 교환한다.

헤드램프 본체에서 포그 램프의 전구를 빼내고 HID 전구로 교환. 이것은 HB4 타입이다. 전구의 유리부분을 손으로 만지지 않도록 주의할 것.

배선을 연결한다.

좌우 전구를 연결할 배선 키트를 레이아웃 한다. 코어 서포트 아래쪽을 통해 헐렁거리지 않도록 타이 랩 등으로 군데군데 고정해 준다.

전원을 분기한다.

순정 포그 램프의 ⊕와 ⊖선에서 배선 키트에 접속하기 위한 배선을 결선한다. 배선 중간부분의 피복을 벗겨내고 납땜을 한 다음 절연 테이프로 단단히 감싸준다.

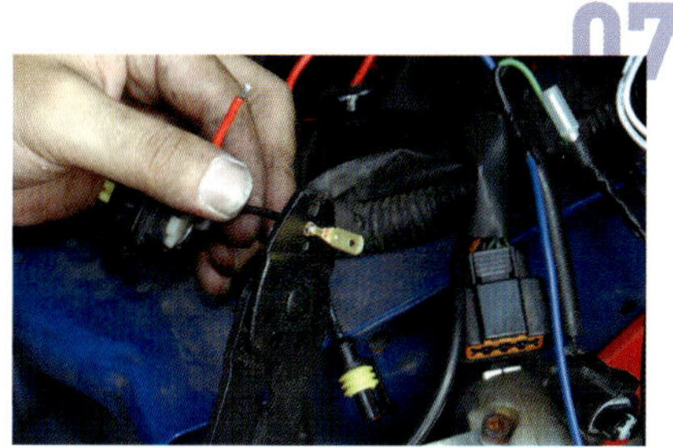

단자를 연결한다.

배선 키트 쪽이 3극 커플러의 평형 단자를 하고 있기 때문에 분기한 배선에도 전공 펜치로 평형 단자(수)를 연결했다. 배선이 떨어지지 않도록 단단히 연결한다.

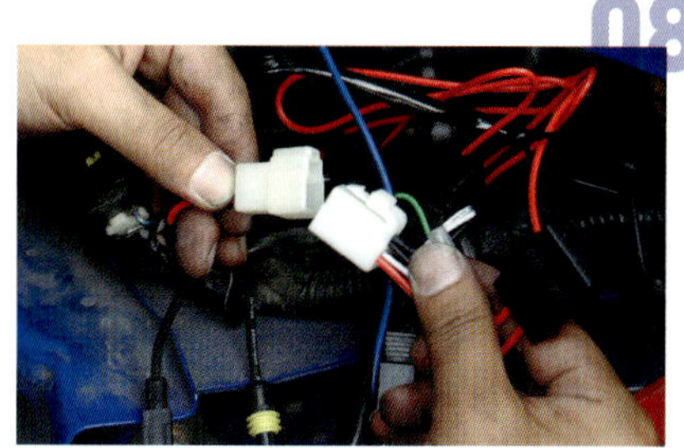

암 커플러로 접속한다.

커플러는 흔한 3극이다. 자동차 용품점에서 3극 타입을 구입하여 단자를 연결시킴으로써 커플러 온이 되도록 했다.

밸러스트를 접속한다.

배선 키트와 밸러스트는 압착 단자를 접속하기만 할 뿐이다. 로크 부분까지 단단히 끼워서 떨어지지 않도록 한다.

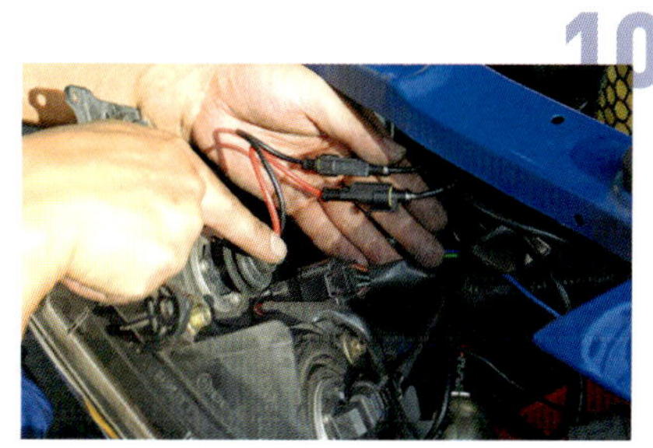

전구 배선을 접속한다.

밸러스트에서 HID 전구로 가는 배선을 접속한다. 커넥터의 걸이가 로크될 때까지 꽉 눌러서 접속한다. 또한 로 빔이나 하이 빔 커넥터를 원래대로 접속한다.

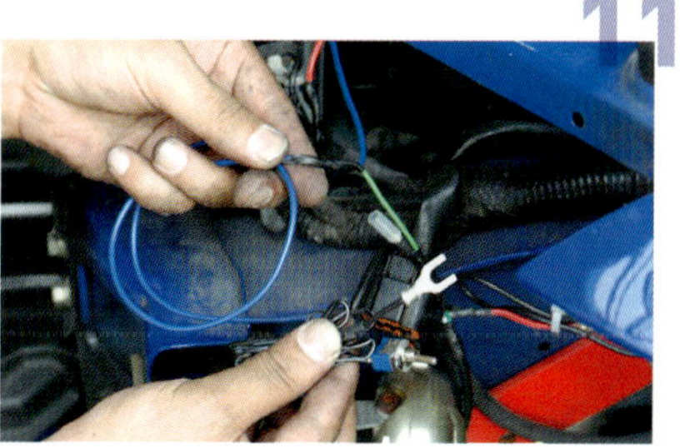

스트로보 스위치를 접속한다.

밸러스트 하니스 가운데 선과 선 이외에 또 하나의 배선이 있다. 그것이 스트로보 스위치용 배선이다. 좌우 전구용을 1개로 모아 부속되어 있는 스위치로 결선한다. 스위치의 또 다른 1개 선은 보디 어스이므로 Y형 단자를 접속했다.

배터리를 결선한다.

배선 키트의 배터리 선을 배터리 단자에 접속한다. 단자의 너트부분에 끼우는 방법으로 연결한 다음 너트를 세게 조인다.

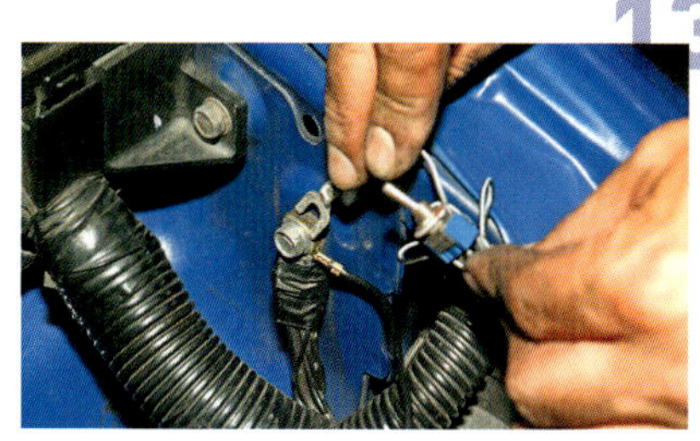

어스선 접속

배선 키트와 스트로보 스위치의 어스선을 보디에 어스 시킨다. 순정 라이트의 어스부분에 끼워봤는데 다른 볼트부분에 장착할 때는 보디 도료를 샌드 페이퍼로 갈아 깨끗하게 제거한 다음 완전히 통전되도록 하고나서 고정하도록 한다.

점등을 확인하면 완성된다!

모든 배선을 끝냈으면 실제로 점등시켜 동작이 되는지 확인한다. 어스 등 접속이 불량한 부분이 있으면 점등이 되지 않거나 스트로보가 작동되지 않는 등의 증상이 나타난다.

점등이 잘되면 범퍼를 원래대로 장착한다. 이로써 장착은 성공이다. 다시 말하면 스트로보 점멸은 배선 중간에 있는 콘덴서가 전기를 모았다가 방전했다가 하면서 작동한다. 이 때문에 점멸 패턴이 랜덤 상태로만 작동하게 된다.

SUN VISOR MONITOR편

난 이 도	★★★
작업시간	약 3시간

샘플차량
닛산 라신 RFNB14

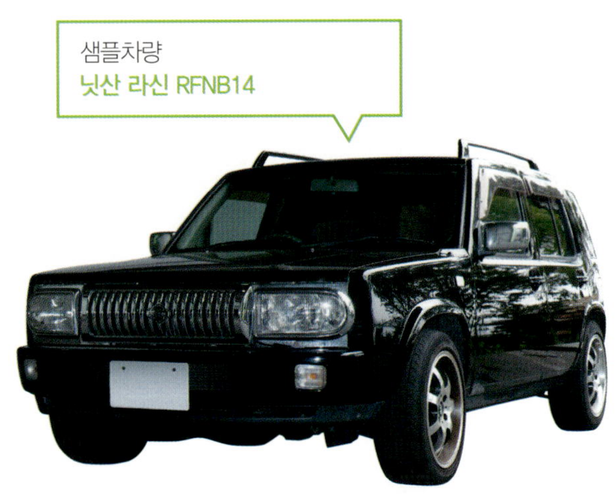

선바이저가 서브 모니터로 변신!

존재감과 실용성을 한 번에 노릴 수 있다

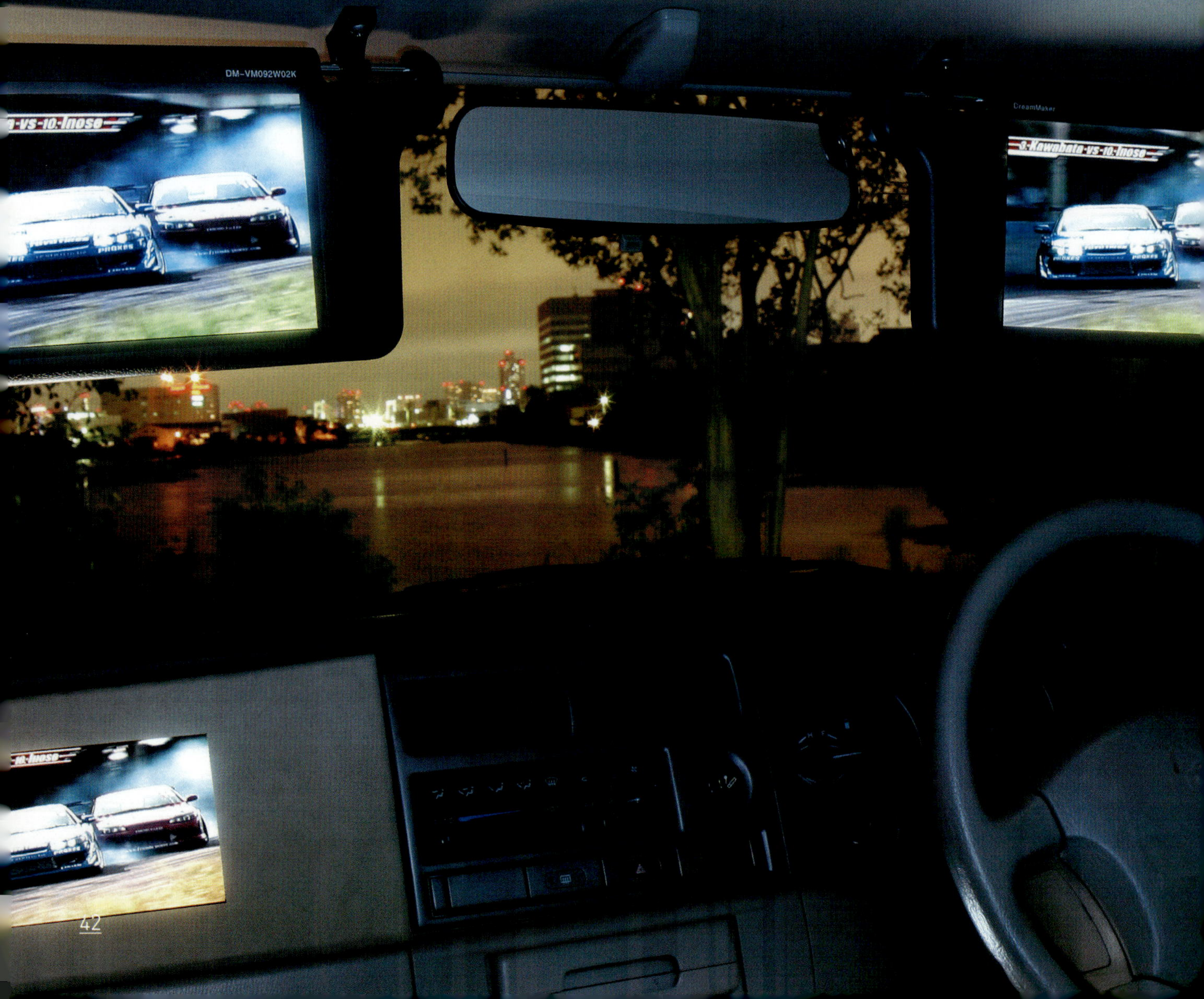

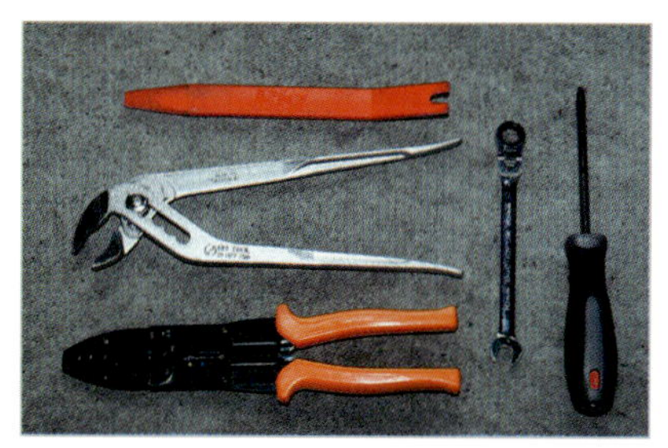

사용한 공구

전공 펜치, 클립 리무버, 드라이버,
래칫, 펜치 외

근래에 인기가 급상승 중인 선바이저 모니터. 이것이 있으면 메인 모니터는 내비게이터용으로 사용하고 선바이저 모니터로 DVD를 볼 수 있어서 동승석의 그녀도 좋아할 것이다. 주차 등을 할 때는 차 밖에서도 영상이 보이기 때문에 밖에 있는 사람에게 어필하기에도 좋다. 여하튼 최근의 선바이저 모니터는 9인치 크기도 당연하게 여기기 때문이다!

그런 만큼 선바이저 모니터는 스포츠카에 장착하는 것이 어렵다고도 할 수 있다. 왜냐하면 미니밴 계통의 차량 등과 달리 천정이 좁은데다가 요철이 많은 경향이 있어서 천정의 내장과 선바이저 모니터가 간섭을 일으키기 쉽기 때문이다.

그 때문에 사전에 루프 모양이나 선바이저 모니터의 크기를 잘 확인해 두는 것이 실패하지 않는 비결이다. 공간적인 문제만 없으면 장착은 전원과 어스를 분기한 다음 영상입력 단자를 연결하기만 하면 될 정도로 별로 어렵지 않기 때문이다.

여기서 소개할 드림 메이커의 "선바이저 모니터"의 경우 샤프트 부분의 길이를 변경할 수 있어서 장착하기에 편리하다는 점이 특징이다. 색상도 3가지가 준비되어 있어서 내장 색상에 맞춰 색상을 맞춤할 수 있다.

또한 강도와 충격의 흡수성, 난연성 등의 시험을 통과한 안전기준의 합격품이기 때문에 차량의 검사도 문제가 없어서(일본의 차량 검사 기준) 안심하고 사용할 있다.

DREAM MAKER

이런 일렉트릭 PARTS도 있다!

천정에 설치하여 깔끔하게 수납할 수 있는 후방 좌석용 대형 모니터
8인치 액정 플립 다운 모니터

세단에 장착하면 뒷자리용 모니터로 또는 쿠페에 세팅하면 후방 차량에 대한 어필용으로 뽐낼 수 있을 것 같은 플립 다운 모니터. 모니터는 8인치로서 필요에 맞게 충분한 크기다. 때문에 박력 있는 영상을 즐길 수 있으며 평소에는 수납하는 것도 문제가 없다.

장착은 부속되어 있는 틀을 루프의 보강재(빔)에 고정시킨 다음 선바이저 모니터와 마찬가지로 배선을 처리하기만 하면 된다. 룸램프가 차체의 중앙에 있을 경우에는 룸램프를 떼어내고 배선을 루프를 따라 고정한다.

이시노와키

당사의 선바이저 모니터는 AV입력을 2계통 갖추고 있어서 좌우로 다른 영상을 보낼 수 있다. 또한 자동차 검사에도 문제가 없어 인기제품 가운데 하나이다. 제품에 들어 있는 시리얼 번호에 장착 차량과 형식을 기입해 보내주면 기술기준의 적합 증명서를 보내주고 있으므로 잊지 말고 등록해 주기 바란다.

DREAM MAKER
SUN VISOR MONITOR

9.2인치 WIDE-WGA / 가격 : 50만원 / 컬러 : 블랙, 베이지, 그레이

DIY 시작!

01

샤프트 길이를 조정한다.

드림 메이커의 선바이저 모니터는 샤프트 길이를 변경할 수 있기 때문에 먼저 위치를 결정하는 것부터 시작한다. 순정 선바이저와 비교하면서 조정했는데 가장 짧게 한 위치가 딱 맞았다.

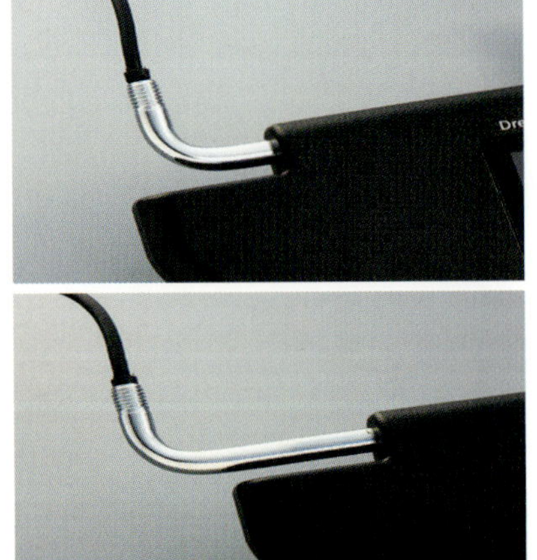

크기가 맞지 않을 경우

사진은 S14 실비아에 장착한 모습이다. 크기가 너무 커 간섭이 일어나면서 천장과 선바이저 모니터 사이에 간격이 생겨 버렸다. 바이저를 계속 내려 두면 문제는 없겠지만 맘에 안 드는 사람은 프로 샵 등에 가서 선바이저 모니터 자체를 순정 선바이저에 넣어 달라고 하는 방법도 있다.

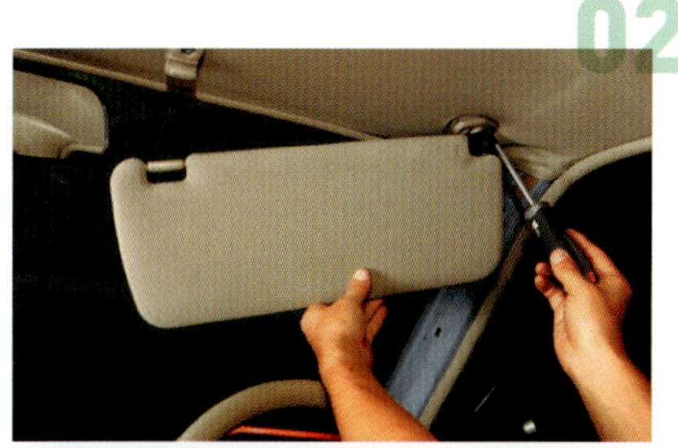

선바이저나 내장을 벗겨낸다.

필러의 내장은 걸이로만 고정되어 있기 때문에 클립 리무버나 드라이버로 눌러서 올리는 방법으로 벗겨낸다. 선바이저는 샤프트가 지지되어 있는 부분이 나사로 고정되어 있어서 드라이버로 간단히 떼어낼 수 있다

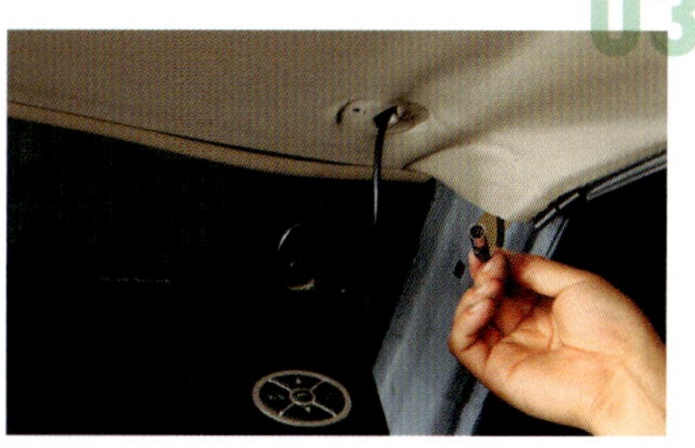

천장에서 필러로 배선을 통과시킨다.

선바이저 모니터의 배선을 순정 구멍에 통과시켜 천장 안쪽으로 집어넣어 필러 쪽으로 끌어온다. 회중전등(flashlight)으로 비쳐가면서 작업하면 배선할 수 있는 통로를 쉽게 찾아낼 수 있다. 다만 차종에 따라서는 천장과 필러 사이에 칸막이가 있어서 배선이 지나가지 못하는 경우도 있다. 그럴 때는 드릴로 구멍을 뚫거나 천정과 내장 사이를 지나가게 하는 수밖에 없다.

선바이저 모니터를 고정한다.

무사히 배선을 통과시켰으면 부속 브래킷을 사용하여 선바이저 모니터 본체를 고정한다. 만약에 미러 쪽의 순정 브래킷 위치가 맞지 않으면 드릴로 천장에 구멍을 뚫어 맞추도록 한다.

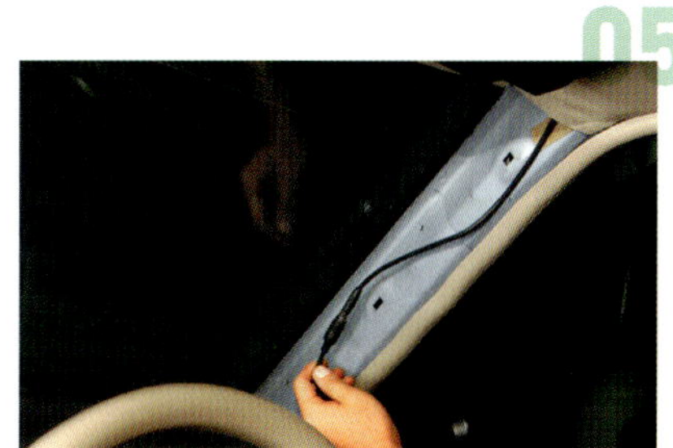

배선을 정돈한다.

다음은 배선 처리. 필러를 따라 바닥 쪽에 밀착시킨다. 이번에는 AV내비게이션의 영상 분배기를 경유하여 출력하기 때문에 분배기를 설치할 센터 콘솔 쪽으로 선을 뺐다. 카펫이나 내장 안을 지나가게 하면 배선을 보이지 않게 할 수 있다.

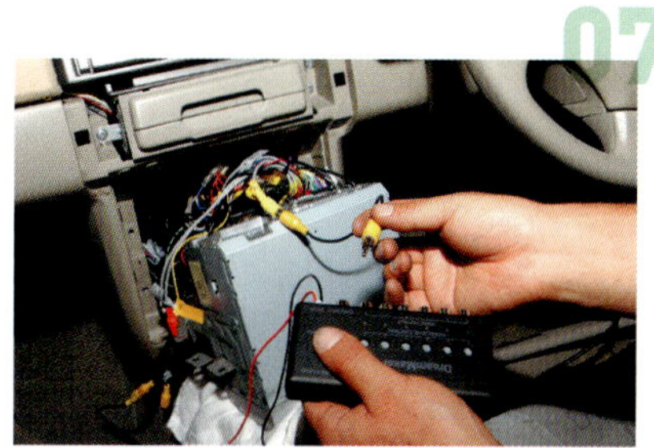

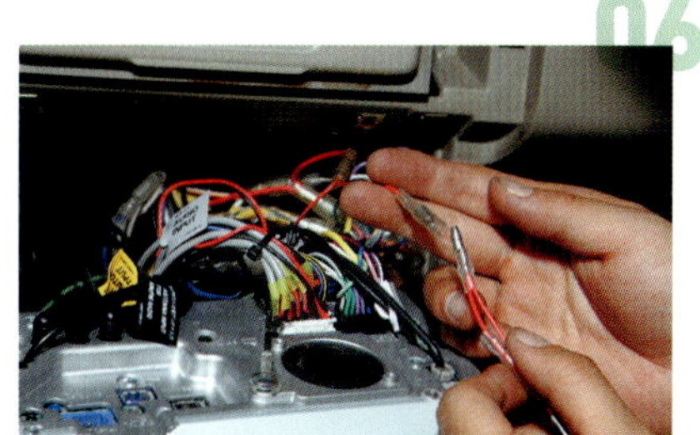

선바이저 모니터의 배선

선바이저 모니터는 운전석용과 동승석용 각각에 ① 액세서리 전원, ② 어스, ③ 비디오 입력 케이블을 접속할 필요가 있다. 액세서리 전원은 내비게이션의 배선에서 분기하며, 어스는 콘솔 주위의 보디 어스와 같이 묶었다. 비디오 입력 케이블은 영상 분배기의 비디오 출력 단자에 연결한다.

영상 분배기를 장착한다.

AV내비게이션의 영상을 부스터가 달린 분배기를 통해 좌우 선바이저 모니터로 분배함으로써 화질의 저하를 막을 수 있다. 때문에 영상 분배기를 장착하는 것이다. 선바이저 모니터와 마찬가지로 전원과 어스를 분기하고 내비게이션의 비디오 출력에서 나오는 케이블을 분배기의 비디오 입력 단자에 접속한다.

배선을 정리하면 완성된다!

분배기나 선바이저 모니터의 배선을 절연 테이프 등으로 정리한 다음 내비게이션 뒤쪽으로 숨긴다. 그리고 분배기를 고정하고 내비게이션이나 내장재를 원래대로 해놓으면 완성이다.

WINKER MIRROR편

샘플차량
도요타 체이서 JZX100

난 이 도	★★★
작업시간	약 4시간

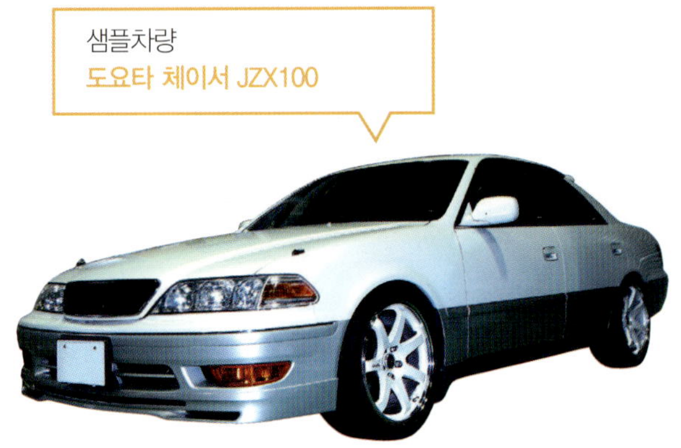

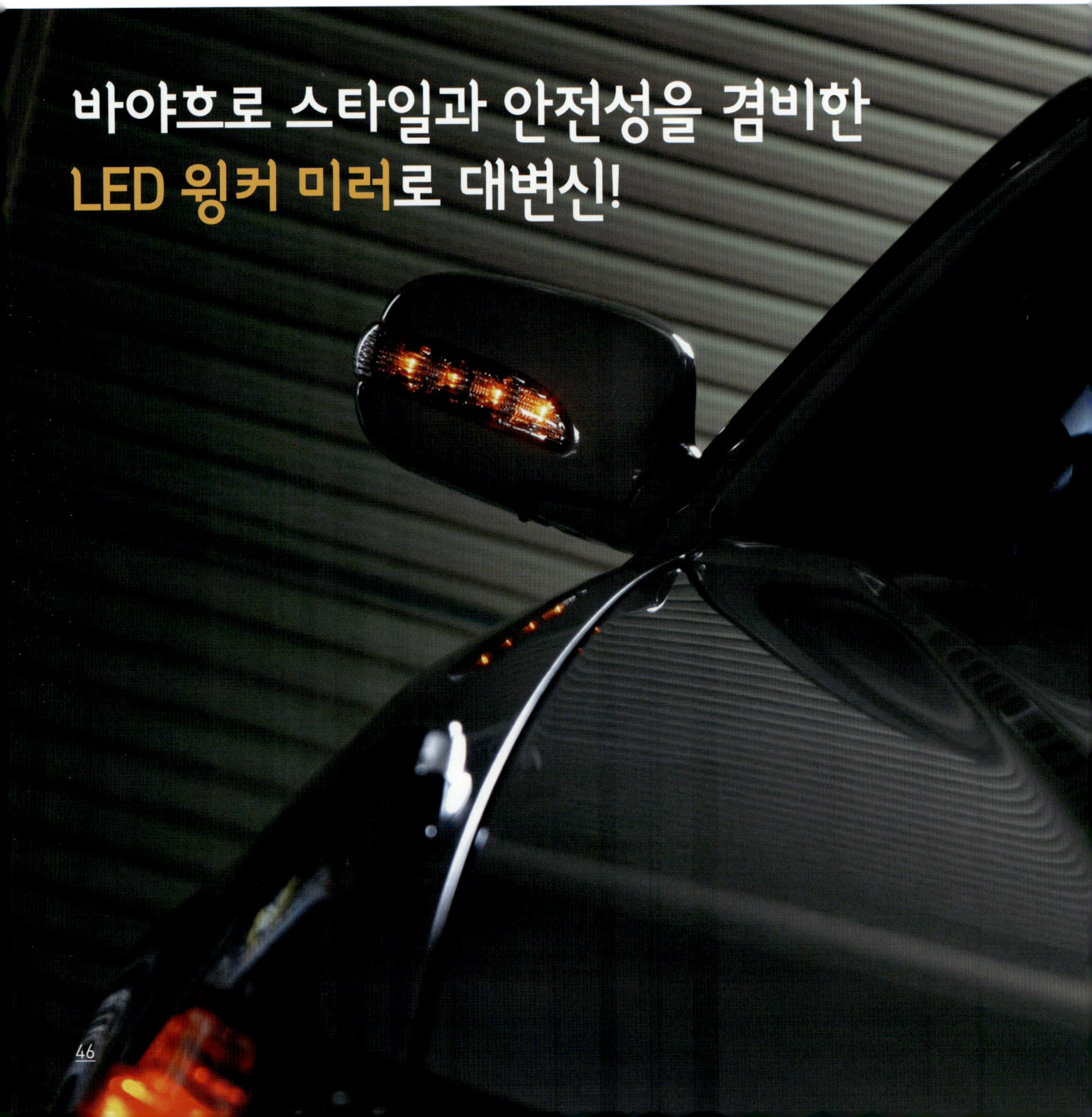
바야흐로 스타일과 안전성을 겸비한
LED 윙커 미러로 대변신!

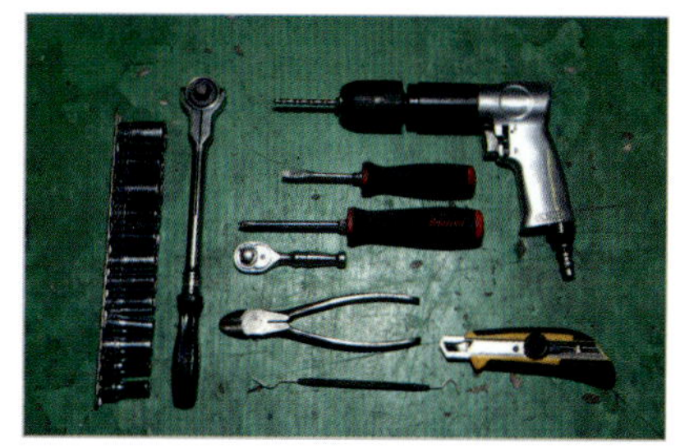

사용한 공구

래칫, 드라이버, 컷팅 플라이어(cutting plier ; 니퍼), 클립 리무버, 전동 드릴, 커터 외

신형의 차량 대부분이 채택하고 있는 윙커 미러. 이것을 장착하고 있는 것만으로 최신형 느낌이 물씬 느껴지는 한편 도어 미러 부분이 깜빡이면 주위의 차량이나 오토바이도 식별하기가 쉬워지면서 접촉사고나 측면사고의 방지에 도움을 준다.

GP스포츠의 「LED 윙커 미러 커버」는 이름 그대로 순정 미러를 위에서 씌우는 타입이다. 때문에 노멀 이미지를 손상시키지 않고 자연스럽게 드레스 업 할 수 있다는 점이 포인트다.

당연히 순정 윙커와 연동되어 반짝일 수 있어서 어필감각도 아주 좋다. 또한 안전기준에서는 "보조 방향지시기"라는 취급을 받기 때문에 자동차를 검사할 때 아무 문제가 없다는 것도 반갑다.

장착은 순정 윙커의 배선을 윙커 미러 커버로 배분만 하면 될 정도로 간단하다. 단지 그 배선을 어떻게 처리하느냐에 따라 난이도가 약간 틀려지긴 한다.

손쉬운 방법은 윙커 렌즈의 배선을 도어 미러 커버 아래서부터 실내로 끌어오는 방식이다. 이렇게 하면 순정 미러를 가공하지 않고도 장착할 수 있지만 배선의 일부(미러 아래쪽)는 밖에서 보이는 상태가 된다.

그래서 이번에는 순정 전동 미러의 배선과 함께 윙커 렌즈의 배선을 실내로 끌어와 완벽하게 장착하는 방법을 소개해볼까 한다.

사카다

여기서 소개한 방법은 난이도가 높은 방법이지만 배선을 순정 미러 내부에 통과시키지 않는 방법으로 하면 더 간단하게 끝낼 수 있다. 그런 방식에서는 도어 미러를 오므렸을 때 배선이 당겨지지 않도록 어느 정도의 여유를 줘야 한다. 그리고 도장 전에 반드시 순정 미러와 임시로 맞춰 보는 것을 잊지 않도록 할 것. 도장까지 한 다음에는 주문 실수라 하더라도 반품이나 교환이 안 되기 때문이다

GP SPORTS

LED WINKER MIRROR COVER

가격 : 25만원~30만원 / 대응 차종 : 닛산 실비아, 스카이라인, 도요타 체이서 외

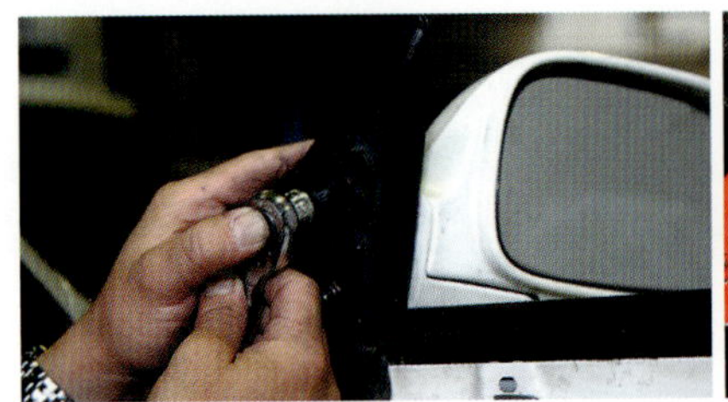

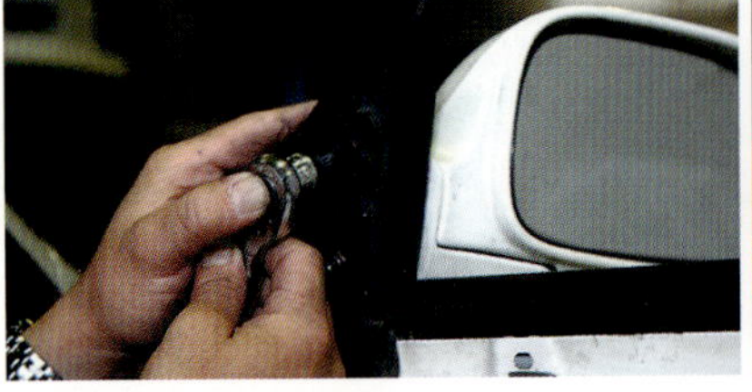

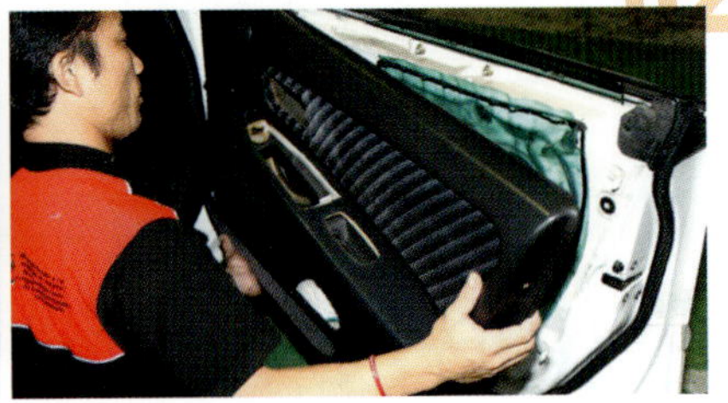

미러 커버를 도장한다.

미러 커버 본체는 도장이 되지 않은 상태이므로 먼저 도장부터 한다. 600번 정도의 샌드 페이퍼로 미러 커버를 밀어 준 다음 꼼꼼히 기름기를 없애고 나서 스프레이를 뿌린다. 도료가 마르면 부속품의 접착제로 윙커 렌즈와 본체를 접착시킨다. 색을 완벽하게 맞추고 싶으면 판금가게에 의뢰하는 것이 좋을 것이다.

이너 트림과 내장을 떼어낸다.

다음은 순정 미러를 떼어낼 준비. 미러 안쪽에 있는 삼각형 모양의 이너 트림은 클립으로 고정되어 있기 때문에 클립 리무버를 사용하여 젖히듯이 떼어낸다. 도어 내장은 파워 윈드 스위치나 도어 노브를 떼어낸 다음 위쪽으로 빼내듯이 탈착시키면 된다.

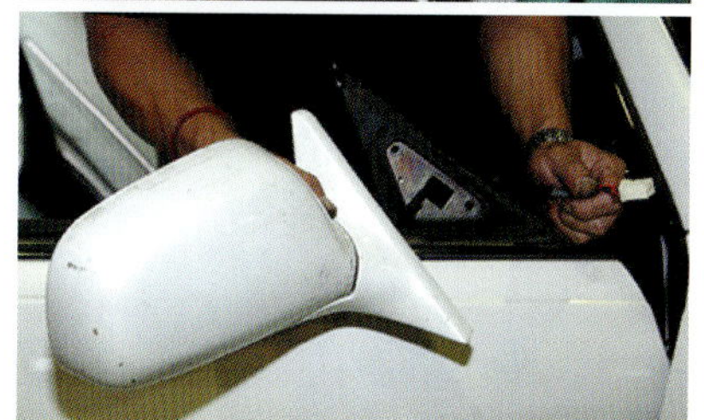

순정 미러를 탈착한다.

도어 내장을 벗겨내면 전동 미러와 연결된 배선이 나타나는데 그 커플러를 빼내 미러 본체를 차체에서 분리시킨다.

미러 분리 작업을 한다.

다음은 순정 미러 내부에 윙커 미러의 배선을 지나가게 하는 작업이다. 순정 미러를 분리해야 하는데, 먼저 4군데의 걸이로 고정되어 있는 미러 한 쪽을 양손으로 들어 올리듯이 분리한다. 너무 힘을 주면 미러가 파손될 우려가 있으므로 주의한다.

내부 부품을 탈착한다.

나사로 고정되어 있는 미러의 내부 부품이나 모터를 탈착한다. 그렇게 순정 미러를 플라스틱 커버 상태로만 만든다.

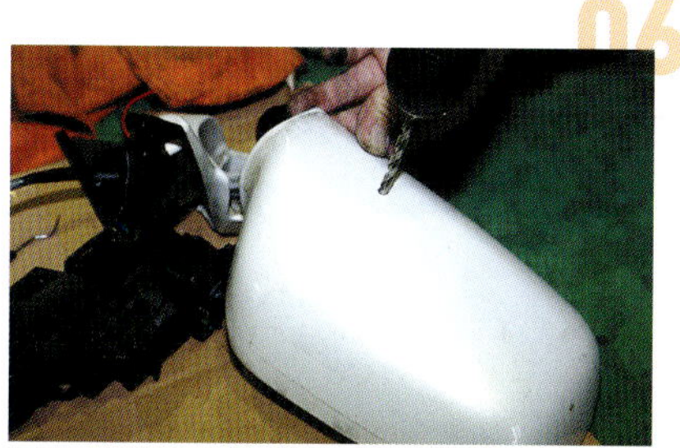

순정 미러에 구멍을 뚫는다.

순정 미러에 윙커 미러를 임시로 맞추고 배선이 와야 할 위치에 마킹을 해 둔 다음 전동 드릴로 순정 미러에 5mm 정도의 구멍을 뚫는다. 그 구멍으로 윙커 렌즈의 배선을 뺀 다음 순정 미러 쪽으로 향하게 한다.

순정 미러와 윙커 커버를 접착한다.

전동 미러의 배선과 같은 방향으로 윙커 커버의 배선을 관통시켰으면 이제는 윙커 커버를 장착한다. 순정 미러에 부속품의 양면 테이프를 붙인 다음 윙커 커버를 씌워 고정시키면 된다.

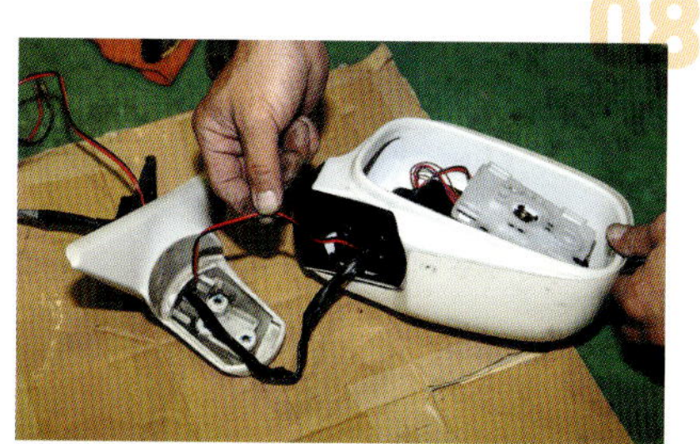

배선을 정리한다.

순정 미러에서 나온 배선은 사진처럼 도어 미러 베이스 안을 통과시켜 차체 쪽으로 빼낸다. 그렇게 하면 미러를 젖혔을 때도 배선이 전혀 보이지 않는다.

윙커 배선에 접속한다.

미러를 원래대로 되돌리고 미러 커버의 배선을 펜더 안으로 빼낸다. 그런 다음 윙커 배선에 연결시키면 끝이다. LED는 극성이 있어서 ⊕와 ⊖를 잘못 연결하면 점등되지 않으므로 주의하도록 한다. 먼저 일렉트로 탭을 사용하여 점등을 확인한 다음 문제가 없으면 압착단자를 사용하여 확실하게 연결하도록 한다.

점등이 확인되면 완성된다!

정상적으로 점등되는 것을 확인했으면 배선을 타이랩 등으로 확실히 고정한다. 다음은 내장이나 도어 미러 이너 트림을 원래대로 장착하면 완성이다.

ENGINE STARTER SWITCH편

샘플차량
혼다 시빅 EG9

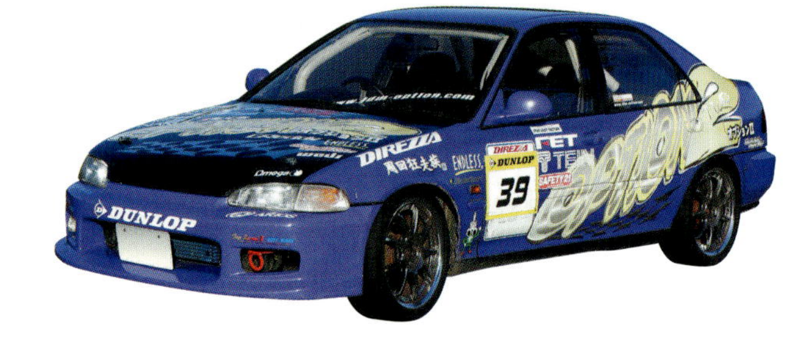

난 이 도	★★
작업시간	약 3시간

빛이 들어오는 버튼 스위치로 엔진 시동!

레이싱 카 기분이 저절로 느껴진다.

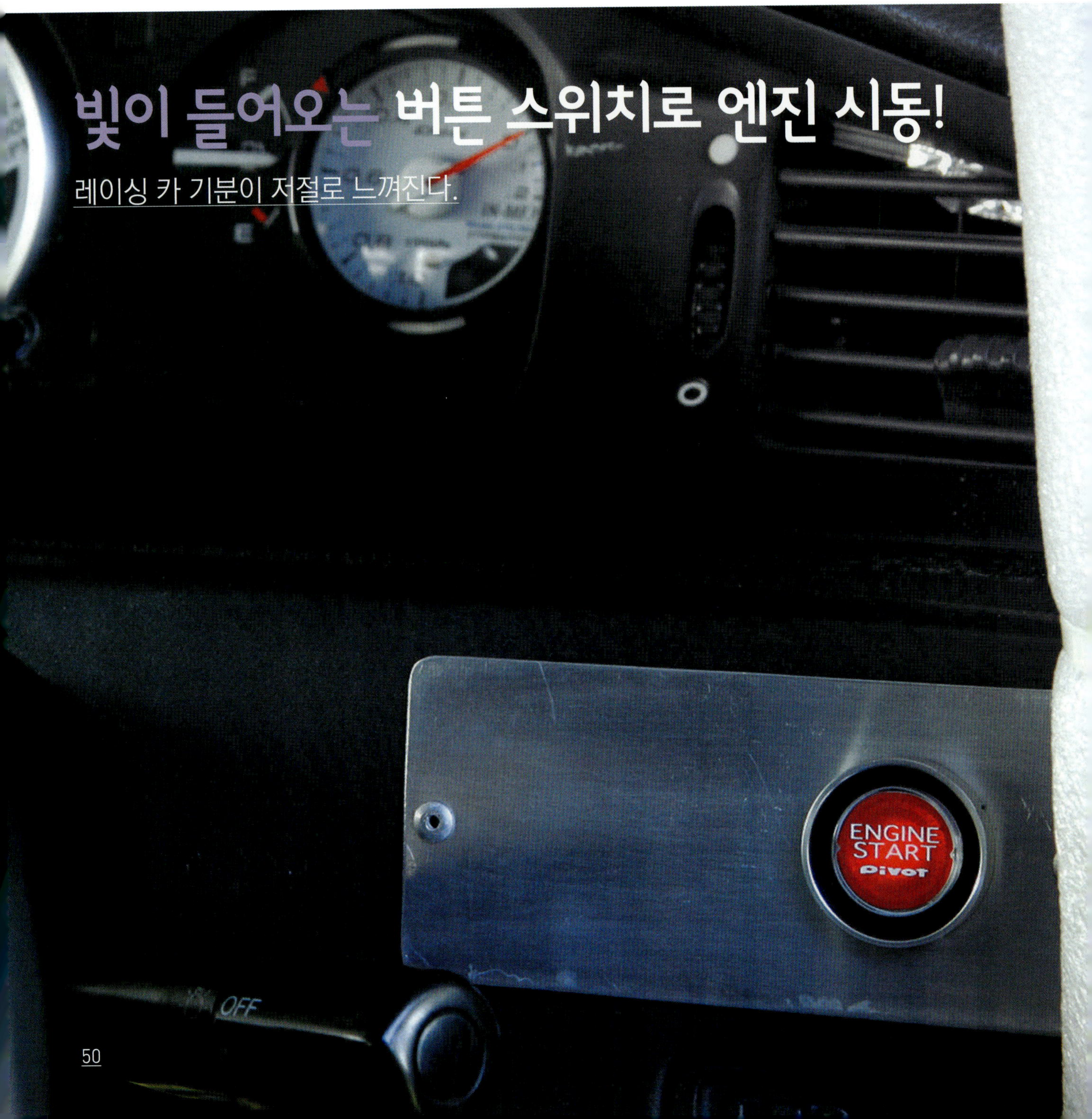

PIVOT

ILLUMINATION STARTER

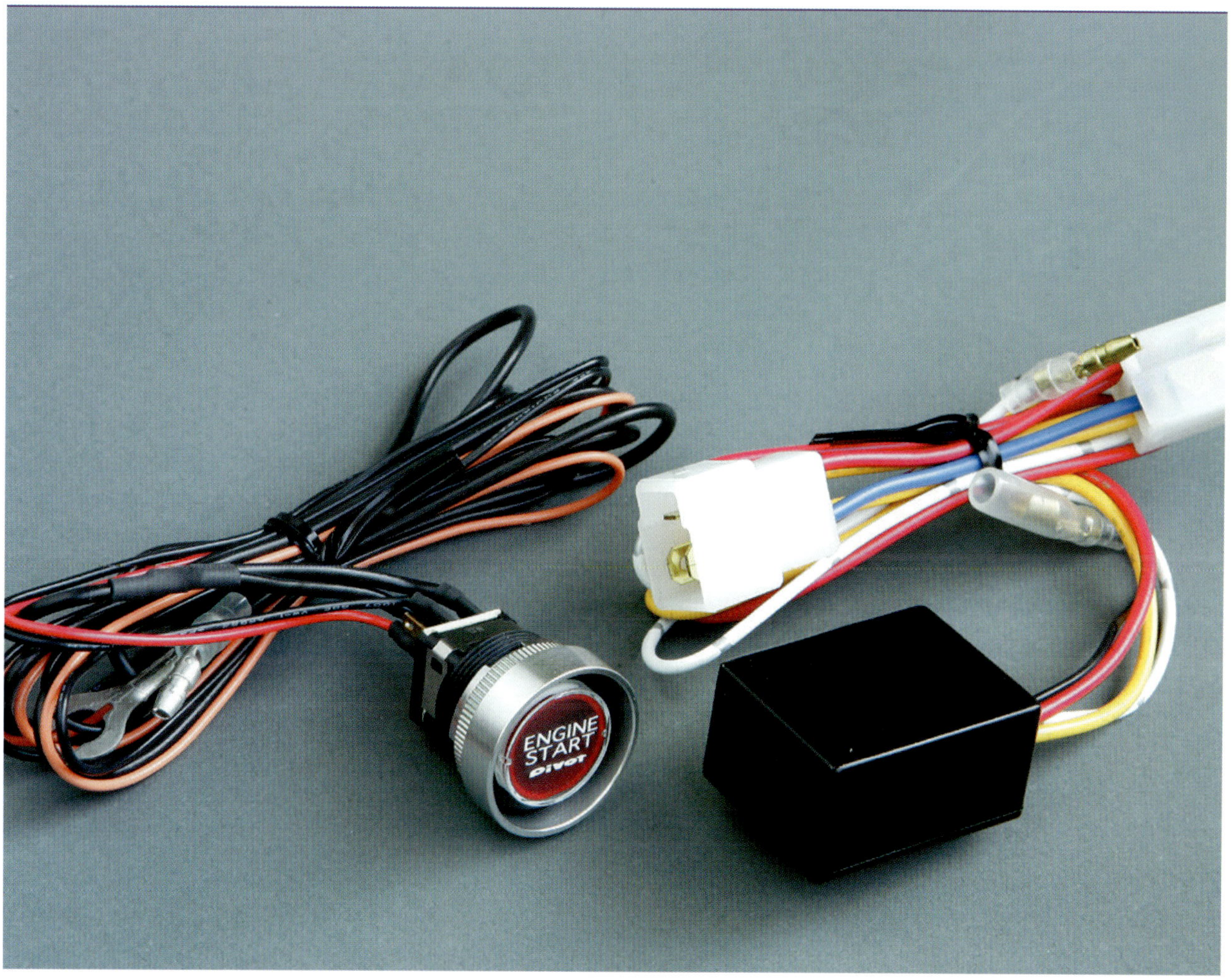

PIVOT

호에조 NEO

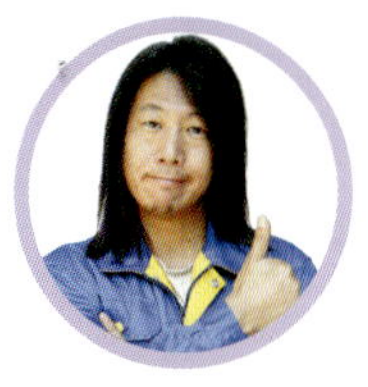

가장 주의해야 할 점은 이그니션 배선에서 분기하고자 납땜을 할 때 배선이 틀리지 않도록 하는 것이다. 이번에는 버튼을 장착하면서 알루미늄 판에 실톱으로 구멍을 뚫었지만 대시보드에 직접 구멍을 뚫거나 할 때는 드릴 송곳을 사용하면 편리하다.

사용한 공구

전기 드릴, 커터 나이프, 컷팅 플라이어,
드라이버, 래칫, 납땜인두, 테스터, 리벳,
실톱 외

S2000 외에 처음부터 스타터 버튼 스위치 방식을 갖춘 차량도 있지만 키를 돌려 시동을 거는 방식보다 스타터 버튼 스위치를 눌러 시동을 거는 방식이 어딘지 격식이 있는 느낌을 주면서 이제부터 출발한다는 기분이 더 솟구치지 않나?

이 피봇 회사의 스타터 버튼 스위치 키트는 스위치 버튼과 릴레이가 세트로 되어 있어서 터보 타이머 선이 있는 차종인 경우는 배선도 간단하다. 손쉽게 장착할 수 있을 뿐만 아니라 권장할 수 있는 포인트이기도 하다.

배선을 확인한다.

스티어링 칼럼의 커버를 벗긴 다음 이그니션 배선을 확인한다. 부속된 릴레이 박스에서 상시 전원, ON 전원, 스타트 선으로 배선을 연결한다. 터보 타이머나 리모컨 스타터의 하니스 키트가 있는 차종은 그것을 이용하여 커플러를 끼우기만 하면 되는 경우도 많다.

배선을 묶는다.

배선도나 테스터로 어느 것이 어떤 배선인지 틀림없도록 확인하고 접속한다. 배선이 풀리지 않도록 단단히 납땜하는 것이 좋다. 선을 다 묶었으면 절연 테이프를 감아 마무리하면 된다.

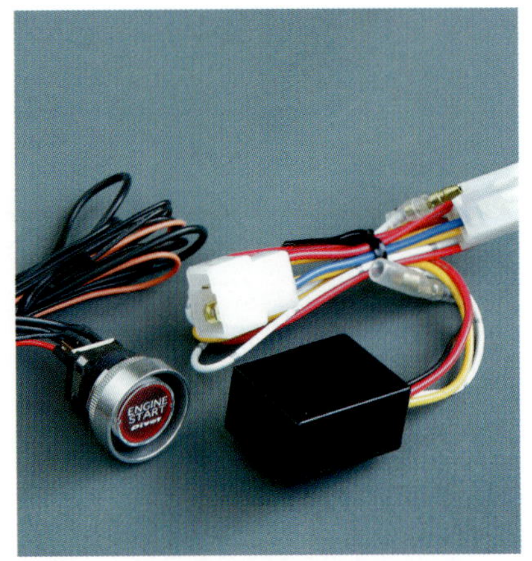

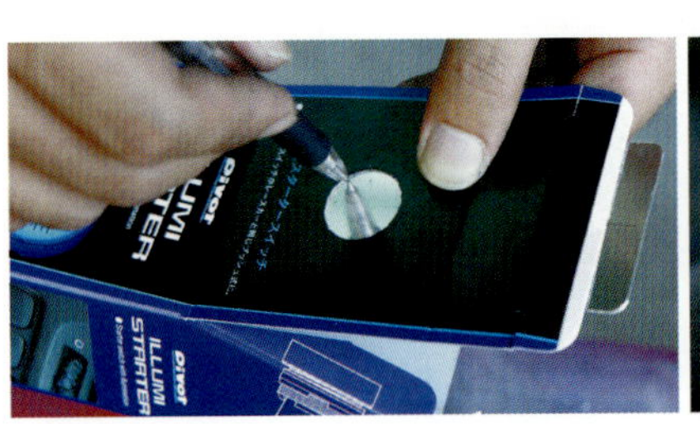

버튼을 장착한다.

이번에는 동전 등을 넣어 두는 센터 콘솔 쪽 위치에다가 알루미늄 판을 사용하여 스위치의 브래킷을 제작하였다. 잘라낸 알루미늄 판에 22파이의 구멍을 뚫어야 했기 때문에 자국을 낸 뒤 실톱으로 구멍을 뚫었다. 알루미늄 판은 스위치 버튼을 끼운 뒤 리벳으로 고정시켰다.

칼럼 커버를 원래대로 해 놓으면 완성된다!

스타터 버튼 스위치의 어스선과 전원선, 조명용 선(ON 전원에 묶은 선)을 연결한 다음 배선이 엉키지 않도록 타이 랩으로 정리하였다. 그 다음에는 커버를 원래대로 씌우는 것으로 끝이다.

HEAD LIGHT COVER 편

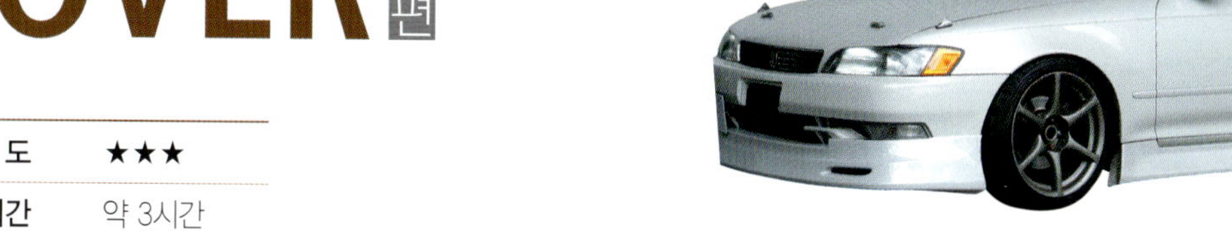

난 이 도	★★★
작업시간	약 3시간

샘플차량
도요타 체이서 JZX90

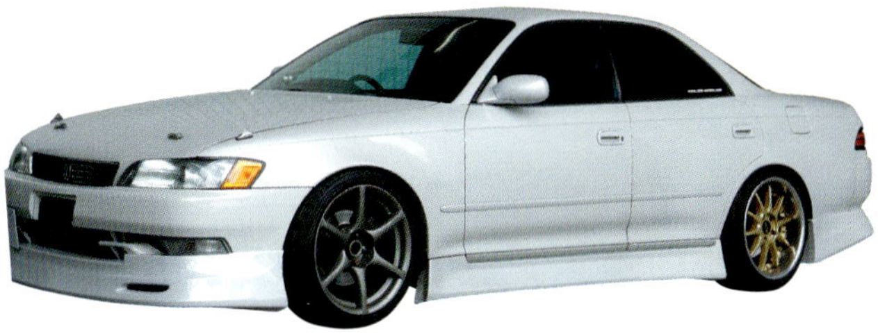

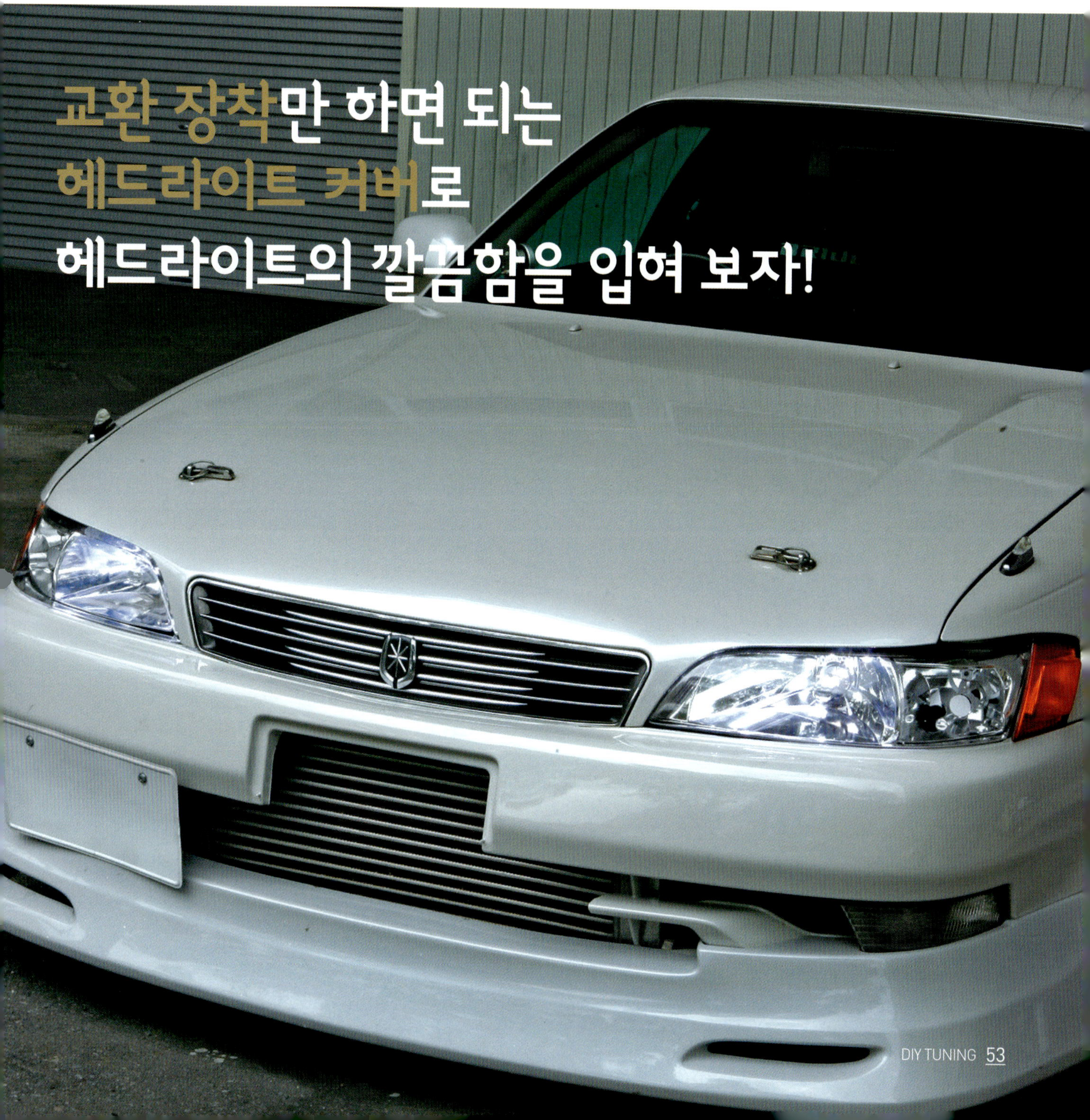
교환 장착만 하면 되는
헤드라이트 커버로
헤드라이트의 깔끔함을 입혀 보자!

SUPER MADE
CLEAR
HEAD LIGHT COVER

SUPER MADE

호에조 NEO

부틸을 부드럽게 하기 위한 가열은 열탕에 담그는 방법도 있지만 박스 안에 넣고 오븐처럼 만드는 것이 가장 손쉬운 것 같다. 강력한 드라이어가 있으면 히트 건 대용으로 사용해도 된다. 또한 렌즈 커버를 분리했을 때 늘어진 부틸이 리플렉터에 부착되어 더럽히지 않도록 보조해 줄 수 있는 사람으로 하여금 칼로 자르게 하면 깔끔하게 작업할 수 있다.

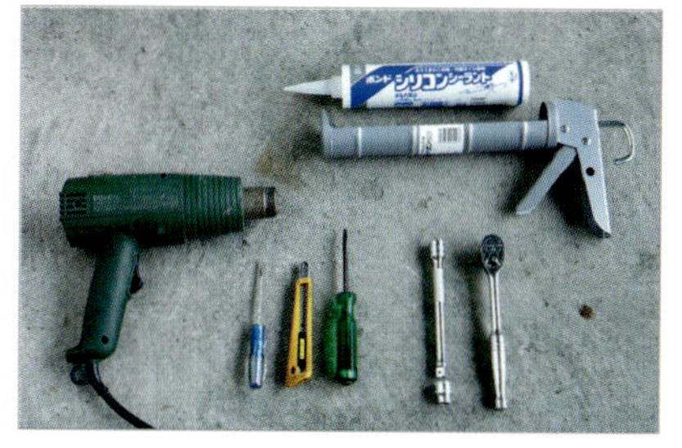

사용한 공구

히트 건, 드라이버, 래칫, 커터 나이프, 밀봉 용제 외

도요타 체이서 가운데 이 JZX90처럼 약간 초기에 나온 모델은 헤드라이트 렌즈가 노란색을 띠고, 가느다란 렌즈 컷이 들어 있어서 어딘지 오래 된 인상을 준다.

그런 것을 한 번에 이미지를 변신시켜 주는 것이 클리어 헤드라이트 커버다. 투명도가 높은 소재로 만들어져 있어서 이 제품을 장착하면 순정 라이트의 리플렉터로도 반짝반짝 빛나기 때문에 눈에 띄는 헤드라이트 튜닝이 될 수 있다(경기전용 부품이므로 주의할 것).

장착도 그다지 어렵지 않아서 충분히 DIY로 할 수 있는 범위다. 장착 후에는 싹하고 인상이 바뀌어서 색다른 느낌을 줄 것이다.

01

헤드라이트를 탈착한다.

JZX90은 지혜의 고리처럼 걸려 있는 부분이 있지만 무리하지 않고 적절한 각도로 빼내면 된다. 전구나 렌즈를 고정하는 클립도 모드 빼내도록 한다.

02

본체를 따뜻하게 한다.

헤드라이트의 렌즈 커버는 부틸고무로 장착되어 있기 때문에 쉽게 분리되도록 하기 위해 본체를 따뜻하게 한다. 사진처럼 박스에 넣어 뚜껑을 닫은 다음 히트 건으로 뜨거운 바람을 넣어주면 전체적으로 따뜻해지므로 쉽게 분리할 수 있다. 히트 건을 고온으로 해주면 2, 3분 정도면 충분하다(본체가 변형되면 안 되기 때문에 되도록이면 직접 가열하지 말 것). 부틸이 부드러워졌는지 적당히 확인해가면서 따뜻하게 한다. 히트 건이 없으면 통에다 뜨거운 물을 넣고 따뜻하게 해주는 방법도 있다.

03

렌즈를 분리한다.

본체가 상당히 뜨거워지므로 장갑을 끼고 작업한다. 걸이 부분을 일자 드라이버로 비틀듯이 누른 다음 양쪽으로 닦기면 사지처럼 부리된다. 딱딱한 부분이 있으면 조금 더 열을 가한다.

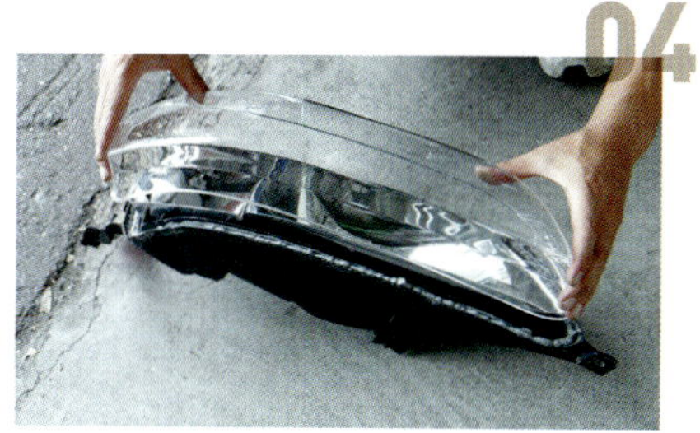

04

클리어 커버를 장착한다.

클리어 커버가 정확하게 밀착되도록 부틸 찌꺼기를 제거한 다음 다시 밀봉 용제를 넣어 커버를 장착한다. 여기서는 실리콘 실을 사용했다. 사진 속의 보틀(bottle) 하나에 정확히 라이트 2개를 밀봉했다. 너무 밀봉 용제를 많이 넣으면 라이트 안쪽으로 넘칠 수도 있으므로 사전에 어느 정도까지 커버가 들어가는지 확인해 보고 주입량을 조정하면 된다.

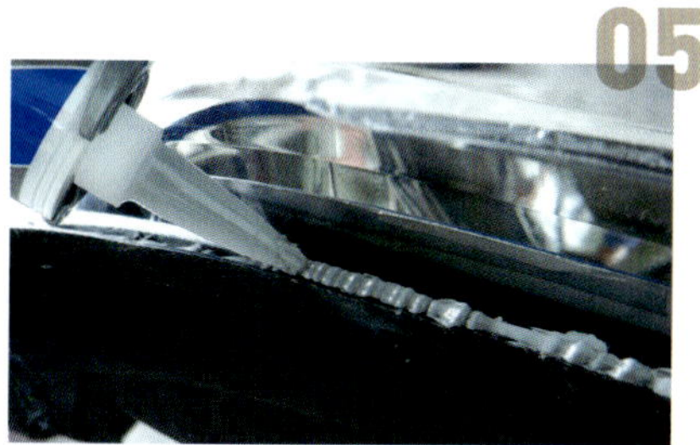

05

꼼꼼히 밀봉한다.

커버를 장착했으면 바깥쪽에서도 틈새를 메우기 위해 밀봉한다. 빈틈없이 밀봉시키지 않으면 커버 내부에 물방울이 고일 수 있으므로 정확하게 메우도록 한다. 그런 다음 굳어질 때까지 기다린다.

06

라이트를 장착하면 완성된다!

JZX90의 경우 순정품의 틈새 고무가 붙지 않아서 실 부분이 보이게 되었다. 순정처럼 주변을 검은색으로 도장하면 더 좋을 것이다.

두 번째 DIY 응원 메시지

작업할 때는 최소한 장갑만이라도 반드시 착용하는 습관을!!

당연한 말이지만 작업에 있어서 공구는 필수적이다. DIY 초보자인 사람은 반드시라고 해도 좋을 만큼 어떤 공구를 선택해야 하는지 등에 관하여 질문해 오곤 한다. 그러면 잠깐 기다려 주시기 바랍니다. 부품의 장착이나 정비작업을 할 때 자신을 보호하는 것을 잊고 있지는 않습니까? 라고 되묻는다.

먼저 복장. 간단한 점검이라면 작업복까지는 필요 없다 하더라도 최소한 장갑은 필요하다. 다발로 파는 목장갑도 좋지만 표면이 고무소재로 되어 있어서 잘 미끄러지지 않는 것이 사용하기 편하다.

특히 엔진룸 등의 사이로 손을 넣어야 할 때는 반드시 착용하여야 하며, 전용 메커닉 장갑으로 판매되는 것도 다양하게 있다. 선택할 때는 주로 디자인 등에 눈길이 가기 쉽지만 얼마나 손에 잘 맞으면서도 손을 잘 보호해 줄 수 있느냐 하는 면도 신경 쓰기 바란다. 덧붙이자면 작업복은 여름이라도 소매가 긴 것이 좋다. 반소매의 경우에는 팔이 많이 노출되기 때문에 긁히거나 화상 등에 노출될 위험이 크기 때문이다.

프로 메커닉은 맨손이나 평상복 차림으로 작업하지 않는다. 기름으로 더럽혀지기 때문인 것은 물론이고 맨손이나 평상복으로는 「안전」 하게 작업을 할 수 없다는 것도 한 가지 이유이다.

작업복도 패션성을 중시 여겨 헐렁헐렁하게 입는 사람도 있지만 정말로 작업을 하겠다면 가능한 몸에 잘 맞을 뿐만 아니라 몸이 쉽게 움직일 수 있는 것을 권하고 싶다. 무엇보다 작업을 위한 복장이므로 더 효율적이고 안전하게 움직일 수 있는 것이 아니면 의미가 없다.

나아가 작업에 따라서는 눈을 보호하기 위해 안전 고글도 필요하다. 디스크 그라인더나 드릴을 사용할 때 자잘한 부품이나 금속 파편 등이 눈에 튀어 병원에 가는 경우도 종종 있기 때문이며, 자동차 밑으로 들어가 작업해야 할 때는 떨어진 모래가 눈에 들어가는 경우도 있다.

즐거워야 할 DIY가 앞으로의 인생을 망쳐놓을 위험도 있으므로 부상이나 사고에 충분히 주의를 기울여 주기 바란다.

<u>사고를 내지 않겠다는 마음가짐이
DIY에 있어서의 책임감이다.</u>

작업을 안전하게 하기 위한 아이템이 몸에 걸치는 것만이 다가 아니다. 예를 들면 하체 작업을 위해 잭업한 다음 리지드 랙으로 고정하는 등의 방식은 이제 일반화되었다고 생각하는데, 더욱 안정성을 높이는 방법으로 착지되어 있는 타이어 앞뒤로 구름 방지용 고임목을 대는 것도 추천한다.

애써 리지드 랙을 사용했더라도 작업하는 장소에 경사져 있는 경우도 있다. DIY를 하려고 할 때 작업 공간이 노상인 경우도 다반사이기 때문에 차체를 완전하게 고정하는 것은 큰 사고를 방지한다는 의미에서도 중요하기 때문에 신중에 신중을 거듭해도 불필요하지 않다.

또한 자동차를 보호하는 것도 중요하다. 보닛 안을 작업할 때 펜더에 부품이나 공구를 떨어트려 상처라도 만드는 것만큼 속이 쓰린 경우도 없겠다. 마스킹 테이프 등으로도 조치할 수 있지만 펜더 커버를 1장 가지고 있으면 몇 번이고 사용할 수 있으므로 결과적 합리적으로 차체를 보호할 수 있다고 하겠다.

부품의 선택이나 공구의 선택에 가려지기 쉬운 이들 보호 아이템도 실은 DIY에 있어서 필수다. 극단적으로 말해 아무리 좋은 공구를 갖고 있어도 자신의 몸을 지키겠다는 의식이 없으면 작업할 자격이 없는 것이다. 자기 책임이라는 말을 자주 하는데 자기 책임이기 때문에 안전성에 있어서 충분히 주의를 기울여야 하지 않을까? 사고가 일어나고 후회하는 것이 아니라 사고를 일으키지 않기 위해 최소한의 준비를 해 두는 것이 DIY에 있어서 자기 책임을 완수하는 것이다.

애스트로프로덕츠 아쓰기점

주소 : 카나가와현 아쓰기시
영업 시간 : 10:00~20:00
휴무일 : 연중무휴
http://www.astro-p.co.jp

기본적인 핸드 툴부터 프로 사양의 공구까지 적정하면서도 폭넓은 라인업의 매력이 애스트로프로턱츠.
점장대리인 다네코다는 R32 GT-R로 서킷을 다니면서 스스로도 작업을 하고 있다.
실전 체험을 통한 조언도 해주고 있다고 한다.

튜닝 샵에서 보내는

두 번째 DIY 응원 메시지

01

차량을 완전하게 고정하는데 도움을 주는 고무제품의 스토퍼는 리지드 랙과 같이 사용하면 좋다

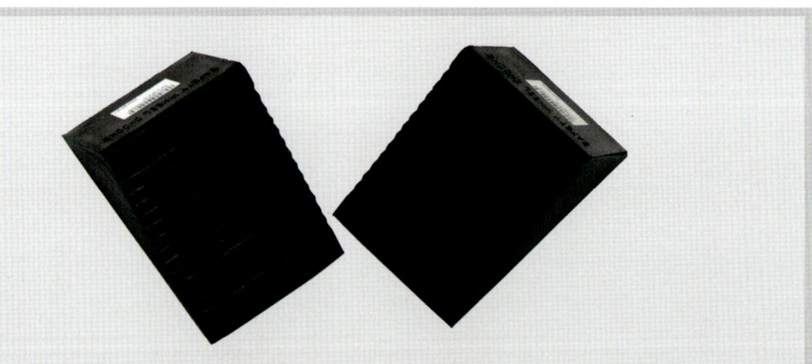

02

작업할 때 한 쪽 무릎을 대야하는 경우에 편리한 것이 반발이 적은 매트다. 자갈이나 아스팔트에 직접 무릎을 대지 않아도 되기 때문에 무릎이 아프지 않다. DIY 유저(user)에게 꼭 필요한 물건이다.

03

DIY를 하는데 있어서 메커닉 장갑은 필수라 할 수 있다. 바람이 잘 통하면서도 손바닥에는 신축성이 뛰어난 합성피혁을 사용하고 있다.

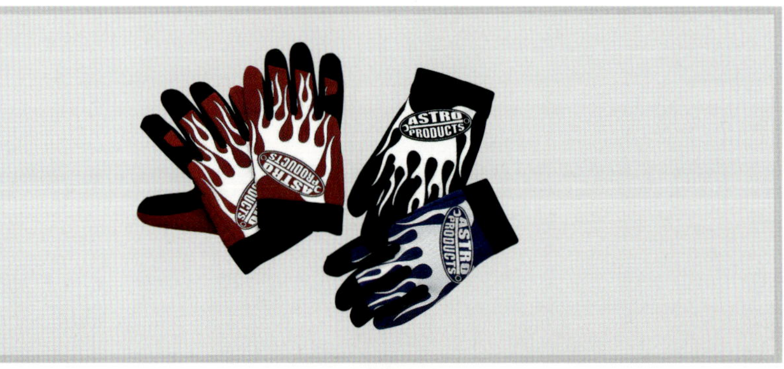

04

본인 차량은 물론이고 보디를 보호하기 위해 펜더 커버가 있으면 유용하다. 마스킹 테이프 등을 대용할 수 있지만 반복해서 사용할 수 있으므로 친환경적이고 가격도 적당하다.

DIY 실내 공간 Tuning

인테리어 편

**인테리어 DIY는 패널 파손에 주의!
탈착은 신중하게 진행해야 한다.**

자동차 가운데 언제나 나와 접촉하는 것이 인테리어 부분이다. 간편한 작업이 많지만 내장을 분리할 때는 주의를 기울여야 할 곳이 많다.
클립 위치나 숨겨진 나사 등의 위치를 파악하지 않고 작업에 나섰다가는 순정 부품이나 자동차를 파손하는 경우가 내장작업을 하면서
가장 많이 일어나는 트러블이다. 우선은 분리하고 싶은 포인트를 자세히 관찰하여 클립이나 숨겨진 나사의 위치를 확인하는 것이
인테리어 DIY의 기본이다.

SHIFT KNOB, SHIFT BOOT, HAND BRAKE BOOT 편

난 이 도	★
작업시간	1시간

화려한 실내 연출을 위한 기본 아이템

샘플차량
마쓰다 RX7 FD3S

간편하게 교환할 수 있는 부트 종류는 추천 대상!

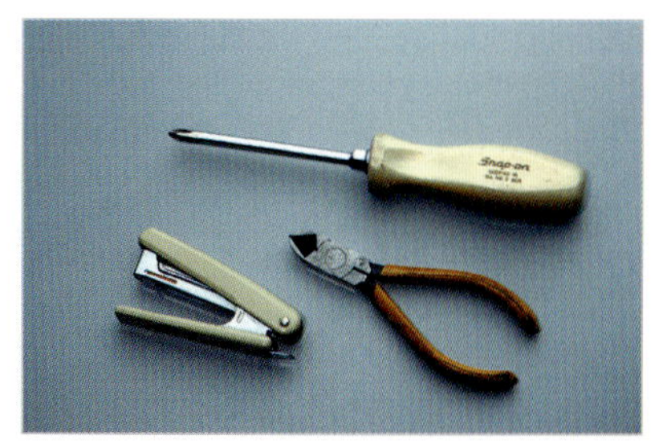

DIY의 제1탄은 손쉽게 교환할 수 있으면서도 실내 분위기를 단번에 바꿔주는 아이템의 장착이다. 누구나 간단하게 할 수 있는 입문 편이므로 시프트 & 핸드 브레이크의 부트, 시프트 노브를 교환하는 DIY에 도전해 보자.

장착하는 제품은 에어로 파트로도 익숙한 버텍스 브랜드의 부트다. 차종마다 전용으로 제작하므로 안성맞춤인 데다가 고급스러운 진피제품이어서 순정의 합성피혁과는 차별화되어 실내의 분위기를 연출해 준다. 내구성이 뛰어난 것도 장점이다.

한편 시프트 노브는 D1 드라이버에 의한 조작성 시뮬레이션으로 모양을 결정. 신속하고 정확한 기어 변속을 할 수 있도록 만들어진 제품이다.

이렇게 손에 닿는 부분은 컬러의 조정뿐만 아니라 드라이빙의 필링에도 크게 영향을 주므로 질감이나 감촉도 중요하게 여겨야 한다.

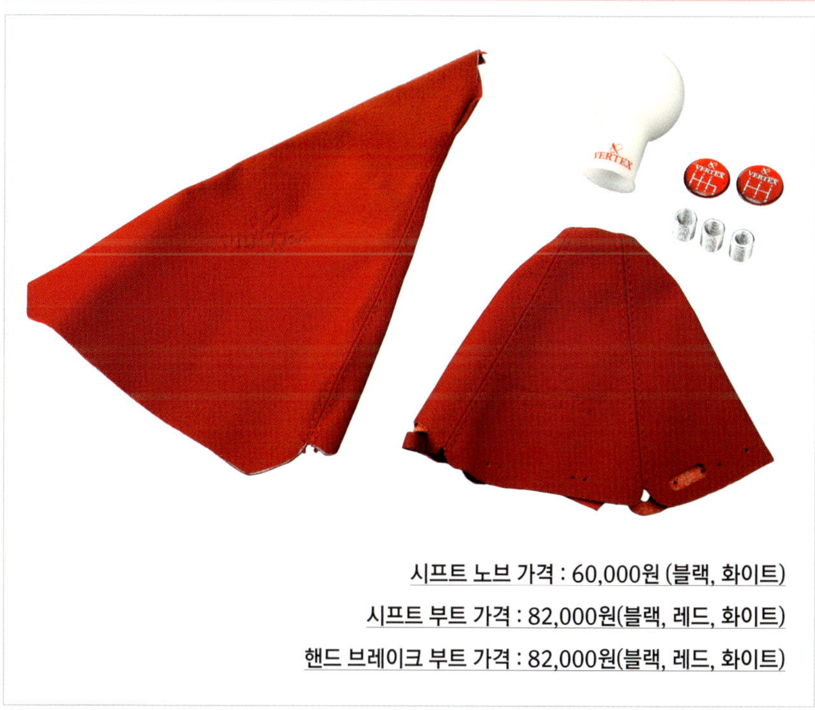

시프트 노브 가격 : 60,000원 (블랙, 화이트)

시프트 부트 가격 : 82,000원(블랙, 레드, 화이트)

핸드 브레이크 부트 가격 : 82,000원(블랙, 레드, 화이트)

호에조 NEO

부트 종류의 교환은 간단하기도 하고 분위기도 새롭게 할 수 있다. 순정 부트의 컬러가 바래버렸다면 꼭 바꿔보길 바란다. 주의할 포인트는 그다지 없지만 핸드 브레이크 부트를 프레임에 스테이플러로 고정할 때는 침이 가늘어서 구부러지기 쉬우므로 천천히 박으면 된다.

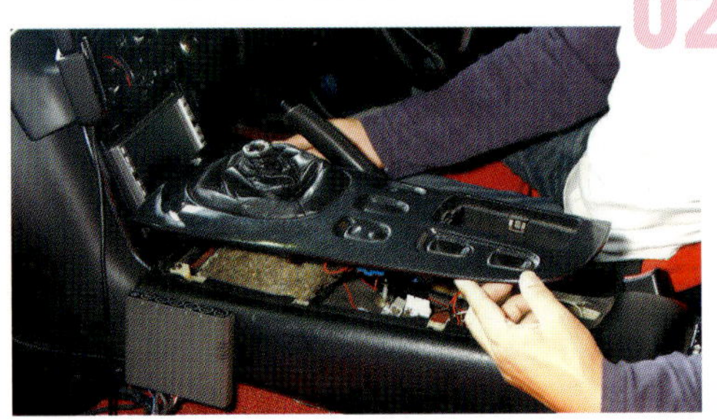

시프트를 탈착한다.

부트 종류를 교환할 때는 먼저 시프트 노브를 떼어낸 다음에 콘솔 패널을 분리시키는 것이 일반적이다. 시프트 노브는 나사식으로 조여 있기 때문에 시계 반대 방향으로 돌리면 분리된다.

패널을 탈착한다.

일반적으로 패널은 걸이로만 고정되어 있으므로 당기면 분리되는 경우가 많다. 잘 분리되지 않을 때는 무리하지 말고 내장 리무버 등을 걸리는 부분 쪽에 끼운 다음 천천히 지렛대를 조작하는 요령으로 분리한다.

부트를 벗긴다.

핸드 브레이크 부트의 아래쪽에 프레임이 있고 프레임은 태핑 비스와 클립으로 고정되어 있었다. 그것들을 드라이버로 푼 다음 뒤로 뒤집었더니 끝단이 레버에 타이 랩으로 고정되어 있어서 타이 랩을 잘라서 분리시켰다.

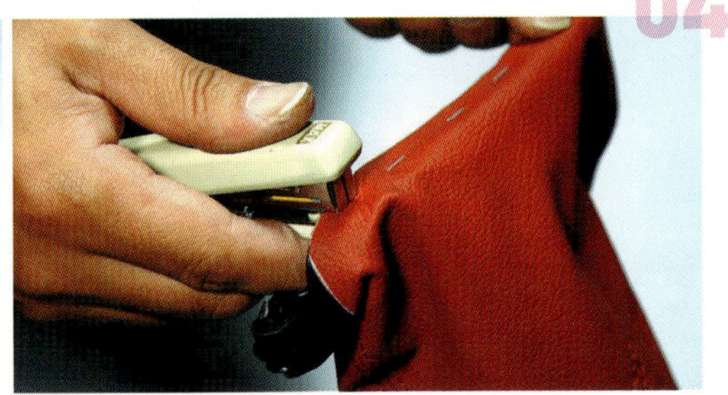

프레임을 탈착한다.

순정 부트는 스테이플러(호치키스)로 프레임에 고정되어 있다. 손으로 당겨 부트를 분리한 다음 스테이플러 침을 컷팅 플라이어나 플라이어로 떼어내면 된다. 이제는 역순으로 버텍스 부트를 프레임에 스테이플러로 박아준다. 이때 앞뒤 방향이 거꾸로 되지 않도록 주의할 것.

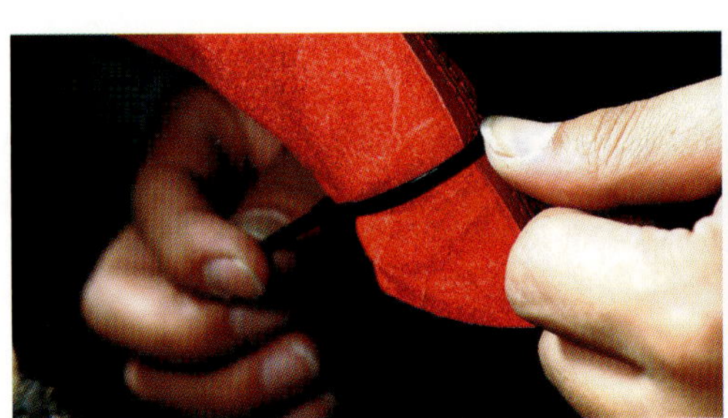

부트를 고정시키면 완성된다!

버텍스 부트를 한 번 뒤로 뒤집은 다음 순정 부트가 씌워져 있던 지점까지 끼운 다음 순정과 마찬가지로 타이 랩으로 고정. 그리고 뒤집듯이 씌운 다음 프레임을 원래대로 고정하면 완성이다.

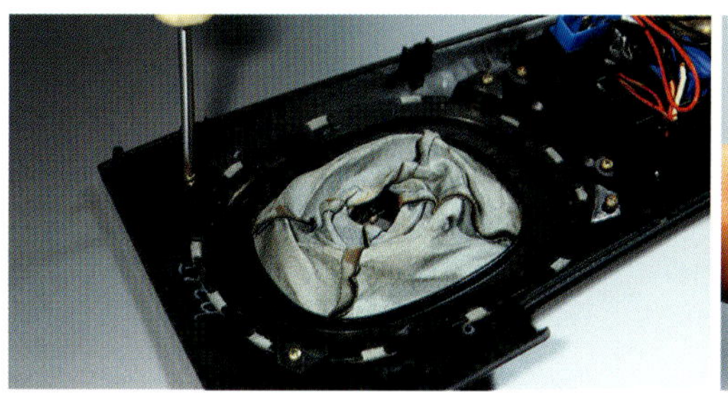 

부트를 분리한다.

패널을 뒤집으면 시프트 부트의 프레임이 4개의 태핑 비스로 고정되어 있다. 이것을 떼어내고 스테이플러로 고정되어 있는 부트를 분리한다.

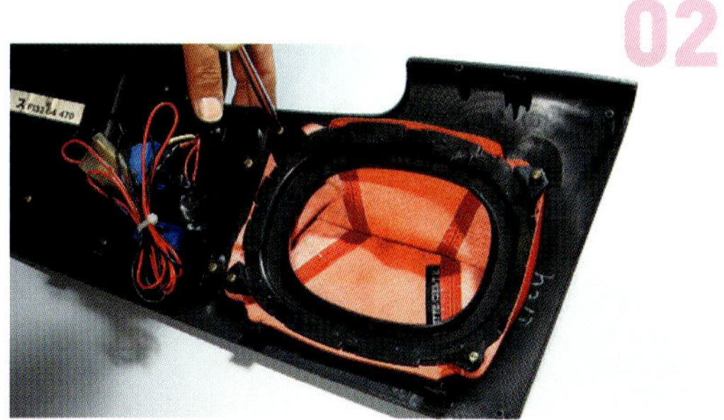 

부트를 장착한다.

새롭게 장착할 버텍스 부트에는 비스를 끼울 구멍이 나 있었기 때문에 스테이플러로 고정하지 않고 4군데만 고정했다.

패널을 고정하면 완성된다!

부트가 정확히 장착되었는지를 확인한 다음 패널을 원래대로 끼우면 완성이다.

어댑터를 넣는다.

원래의 시프트 레버의 나사에 버텍스 노브에 부속된 어댑터를 적당한 지점까지 조여 넣는다. 이것은 노브의 나사부분과 시프트 레버의 나사 지름이 차이나는 것을 막아주는 것으로서, 지름이나 나사 피치 보수용 부품이 3종류 들어 있으므로 맞는 것을 넣으면 된다.

노브를 끼워 넣으면 완성

마지막으로 노브를 끼워 정지되는 지점까지 돌려주면 완성이다.

ROOM MIRROR편

난 이 도	★
작업시간	30분

샘플차량
미쓰비시 랜서 에볼루션 CT9A

알루미늄 빌릿(billet)이 주는 터프한 맛의 높이 조절식 커스텀 미러

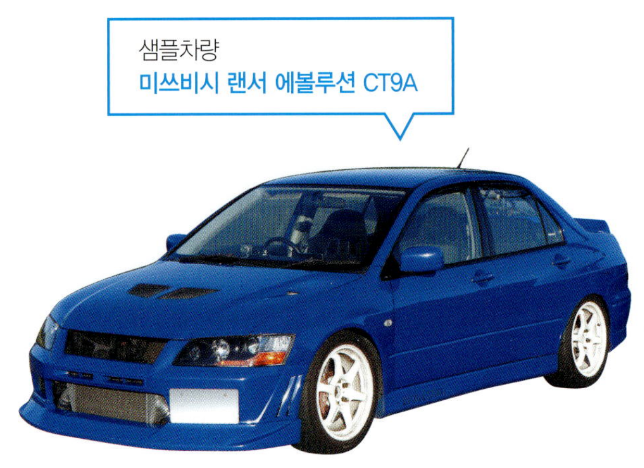

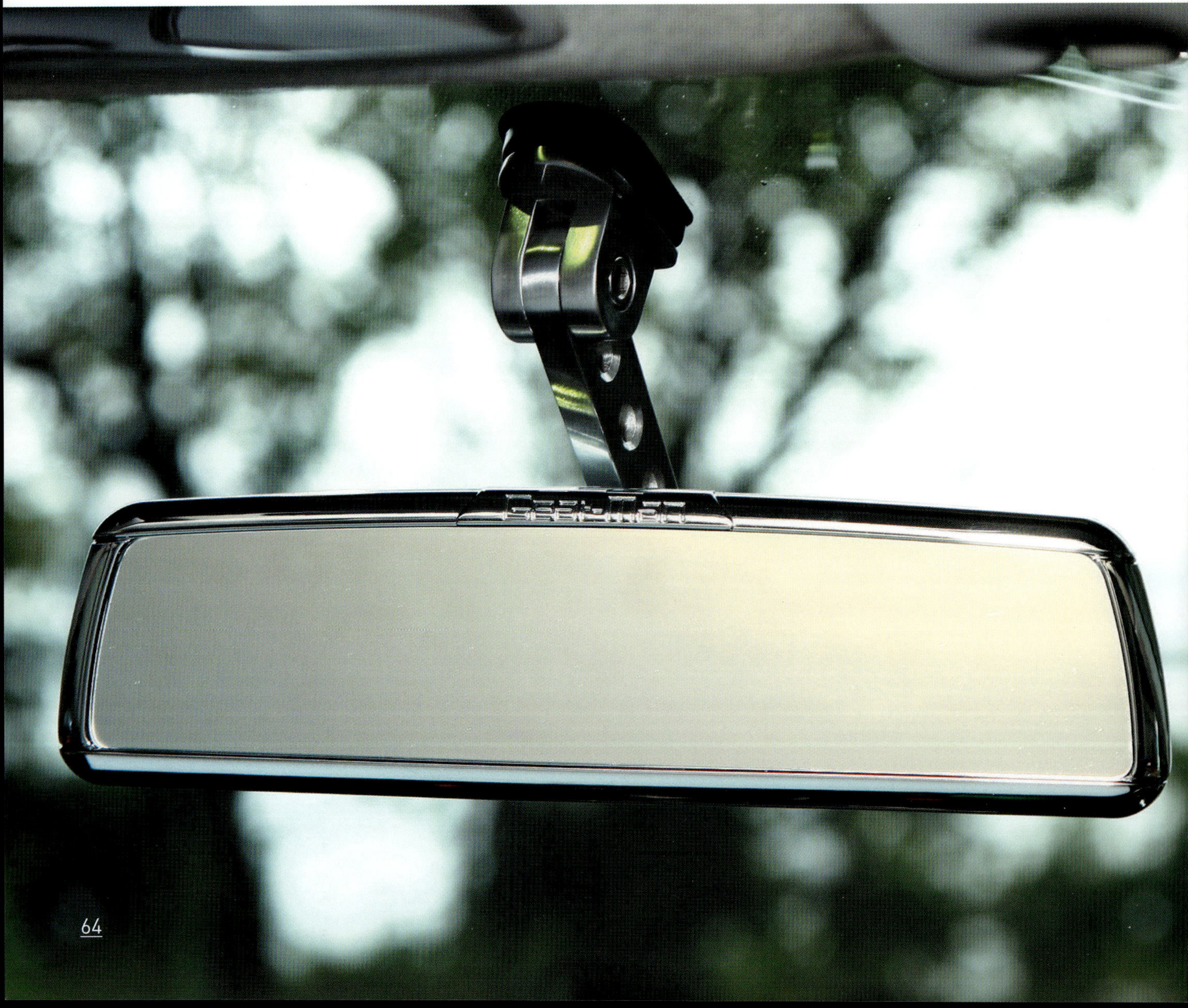

룸미러를 통째로 교환하면 되는 보기 드문 아이템의 위닝 뷰. 경질의 빌릿 감촉이 노멀과는 전혀 다른 인테리어를 만들어 준다.

이 위닝 뷰가 좋은 분위기를 바꿔준다는 것 외에 시트를 낮추었을 때 거기에 맞춰 높이를 조정할 수 있다는 점이다. 이 랜서 에볼루션 VII는 천장이 높고 낮은 위치의 풀 패키지 시트 상태에서는 미러가 잘 보이지 않는다.

그런 상태도 훌륭하게 해소시켜 주는 것이다. 또한 밖에서 봤을 때도 한 방에 어필해 주는 아이템이다.

기어 맨 위닝 뷰

순정 미러를 분리한다.

미러 고정대는 조인트의 랙을 스프링으로 조절할 수 있는 타입이다. 미러의 연결부위를 90도로 비틀면 쏙 하고 떨어지는(차종에 따라 여러 가지 장착하는 방식이 있다) 자동차에 따라서는 단단한 것이 있을지도 모르므로 유리에 흠집을 내지 않도록 주의한다.

조인트를 장착한다.

탈착한 것과는 반대로 90도 가로 방향으로 끼운 다음 베이스 마운트에 맞춰 틀어주면 고정할 수 있다

각 부위를 볼트로 고정하면 완성된다!

부속품의 볼트 & 너트로 조인트에 암을 임시로 고정(6각 렌치도 부속되어 있음)한다. 그리고 미러 본체도 암에 임시로 고정한 다음 보기 좋은 높이와 각도로 맞추고 나서 조이면 완성이다.

DEADENING 편

샘플차량
도요타 MR-2[SW20]

난 이 도	★★★
작업시간	6시간

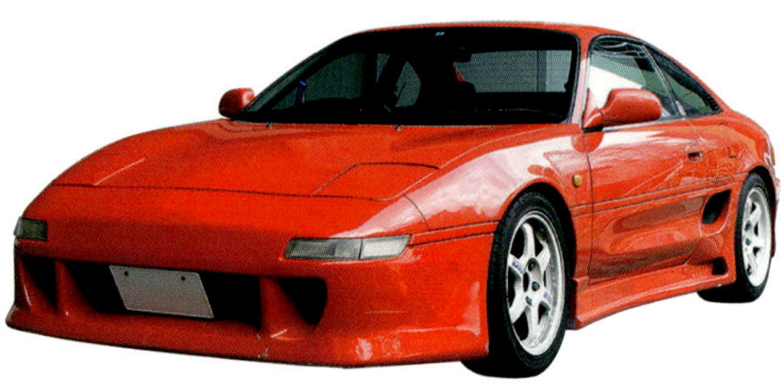

공명을 없애 중저음을 강조시킴으로서 음향의 공간을 업그레이드

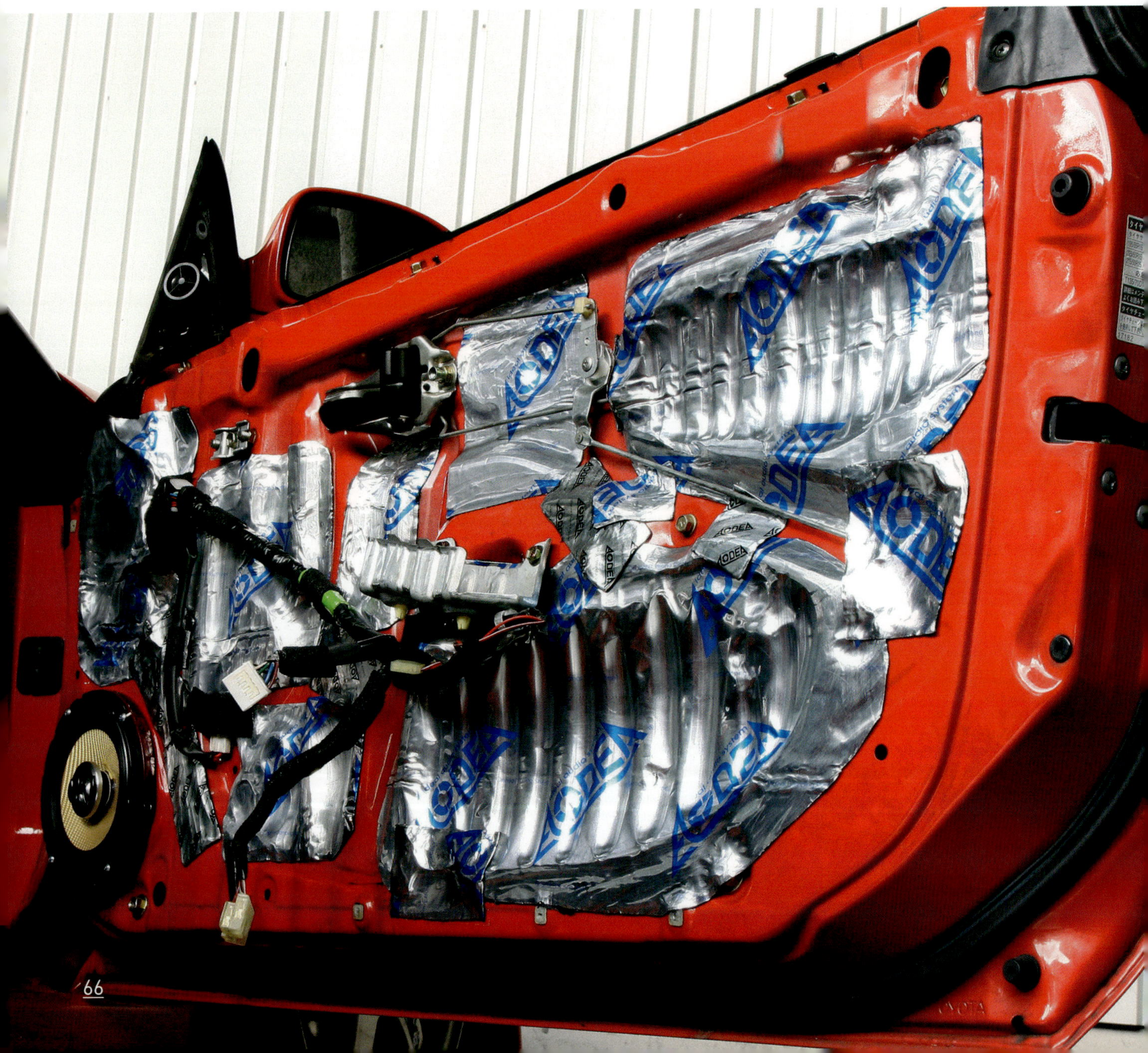

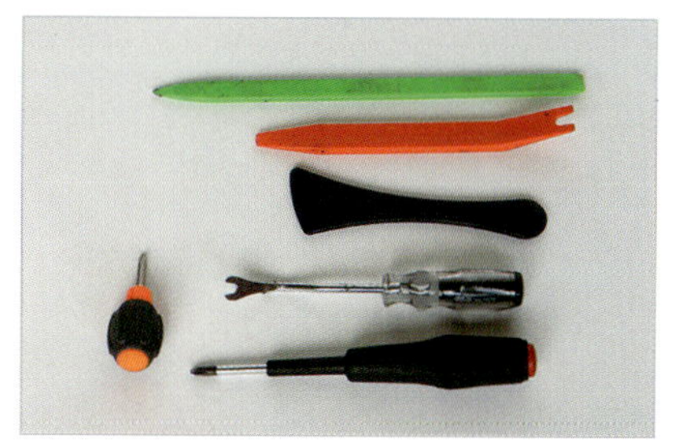

사용한 공구

드라이버, 내장 제거기, 내장 제거기DX,
패널 제거기, 주걱(부속품, paddle) 외

카오디오의 음질을 향상시키는데 큰 효과를 발휘하는 것이 방음이다. 문짝 안에 있는 서비스 홀을 전용의 제진재와 흡음재를 사용하여 막아주면 공기의 진동에 의한 패널의 공명이나 반사음이 울리는 것을 방지하고 달달달 떨리는 소리나 음이 새는 것을 막아주는 방법이다.

결과적으로 문짝 전체를 스피커 박스로서 이용함으로 중저음의 질이 크게 향상되어 진동(공명)이 없어짐으로써 깨끗한 음질을 얻을 수 있다.

기존의 방음은 납 테이프를 붙이는 방식이라 자동차가 무거워진다고 해서 스피드를 즐기는 사람들은 피하는 경향이 있었지만 실제로는 문짝 2개를 시공하는데 증가하는 중량은 1~2kg 정도다.

재질은 알루미늄 시트, 스펀지, 부틸고무 등으로서 웬만한 타임어택 사양이 아닌 한은 주행 성능에 영향을 줄 정도는 아니다.

또한 방음 대책에는 도로의 소음을 절감시키는 효과도 있기 때문에 실내가 조용해지는 덤까지 따른다. 차안의 정숙성을 향상시킴으로써 쾌적한 운전을 즐길 수 있다는 것은 요즘에는 누구나 바라는 일이 아닐까.

작업 시간도 문짝 2개 정도면 여유 있게 하더라도 하루도 안 걸린다. 특별한 기술을 필요로 하지는 않지만 내장을 벗길 때나 도어 노브의 주변을 시공할 때는 수지 부품이나 클립을 손상시키지 않도록 신중하게 작업할 필요가 있다.

AODEA

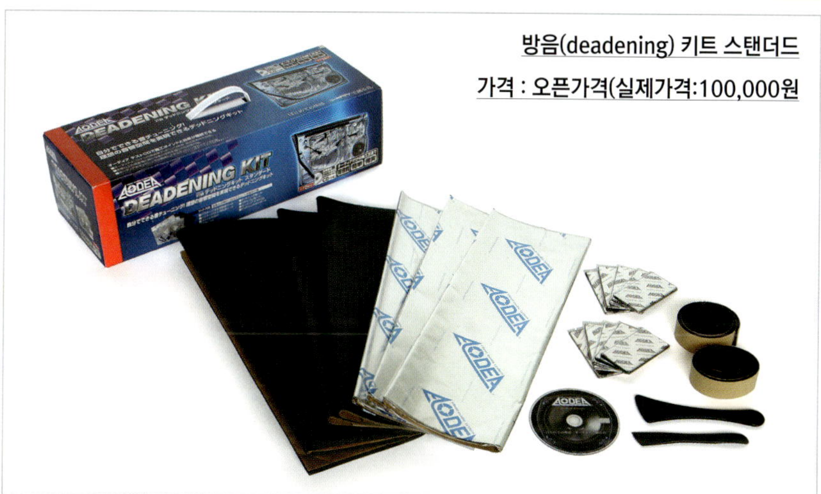

방음(deadening) 키트 스탠더드
가격 : 오픈가격(실제가격:100,000원)

방음 후에 실행하는 부속된 테스트 CD는 공진이 발생하는 특정 장소의 저음신호 외에 시스템의 접속 체크나 음질의 설정에도 사용할 수 있는 다양한 음원이 수록되어 있다. 만약 테스트 CD에서 진동(공명)이 발견된 경우 포인트 제진 패드(또는 sound deadening sheet)에서 제진처리를 한다.

윈베어 구보타

기본적으로 방음은 잘 붙이기만 하면 되는 작업이다. 가동부분 등만 주의하면 누구나 할 수 있다고 생각한다. 보기에는 다소 심난할지라도 내장을 붙이면 보이지 않기 때문에 안심해도 된다. 또한 기본적으로 제진은 시공량을 많이 하면 할수록 효과가 상승되기 때문에 키트 소재는 조각난 것까지 모두 사용하는 것이 좋다. 그리고 최초의 공정에서 방수 시트를 사용할 수 없으므로 방수까지 고려해 모든 구멍을 막아주는 시공 방법도 중요하다.

방음 시공 DIY 시작!

도어 트림을 탈착한다.

작업할 쪽의 도어 트림을 탈착하면 되는데, 차종에 따라서는 도어 노브의 안쪽이나 도어 포켓 안쪽 등에 숨겨진 볼트가 있을 수 있으므로 탈착하면서 확인해 둘 것. 또한 트림과 도어를 고정하고 있는 클립 등은 쉽게 파손되므로 내장 제거기 등을 사용하여 조심히 작업하도록 한다.

방수 비닐을 벗겨낸다.

도어 트림을 탈착하면 방수용 비닐이 나타난다. 이 비닐은 부틸 테이프로 부착되어 있으므로 서두르지 말고 천천히 벗겨 나간다. 여름철에는 벗기기 쉬운데다가 남아 있는 부틸도 비닐에 붙은 부틸을 이용하여 붙였다 떼는 것을 반복해주면 깨끗하게 떼어낼 수 있다. 벗겨낸 방수 비닐은 사용하지 않으므로 손상이 생겨도 상관없다.

도어 스피커를 분리한다.

대부분 차종의 스피커는 십자 나사 3~4개로 고정되어 있다. 이 볼트를 풀었으면 안쪽에 있는 배선을 빼거나 커플러를 분리한다. 스피커에는 ⊕, ⊖가 있으므로 장착할 때는 잘못 연결하지 않도록 주의한다.

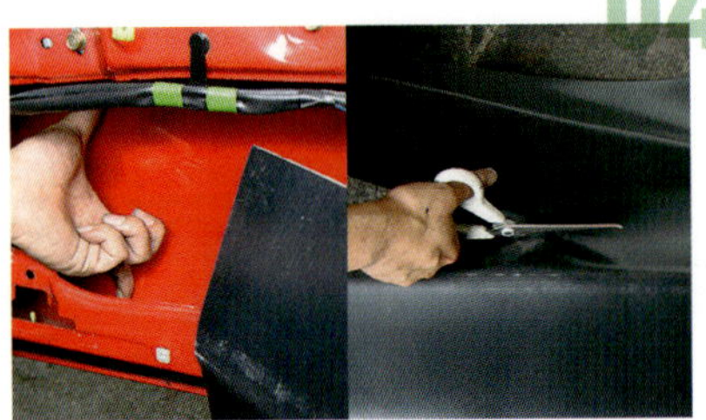

아우터 패널의 진동을 억제한다.

서비스 홀을 통해 손을 넣어 아우터 패널(유리창의 안쪽)을 청소하고 유분을 제거한다. 브레이크 클리너 등을 사용하여 잘 닦아낸 다음 아우터용 제진 시트를 붙인다. 붙이는 크기는 눈대중이나 손으로 재는 정도로 충분하다. 완성될 즈음에 도어를 안쪽이나 바깥쪽에서 가볍게 두드려 보아 울리지 않고 무게감이 있는 소리가 나는 것이 기준이다. 이 정도에서 손을 빼면 효과가 반감되므로 가능한 넓은 면적에 붙이는 것이 좋다.

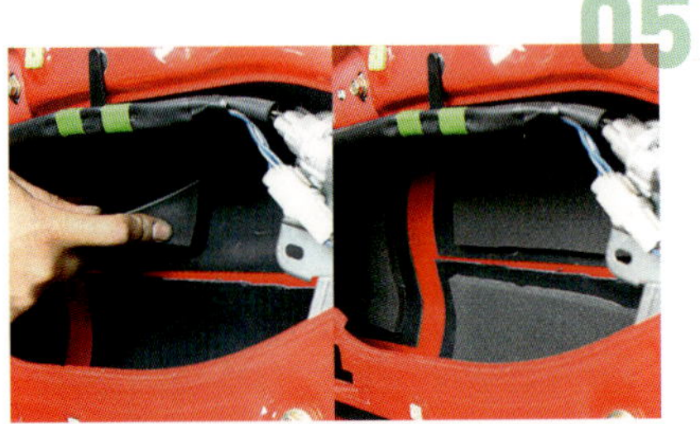

흡음재는 조금 작게 자른다.

흡음재를 붙인 다음 부속된 주걱(paddle)으로 흡음재가 꽉 달라붙도록 강한 힘으로 눌러서 붙인다. 겨울철에는 이 대목에서 드라이어 등을 사용하면 더 잘 달라붙고 효율도 좋아진다. 아우터용 제진 시트를 다 붙였으면 붙인 시트보다 조금 작은 크기로 잘라 놓은 스펀지 모양의 흡음 시트를 붙이는 것으로 아우터 패널은 완성이다.

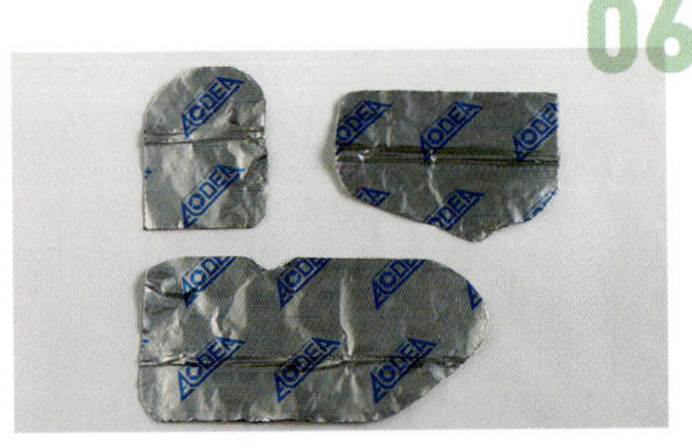

서비스 홀을 막는다.

이어서 서비스 홀을 막는 작업이다. 우선 붙일 장소에 대해 종이 등을 만들어(서비스 홀보다도 약 2cm 크게 붙일 수 있는 크기) 한 쪽의 치수를 쟀으면 그대로 뒤집어서 좌우 도어 분량의 제진 시트를 잘라 둔다. 제품 안에 들어 있는 시트를 손실 없이 사용하는 것도 포인트다. 작업이 끝났을 때 조각이 남지 않는 것도 작업의 요령인 것이다.

움직이는 부분에 주의하면서 붙인다.

도어 노브에 이어 봉이나 도어 로크의 와이어 등 움직이는 부분에 제진 시트를 붙일 때는 접착면이 움직이는 부분에 붙지 않도록 한다. 남은 제진 시트를 안쪽의 접착부분에 붙이거나 로드에 주름 관을 씌우는 것이 올바른 방법이다. 차종에 따라서는 도어와 보디의 힌지 위치가 서비스 홀에 있기 때문에 적당히 작업하게 되면 도어가 안 닫히거나 노브가 올라오지 않거나 또는 로크가 되지 않는 등의 트러블이 일어날 수 있다.

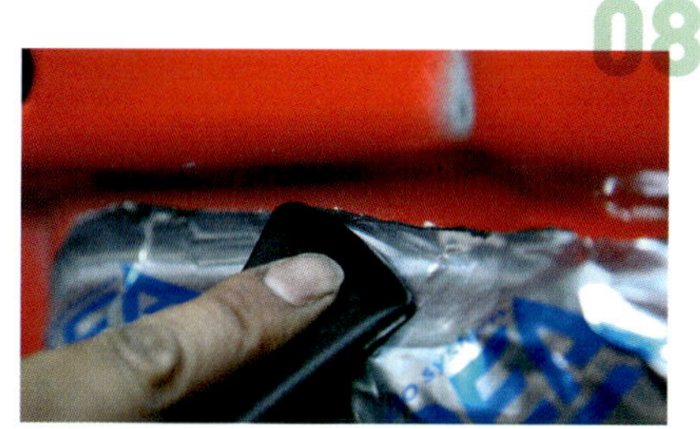

부틸 테이프가 삐져나올 때까지 눌러준다.

제진 시트를 붙인 다음 가동부분 등의 움직임을 확인하면서 제진 시트를 주걱으로 세게 밀어준다. 이때 표면의 알루미늄에서 안쪽의 부틸 테이프가 삐져나올 정도로 세게 눌러주는 것이 포인트다. 약하게 눌러주면 나중에 들뜨거나 틈새가 생겨 방음 효과가 떨어진다. 제진 시트에 손상이 나는 것은 신경 쓰지 말고 꾹 꾹 눌러가면서 밀착도를 높여가도록 한다.

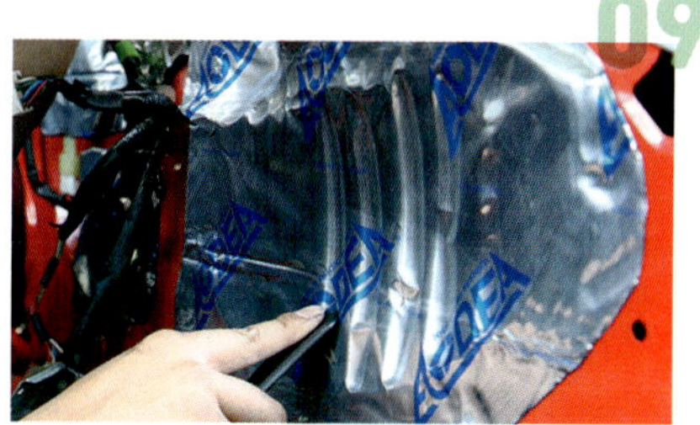

주걱으로 세세하게 밀착시킨다.

제진 시트를 커다란 서비스 홀에 붙이다 보면 그 부분이 느슨하다는 것을 깨닫게 될 것이다. 거기서 주걱을 사용하여 구멍이 나지 않을 정도의 힘을 주어 세로 방향으로 리브를 만든다. 이렇게 하면 커다란 면적의 제진 시트가 단단히 붙게 되며 계획한 대로의 박스효과를 발휘하게 된다.

부속된 CD로 방음 효과를 점검한다.

얼추 방음 시공이 끝났으면 일단 스피커만 연결한다. 이 상태에서 "오디오 테스트 CD"로 테스트를 해 본다. 이것은 총 53 트랙에 모든 음역의 테스트 음 등이 수록되어 있어서 제진효과나 방음 부족에 의한 진동(공명) 위치 등을 점검할 수 있다.

공명하는 부분을 찾아내 조치한다.

오디오 테스트 CD를 틀어 놓고 드라이버 등 쪽 끝을 도어 패널에 가볍게 대 본다. 그래서 진동을 느끼는 장소에는 부속된 포인트 제진재를 더 붙이도록 한다. 이 정도의 작업만으로도 완성도에 커다란 차이를 만든다.

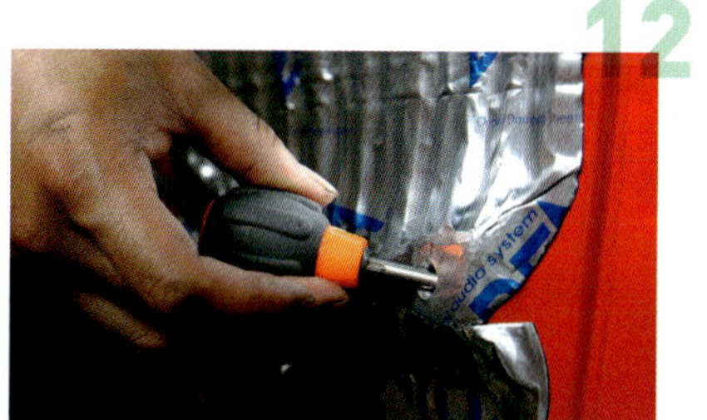

내장을 원래대로 복구시키면 완성

세세한 서비스 홀 등도 막아주고 포인트 제진재를 필요한 위치에 붙이면 작업은 완료다. 다음으로는 내장을 붙여놓기만 하면 되는데 내장을 고정시키는 볼트나 클립 구멍까지 메웠으면 드라이버 등으로 구멍을 뚫어주고 고정하면 된다. 모두 끝나고 항상 듣고 다니던 CD 등을 틀어보면 음질의 향상을 체감할 수 있을 것이다.

이너 배플(baffle) 보드를 추가하여 방음 작업 전에 스피커의 환경을 정리해 보자

01 플러스, 마이너스 단자를 틀리지 않게 한다.

스피커를 교환할 때는 ⊕, ⊖배선의 방향을 기억해 둔다. 반대로 연결해도 파손 등의 걱정은 없지만 조립할 때 거꾸로 연결하면 위상의 관계에 있어서 음상(音像)이 희미해지거나 저음이 부족해지는 등의 트러블 원인이 된다.

02 이너 배플을 장착한다.

스피커를 빼낸 위치에 제품 안에 부속된 볼트 & 너트를 사용하여 이너 배플을 고정한다. 이때 순정 스피커를 고정하는 수지 부품 등을 탈착해야 할 필요가 있는 경우도 있다. 차종에 알맞은 전용의 제품이라면 완전하게 볼트 온으로 장착할 수 있을 것이다.

03 스피커를 고정하면 완성

이너 배플은 MDF(medium density fibreboard)합판 등을 사용하고 있기 때문에 태핑 비스를 드라이버 등으로 조여주면 고정시킬 수 있다. 스피커 교환 등에 의해 배선을 다시 해줄 경우에는 아무쪼록 배선의 극성이 틀리지 않도록 주의한다.

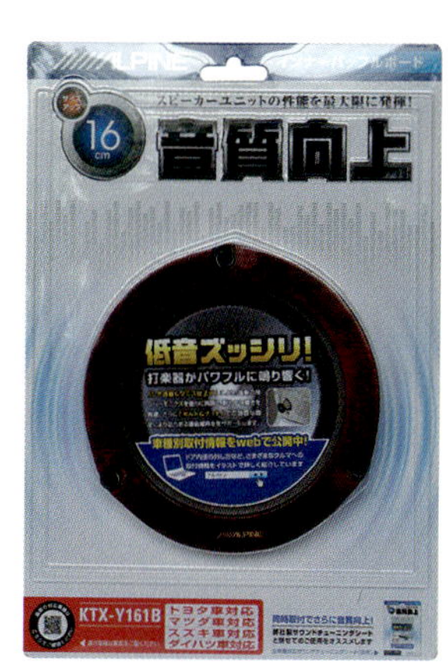

이너 배플 보드

가격 : 37,000~58,000원

NAVIGATION, REAR VIEW CAMERA, HEAD REST MONITOR편

샘플차량
닛산 세피로 A32

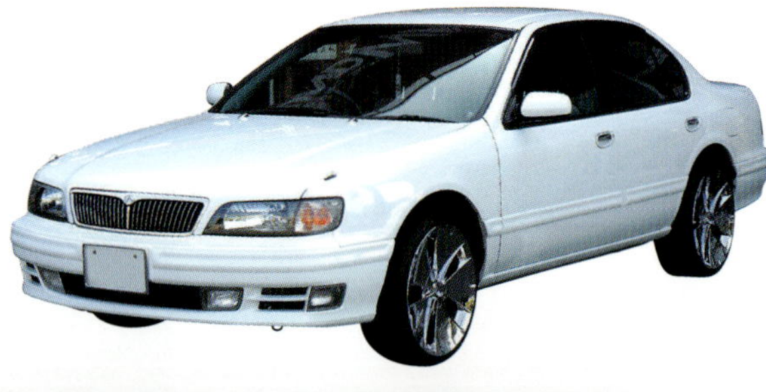

난 이 도	★★★
작업시간	18시간

오디오 계통의 장착은 배선을 깨끗하게 처리하여 쇼트 등의 트러블을 사전에 예방하자

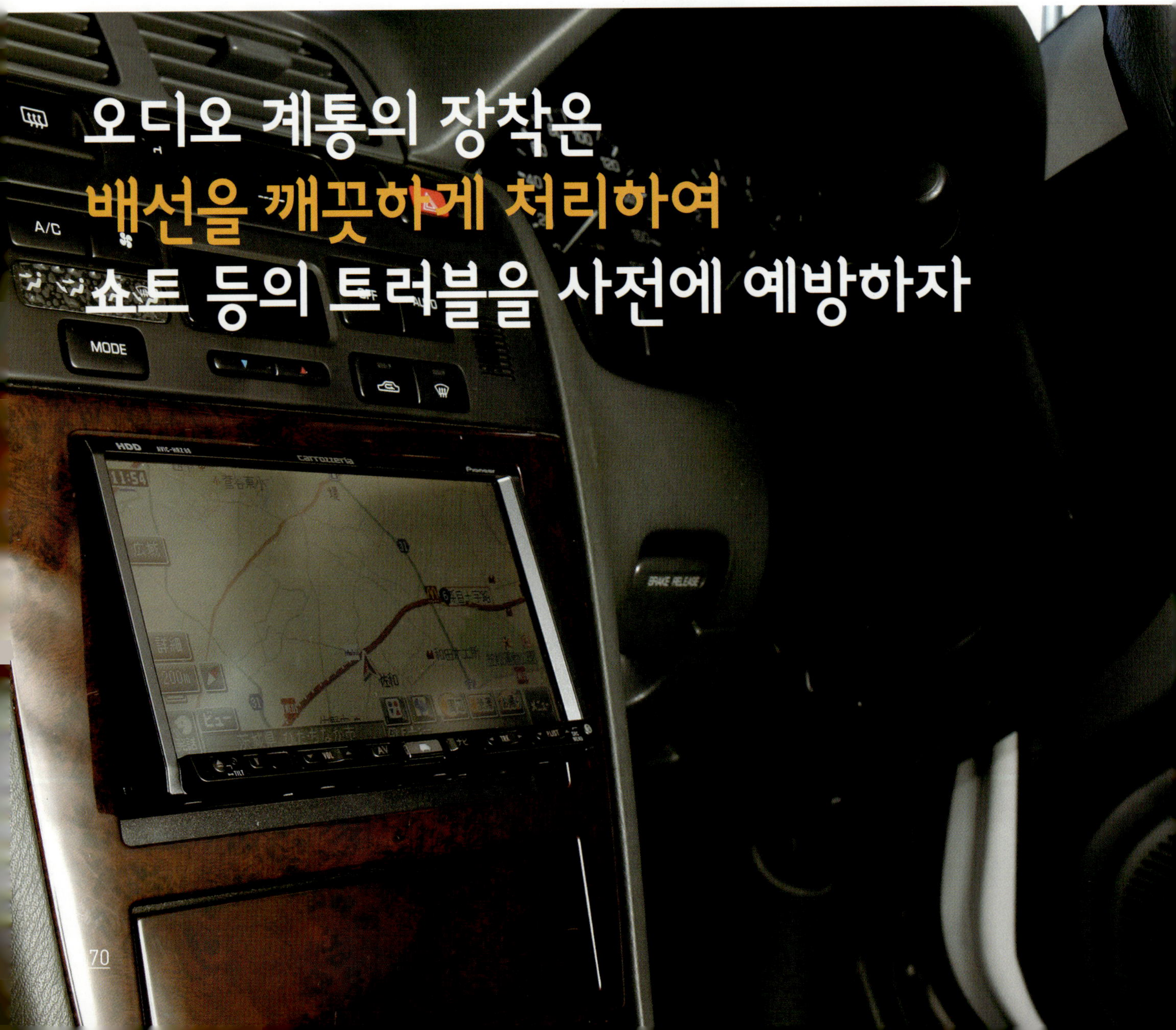

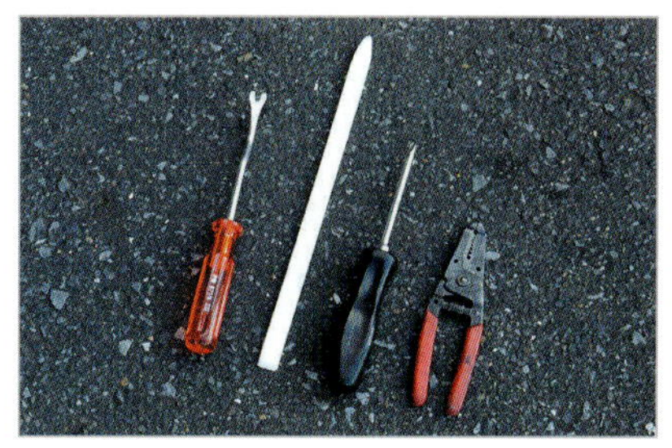

사용한 공구

내장 탈착기, 드라이버, 전공 펜치 등

근래에는 필수 아이템이라 할 수 있는 내비게이션. 최근에는 저가의 제품도 많아져 HDD모델이라도 몇 십 만원대에서 선택할 수 있게 되었다.

더구나 최근 제품은 내비게이션 시스템 이외에도 음악 재생이나 영상 재상, 후방 카메라, 지상 디지털 TV 시청 등의 기능까지 있는 올인원 모델이 주류를 이루고 있다. 그래서 이번에는 카 내비게이션 & 추가 부품을 장착하는 튜닝을 소개할까 한다.

추가할 것은 후진할 때 차량의 뒤쪽을 내비게이션 화면에 보여주는 후방 카메라와 뒷좌석에서 DVD 등의 영상을 즐길 수 있는 헤드레스트 모니터다. 이런 여러 가지 기능을 손쉽게 추가할 수 있는 것도 올인원 모델의 매력이 아닐 수 없다.

이번에 사용한 헤드레스트 모니터는 순정 가공품이지만 여러 종류의 매립형 제품도 많이 판매하고 있다. 후방 카메라에 있어서는 무선식 타입을 준비하였다. 원래는 감시 카메라용 제품이지만 배선을 숨기는 수고를 생략할 수 있어서 편리하다. 인터넷이나 전자 부품 전문점에서 구입할 수 있다.

장착에 있어서 배선이 많기 때문에 얼마나 밖에서 봤을 때 잘 보이지 않도록 숨기는 것이 중요하다. 후방 카메라나 헤드레스트 모니터도 마찬가지다. 배선을 접속하는 방법이나 배선도는 메이커 웹사이트에서 볼 수 있을 것이다.

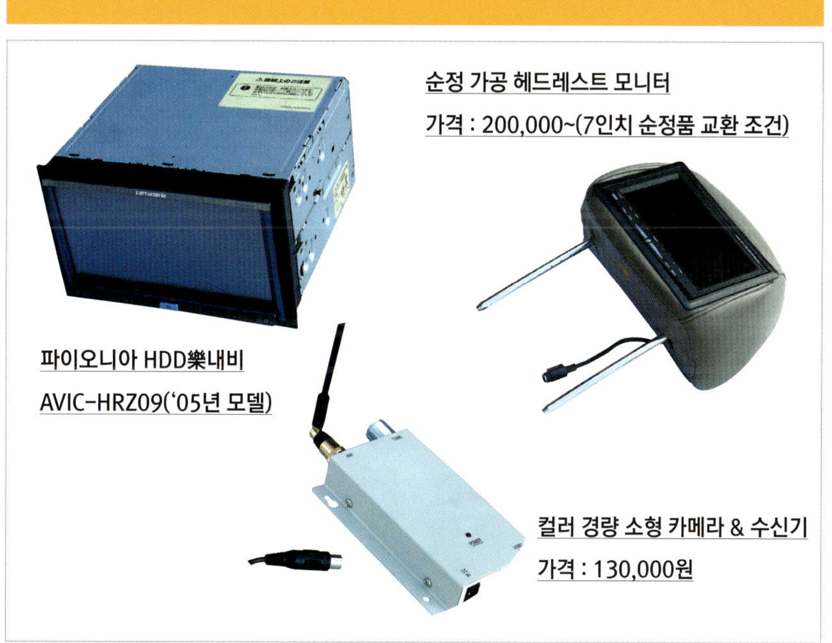

배선을 정리하는데 시간이 걸릴지 모르지만 절대로 적당하게 해서는 안 될 부분이다. 그만큼 마무리가 크게 달라질 뿐만 아니라 접촉 불량은 불쾌한 트러블의 원인이 되기 때문이다. 후방 카메라나 헤드레스트 모니터는 어떻게 배선을 숨기는 것도 포인트다. 이번에는 측면에서도 권장할만한 무선 타입의 카메라를 준비했다. 그리고 초보자에게 흔히 일어나는 것이 차속이나 후진기어와 같은 신호를 잊어먹고 연결하지 않는 경우이다. 주의해야 한다.

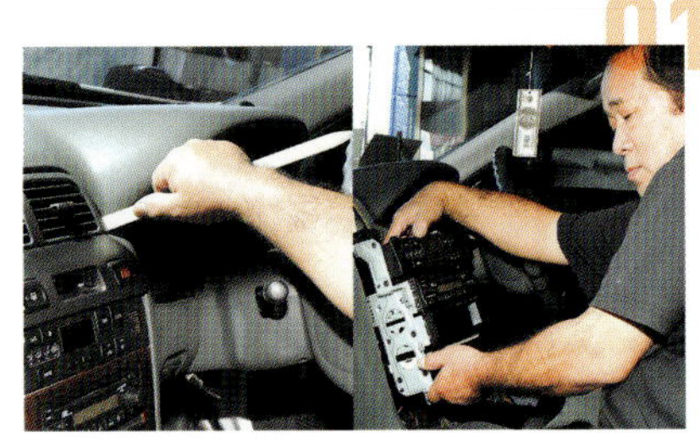

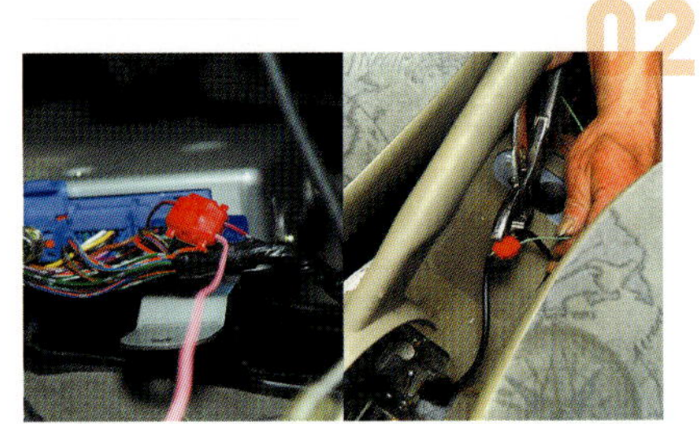

순정 오디오를 탈착한다.

센터 콘솔 쪽의 순정 오디오나 동전 포켓 등을 탈착한다. 패널은 대부분 걸이로 고정된 경우가 많으며, 안 보이는 곳에 볼트가 있는 경우도 있음으로 주의할 것. 특히 걸이를 무리하게 다루면 부러질 수 있다. 날씨가 추울 때 작업하면 더 부러지기 쉬우므로 작업 전에 히터를 켜서 차안을 따뜻하게 해주는 것도 방법이다. 이어서 순정 오디오 안쪽에 박혀 있는 카메라나 라디오 입력 커넥터 등을 뺀 다음 오디오를 분리한다.

속도나 핸드 브레이크, 후진기어 신호 커넥터를 분리한다.

차속 신호는 컴퓨터에서, 사이드 브레이크는 사이드 브레이크가 시작되는 곳에 있는 스위치 부분에서 각각 분리한다. 샘플 차량은 풋 방식의 파킹 브레이크였기 때문에 핸드 브레이크 신호를 운전석 다리 쪽에서 분리했지만 핸드 브레이크 타입은 사진과 같은 위치에 있다.

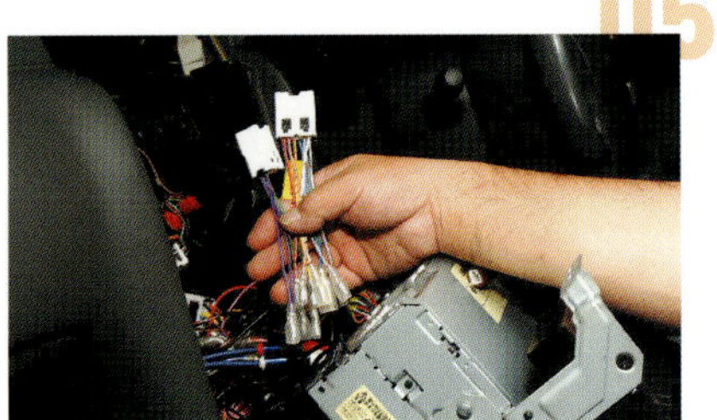

GPS 및 TV 안테나를 장착한다.

GPS 안테나는 대시보드의 동승석 쪽 한편에 붙인다. TV용 필름 안테나는 부품 클리너 등으로 기름기를 제거한 다음 동승석 유리 상단에 안테나선이 구부러지지 않도록 붙인다. 배선을 A필러 안을 통해 안 보이게 한다. 배선이 길 때는 잘라서 길이를 조정한 다음 다시 압착 단자나 납땜으로 연결해 주면 깔끔하다.

내비게이션 본체를 장착한다.

내비게이션 본체를 장착 스테이에 고정한다. 스테이는 순정 오디오를 고정하고 있던 것을 활용하는데 부속된 짧은 나사를 사용한다. 긴 나사는 내부 기판에 닿아 쇼트를 일으킬 가능성이 있으므로 주의할 것. 중고로 내비게이션을 구입해 나사가 없을 때는 별도로 구입하도록 한다.

차종별 하니스로 접속하면 완성된다!

한 쪽은 커플러로, 다른 한 쪽은 압착 단자로 되어 있는 시판 차종별 배선 키트를 사용하여 내비게이션 본체와 차량쪽 하니스를 접속한다. 전원이나 스피커선 등이 틀리지 않도록 설명서를 보면서 접속한다. 부피가 꽤나 커지므로 깔끔하게 정리하지 않으면 내비게이션 본체가 잘 들어가지 않는 차종도 있으므로 주의해야 한다. 이밖에 차속이나 핸드 브레이크, 후진 기어 신호 선을 접속한 다음 내비게이션에서 동작하는지 확인한다. 문제가 없으면 패널을 원래대로 장착하면 완성이다.

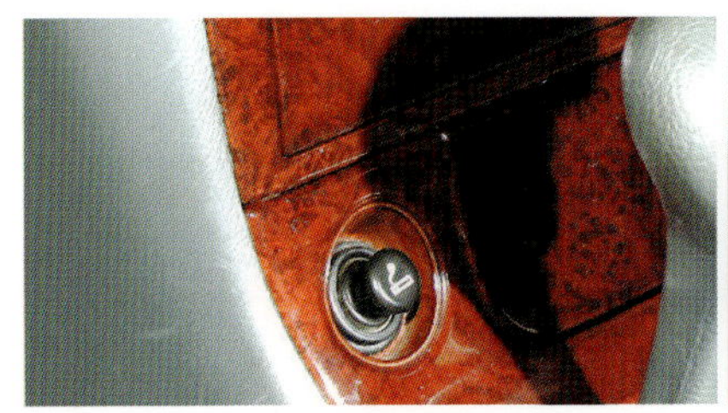

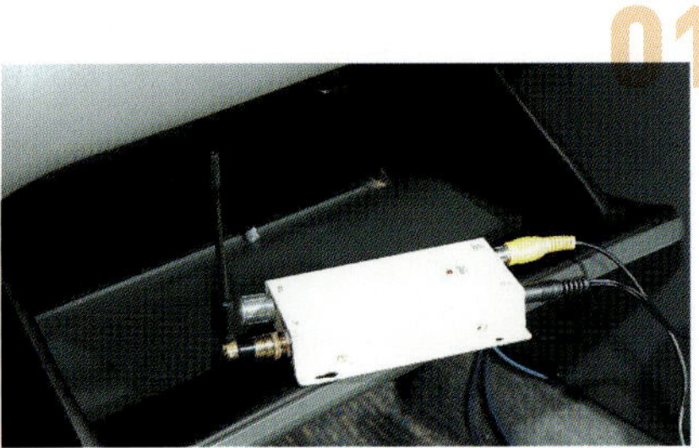

차안에 수신 안테나를 접속한다.

이번에 사용한 후방 카메라는 순정품이 아니라 범용 와이어리스 타입이다. 먼저 카메라 영상을 비추기 위해 수신기를 자동차 안에 장착한다. 별도로 판매되는 시거 소켓 제품을 사용하여 전원을 분기하고 카 내비게이션의 후방 카메라 입력 단자에 접속한다. 후방 카메라에 대응이 안 되는 카 내비게이션의 경우는 별도의 영상 입력 단자에 접속해도 된다. 이런 경우에는 후진기어와 연동하지 않기 때문에 후진할 때마다 수동으로 모니터 출력을 변경해줘야 한다. 본체는 태핑 비스나 양면 테이프를 사용해 글로브 박스나 동승석 아래 등 방해가 되지 않는 부분에 설치하면 된다.

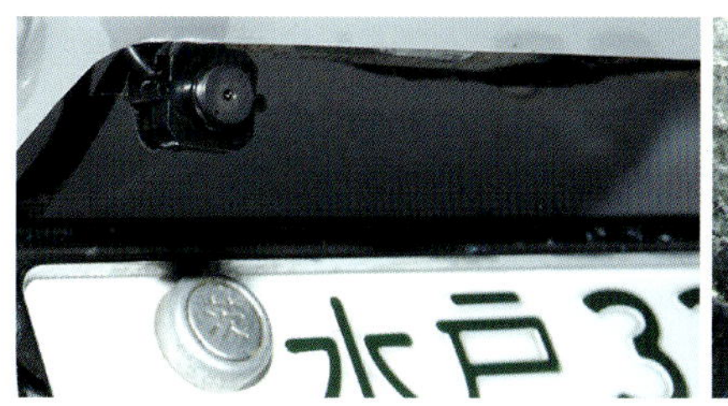
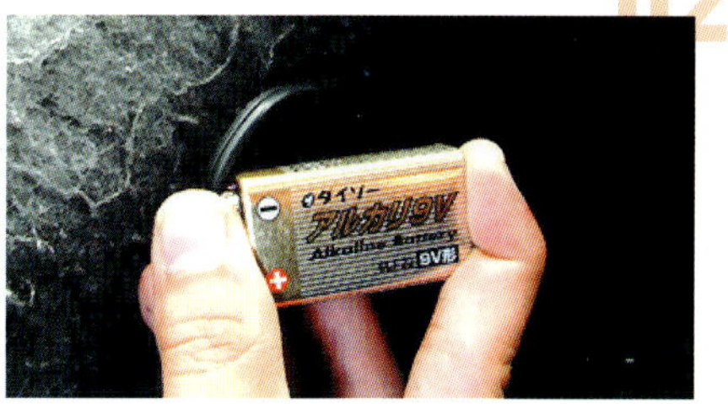

카메라를 고정한다.

소형 카메라를 번호판 위쪽 등에 외장용 강력 양면 테이프로 고정한다. 전원은 9V 전지이기 때문에 번호판 등의 틈새를 통하거나 드릴로 작은 구멍을 뚫어 비에 젖지 않는 트렁크 룸 안에 고정한다. 유선 타입인 경우는 뒤에서 내비게이션이 있는 앞쪽까지 배선이 보이지 않도록 카펫이나 필러, 대시보드 안쪽으로 잘 통과시켜 내비게이션 본체에 접속하도록 한다.

동작 확인이 되면 완성

후진기어를 넣어 후방이 모니터에 보이는지, 출력된 영상의 해상도는 이상하지 않은지 등을 확인한다. 문제가 없으면 내비게이션을 고정하고 패널의 종류를 원래대로 장착하는 것으로 끝!

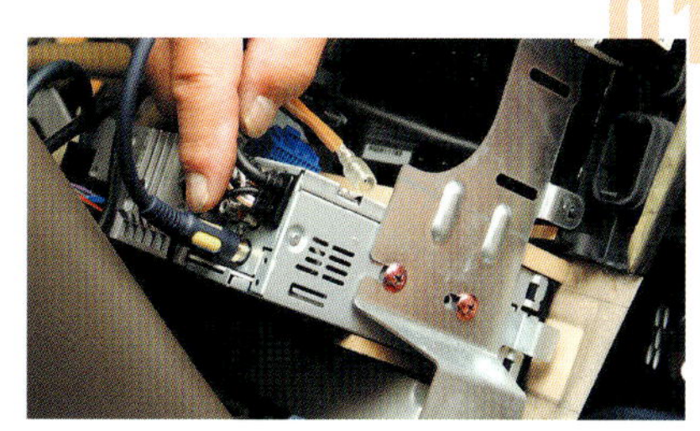
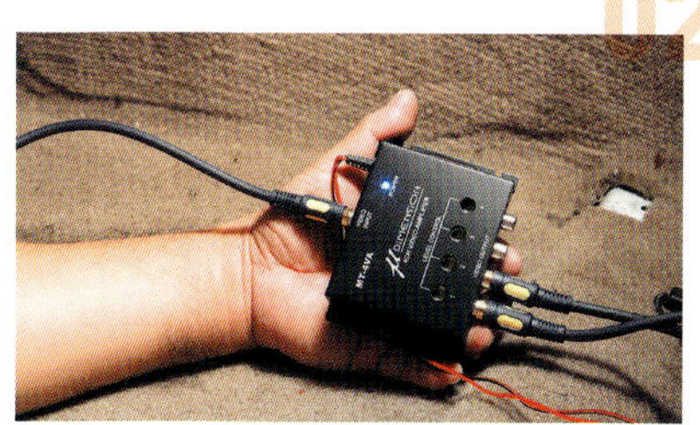

영상 출력 단자에 접속한다.

내비게이션이나 DVD 플레이어를 차체에서 분리하여 영상 출력 단자와 분배기를 접속한다.

분배기에 접속한다.

출력될 영상 신호를 분배기에 접속한다. 참고로 사진 속의 제품은 뮤디멘트라는 브랜드의 분배기로서 4개의 모니터에 출력을 나눠줄 수 있다. 인풋 쪽에 내비게이션의 영상 출력을 접속하고 아웃 쪽에 헤드레스트 모니터를 접속한다. 이번에는 동승석과 운전석 쪽 2개를 교환했기 때문에 사진에는 아웃풋 쪽에 두 개가 꽂혀 있는 것이다. 헤드레스트 모니터에 따라서는 분배기를 사용하지 않고 직렬로 접속하는 타입도 있다고 한다.

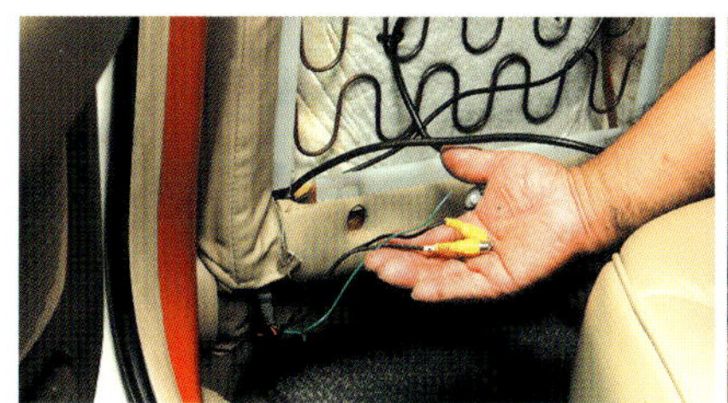
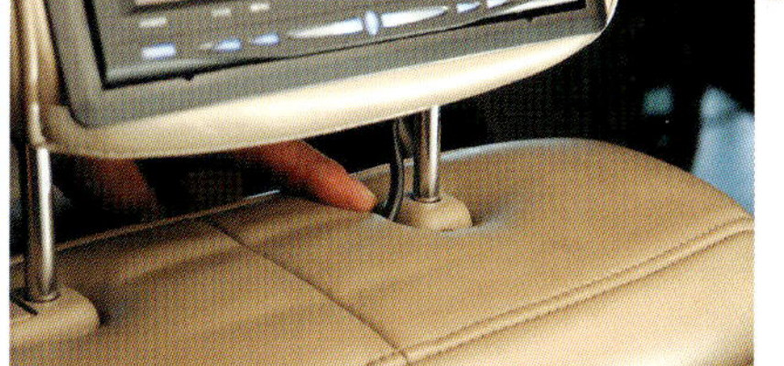

시트 안으로 배선을 넣는다.

분배기에서 나온 헤드레스트 모니터 쪽 케이블은 등받이를 빼낸 다음 안으로 넣는다. 차종에 따라서는 등받이를 빼내기 어려운 경우도 있는데, 여기서 제일 고전할 가능성도 많다. 내장 제거기를 틈새에 꽂고 조금씩 벌려가도록 한다. 헤드레스트 모니터에서 나온 배선은 사진처럼 헤드레스트가 꽂히는 곳의 가장자리에 잘 넣는다. 잘 들어가지 않을 때는 칼집을 내는 방법도 있지만 시간이 지나면 시트 표피가 갈라지는 경우도 있으므로 권하고 싶지 않다.

헤드레스트 모니터에 접속하면 완성

모든 배선의 정리가 끝났으면 영상이 정상적으로 나오는지 확인. 2개를 교환했으면 각각의 영상이 모두 나오는지도 확인할 것. 문제가 없으면 카 내비게이션이나 DVD 플레이어, 시트백, 시트를 원래대로 돌려 놓는 것으로 작업 종료.

STEERING WHEEL, BUCKET SEAT, FULL HARNESS SEAT BELT 편

난 이 도	★★
작업시간	3시간

사용한 공구

드라이버, 래칫 렌치, 익스텐션 바, 6각 렌치 외

순정 시트는 모든 사람을 대상으로 만들어져 있어서 대부분의 차량에서는 홀드감이 떨어지기 때문에 스포츠 드라이빙을 할 때는 그다지 적합하지 않다. 또한 스티어링 휠도 지름이 너무 크면 조작하기가 어렵고 디자인도 스포티한 맛이 떨어지는 것 또한 사실이다.

그런 불만을 해소시켜 주는 것이 버킷 시트나 지름이 작은 스티어링 휠, 4점식 벨트 등과 같은 스포츠 부품들이다. 버킷 시트는 코너를 돌 때 횡G가 걸리더라도 몸을 단단히 잡아주며, 작은 지름의 스티어링 휠은 조작량이 줄어들기 때문에 더 신속한 조작을 할 수 있게 해준다. 심지어 서킷 주행 등에서의 안전성을 고려해 4점식 시트 벨트를 추가하면 우선은 스피드를 즐기기 위한 인테리어 튜닝의 첫 걸음이 완성되는 것이다.

이들 부품은 제품이 좋고 나쁜 것뿐만 아니라 운전자의 체형이나 기호에 따라서도 선호도가 다르기 때문에 승차감이나 조작감을 중요하게 여기고 선택할 것을 권한다.

거기에 디자인이나 컬러 등 기호에 맞는 것을 선택하여 장착하면 개성적인 나만의 인테리어로 변신시킬 수 있을 것이다.

그럼 실제 교환 작업에 들어가 보자. 모든 교환 작업이 볼트나 너트를 탈착하고 끼우기만 하면 되기 때문에 기본적인 공구만 갖고 있으면 작업이 가능하다. 실제로 해보면 간단한 작업이기 때문에 DIY 초보자라도 문제없을 것이다.

에어백이 달린 스티어링 휠을 교환할 때는 오작동이 발생하지 않도록 에어백의 작동을 정지시키고 나서 작업하지 않으면 위험하다. 또한 시트를 탈착할 때는 차체에 상처를 내지 않도록 조심해야 한다. 주행 중에 탈착이라도 되면 큰일이므로 모든 장착은 확실하고 단단하게 하도록 한다.

KTS 다카하시

특별히 어려운 작업은 없으므로 초보자라도 가볍게 작업할 수 있지 않을까 한다. 버킷 시트는 운전하기 쉬운 위치와 각도로 조정해 고정하면 된다. 4점식 시트 벨트를 장착할 때는 느슨하지 않게 팽팽히 조정해 주는 것도 잊지 마시기 바란다.

순정 스티어링 휠을 분리한다.

에어백이 장착된 차량은 오작동에 의해 에어백이 터지지 않도록 배터리의 단자를 분리한 다음 얼마간 시간이 지나고 나서 작업을 시작(작동정지 방법은 정비지침서나 스티어링 보스의 장착 설명서를 따라 작업할 것)한다. 스티어링 휠을 분리하기 위해서는 먼저 에어백을 고정하고 있는 볼트를 톡스 렌치(torx wrench) 등으로 탈착한다. 사진에서는 소켓 타입의 토크 렌치를 사용했는데 스티어링 휠 제품에 들어있을 것이다. 에어백을 탈착했으면 접속되어 있는 커플러를 분리한다.

센터 너트를 푼다.

에어백을 탈착하면 순정 스티어링 휠을 스티어링 샤프트에 고정시키는 너트가 나타난다. 이것은 완전히 탈착하지 말고 일단은 느슨하게 풀어놓는다. 순정 스티어링 휠은 빡빡하게 장착되어 있는 경우가 많으므로 너트를 풀고 나서 빼낼 때 너무 힘을 주다가 얼굴로 피가 몰릴 수도 있으므로 주의할 것. 스티어링 휠이 좀처럼 빠지지 않을 때는 상하·좌우로 흔들어가면서 빼내보도록 한다. 또한 차종에 따라서는 샤프트를 끼워 넣듯이 브래킷으로 고정되어 있는 타입도 있으므로 취급 설명서를 잘 읽어보고 하길 바란다.

스티어링 보스를 장착한다.

순정 이외의 스티어링 휠은 스티어링 보스라고 하는 어댑터를 사용하여 고정한다. 고정은 순정 너트를 사용하면 된다. 스티어링 보스는 차종별, 사용하는 스티어링 휠, 에어백 유무에 따라 다르므로 구입할 때 틀림이 없는지 잘 확인한다. 에어백이 설치된 자동차는 제품 안에 있는 단락용 배선의 접속을 잊지 않도록 한다(경고등이 점등되지 않도록 하는 것).

스티어링 휠을 고정하면 완성된다!

작업 전에 스티어링 휠을 똑바로 위치시킨 다음 곧바로 장착하면 센터가 틀어지지 않는다. KTS 스티어링 휠의 경우 혼 링과 혼, 스티어링 휠을 한꺼번에 장착하기 때문에 먼저 혼 버튼의 배선을 접속해 두도록 한다. 볼트를 끝까지 다 조이면 완성이다.

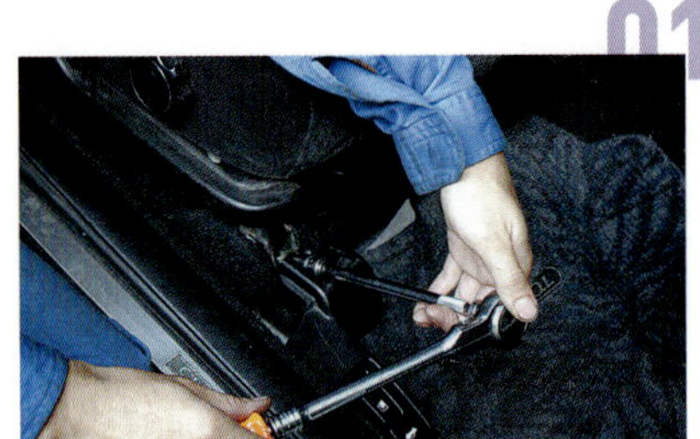

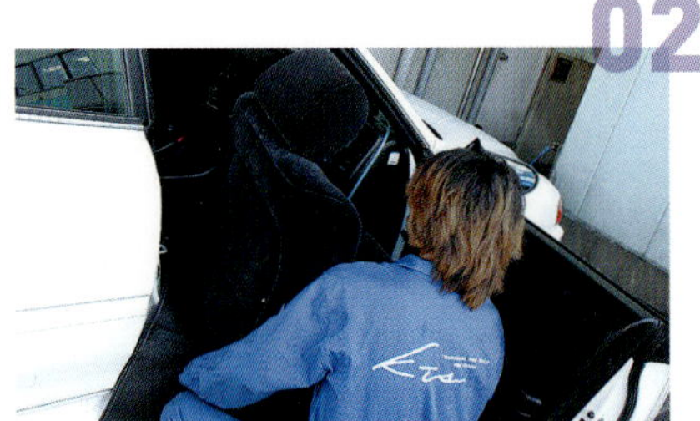

순정 시트를 고정한 볼트를 찾아서 풀어준다. 일반적으로 시트 레일의 4모퉁이에 있다. 볼트는 수지제품의 단장 커버에 감춰져 있는 경우도 많다. 상당히 단단하게 조여 있으므로 길이가 긴 래칫이나 소켓 렌치가 있으면 편리하다.

순정 시트를 탈거한다.

시트를 자동차 밖으로 옮기기 전에 시트 밑쪽에 있는 경고등용 배선의 커플러를 분리한 다음 시트를 밖으로 빼내는데 뺄 때는 도어 주변에 흠집이 나지 않도록 모포 등을 깔고 나서 빼는 것이 좋다. 특히 4도어 차량의 경우는 빼는 공간이 빡빡하므로 더 주의해야 한다.

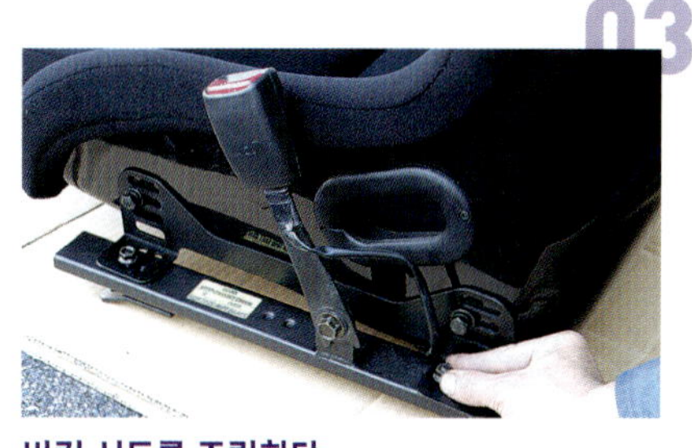

버킷 시트를 조립한다.

풀 버킷 시트에 시트 레일을 조립한다. 이번에 사용한 레일은 좌우 분할 방식이다. 자동차 안에 넣고 나서 위치를 조정할 수 있기 때문에 모든 볼트는 적당히 조여 두도록 한다. 그리고 순정 시트에서 시트 벨트 버클 부분을 떼어내 로 포지션 레일에 장착한다.

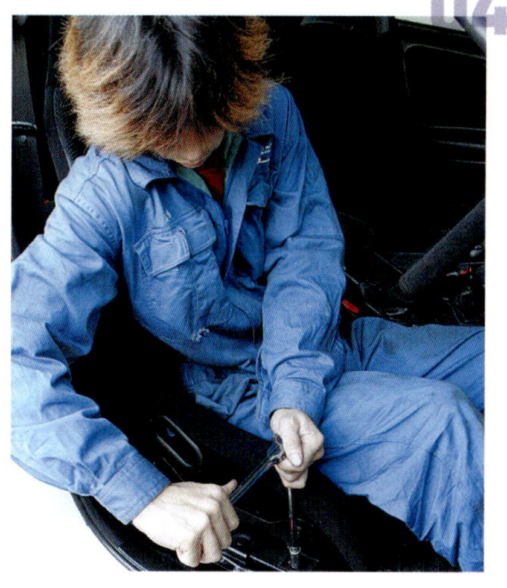

위치를 맞춰 고정하면 완성된다!

자동차 안에서 임시로 고정한 다음 시트가 스티어링 휠 센터에 오도록 조정한다. 위치가 정해지면 각 부분의 볼트를 최대로 조이도록 한다. 모두 조이면 완성이다.

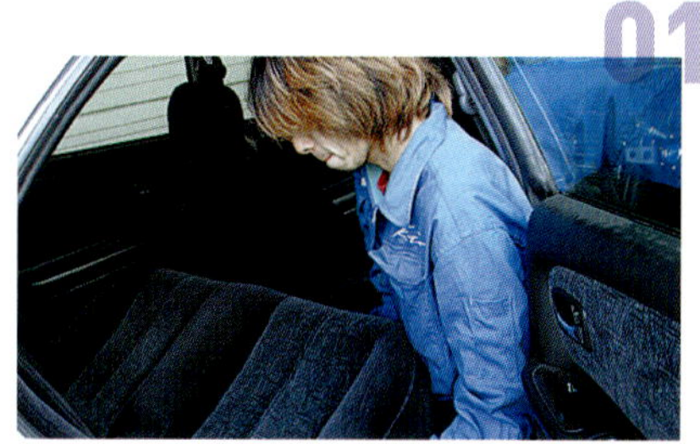

뒷좌석을 분리한다.

뒷좌석은 일반적으로 발 주변에 2개의 후크로 고정되어 있다. 후크를 분리하면 손잡이가 있는데 그것을 당기면 분리된다.

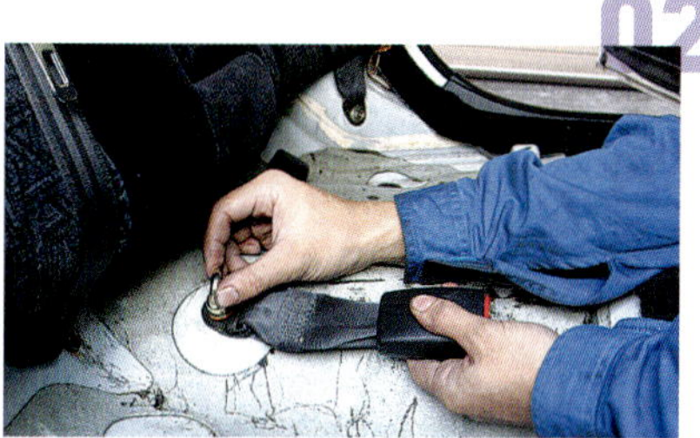

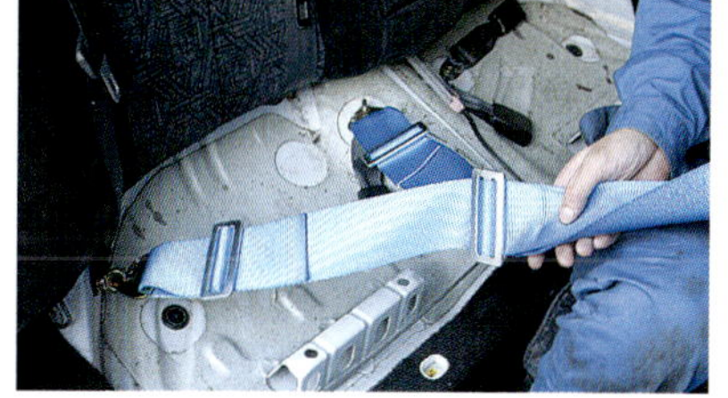

아이 볼트를 장착한다.

뒷좌석을 탈착하면 순정 시트 벨트의 앵커가 나타난다. 이 앵커를 고정하고 있는 볼트를 풀어내고 아이 볼트로 불리는 머리가 링 모양을 하고 있는 볼트를 끼운다. 링 부분에 4점식 시트 벨트의 후크를 걸어준다.

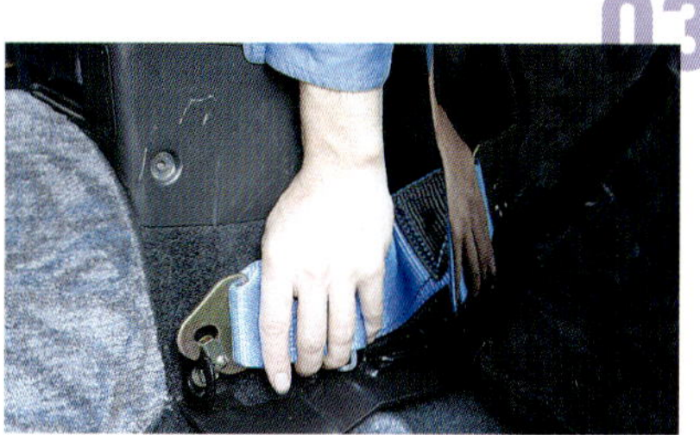

L자 스테이를 고정한다.

앞쪽 센터 콘솔이 방해가 되거나 해서 아이 볼트를 사용하지 못하는 경우도 있다. 그럴 때는 L자 스테이 타입의 앵커를 시트 레일과 함께 연결한 다음 후크를 건다. 아이 볼트를 사용할 수 있으면 뒤쪽과 마찬가지로 시트 벨트 부분의 볼트와 교환하면 된다.

벨트를 시트에 통과시키면 완성된다!

고정된 벨트를 버킷 시트의 벨트 구멍으로 통과시켜 착석했을 때에 알맞게 길이를 조정하면 작업 완료다. 별도로 판매되는 숄더 패드를 끼워 넣으면 장착했을 때 부드러움을 연출할 뿐만 아니라 만에 하나 자동차와 부딪쳤을 때에도 어깨로 가해지는 부담을 경감시킬 수 있다.

SEAT COVER 편

샘플차량
닛산 실비아 S14

난 이 도	★★
작업시간	2시간

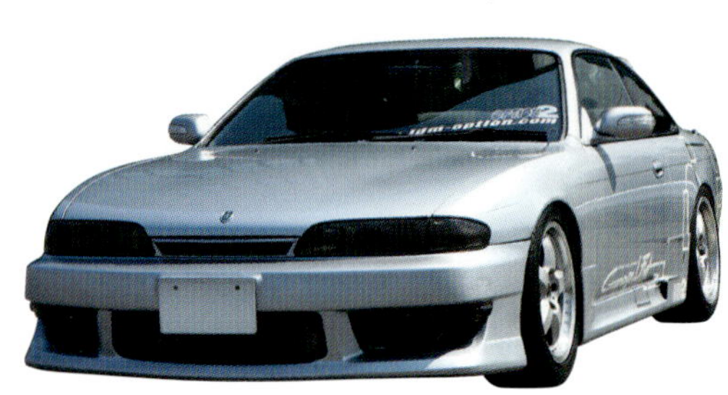

순정 시트가 고급스러운 가죽 시트로 변신

위치 조절과 팽팽하게 만드는 것이 키포인트다.

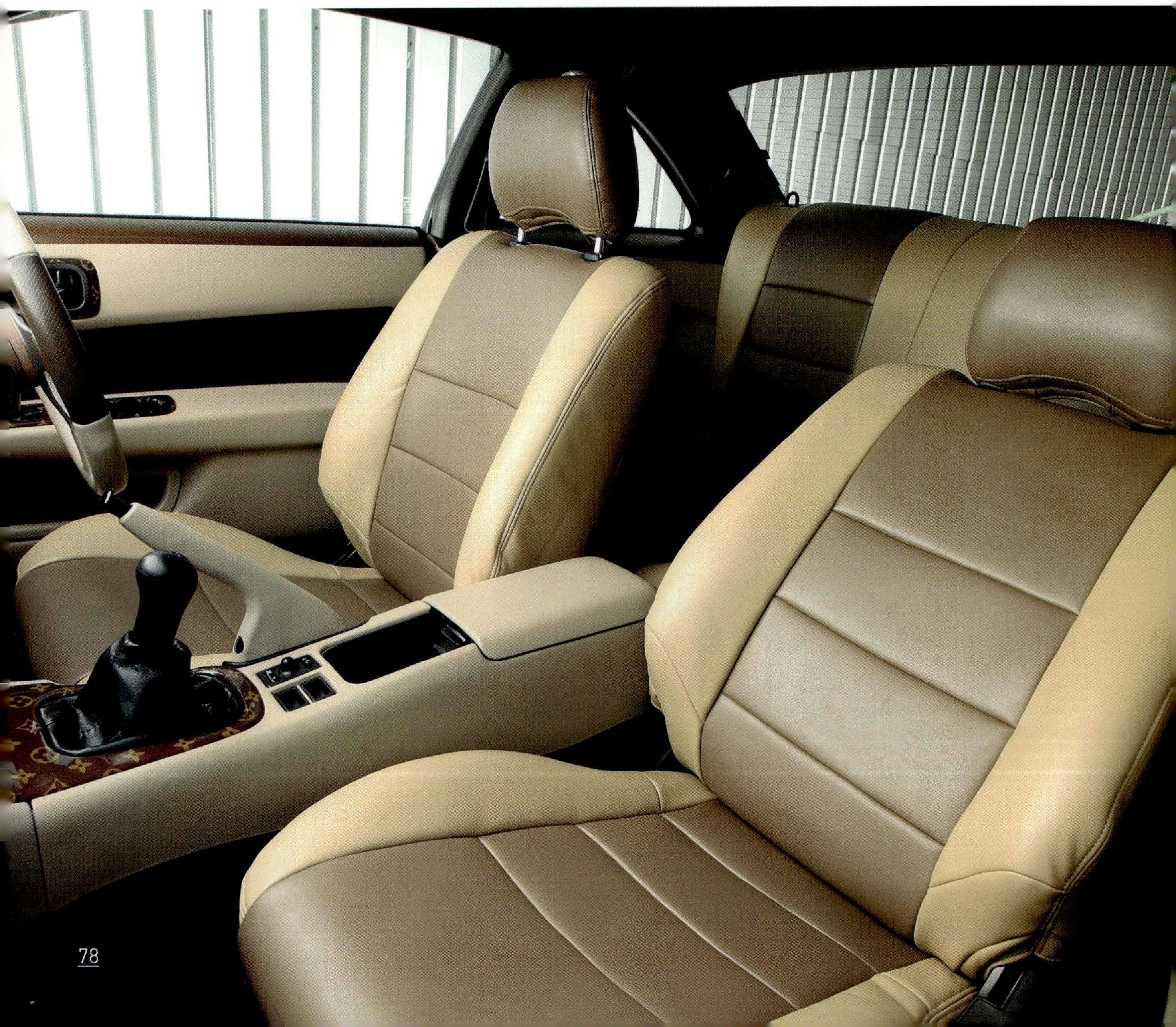

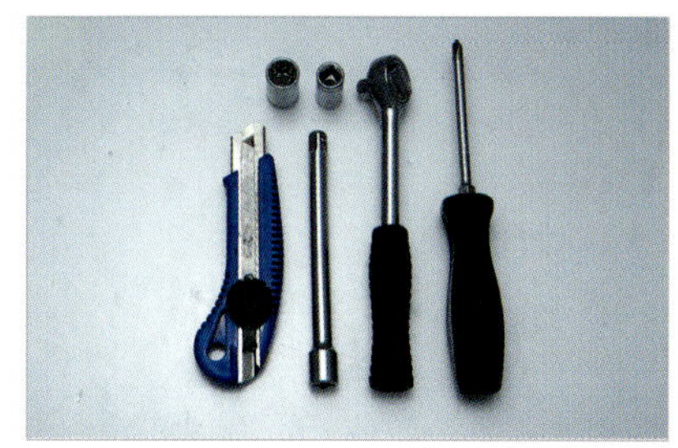

사용한 공구

드라이버, 래칫 렌치, 익스텐션 바, 커터 외

인테리어 분위기를 단번에 바꿀 수 있는 것이 시트커버다. 최근에는 많은 차종에 전용 시트커버가 갖추어져 있으며, 맞춤새도 커버라고 생각되지 않을 정도다.

이번에는 슈퍼리어의 브랜드인 이그제큐티브 라인 시리즈를 사용해 보았다. 이 시리즈는 센터와 사이드 컬러를 각각 5가지 중에서 선택할 수 있는데, S14의 내장 색에 맞춰 베이지와 브라운을 조합시켰다.

또한 통상의 이그제큐티브 라인은 센터 부분에 펀칭된 천을 사용하지만 이번에는 주문할 때 사이드 부분과 마찬가지로 펀칭을 넣지 않고 소재로 마무리해 달라고 말해 두었다. 주문생산 방식이기 때문에 이런 특수 주문에도 대응해 주고 있다.

작업은 시트를 탈착하고 커버를 씌우기만 하면 될 정도로 아주 간단하다. 위치를 맞추고 팽팽하게만 씌워주면 교체에 따른 고급의 질감을 연출할 수 있다. 한편 시트의 탈착 작업은 앞 페이지에서 소개되었으므로 여기서는 생략하기로 하겠다.

OPT2

시트 커버는 힘으로만 당겨서는 찢어질 우려가 있으므로 주의! 위치를 잘 조정하고 나서 고정하면 깨끗하게 마무리할 수 있다. 밖에서 작업할 경우에는 종이 상자 등을 깔고 작업해야 더럽혀지지 않는다. 프런트 테이블은 앵커를 잘 구부려 부드럽게 닫히도록 조정하는 것이 포인트다.

DIY시작

사이드 부분의 커버를 탈착한다.

장착 순서는 특별히 정해진 것이 없지만, 앞좌석의 바닥부터 시작한다. 어깨를 지지하는 부분이나 바닥의 형상이 다르므로 운전석용과 동승석용 커버를 헷갈리지 않도록 주의한다. 먼저 앞좌석 측면에 붙어 있는 플라스틱 커버의 비스를 드라이버로 풀고 나서 커버를 분리한다.

바닥 쪽 커버를 고무 밴드로 고정한다.

커버를 씌운 다음 주름이 잡히지 않도록 위치를 조정한다. 위치가 정해졌으면 고정용 고무를 바닥 쪽 아래로 당긴다. 시트 레일 틈새로 고무를 통과시키기 힘들어 먼저 시트 레일을 탈착하고 나서 끼웠다. 그 다음에 부속된 S자 후크로 고무 밴드가 최대한 팽팽해지는 위치에 고정시켰다.

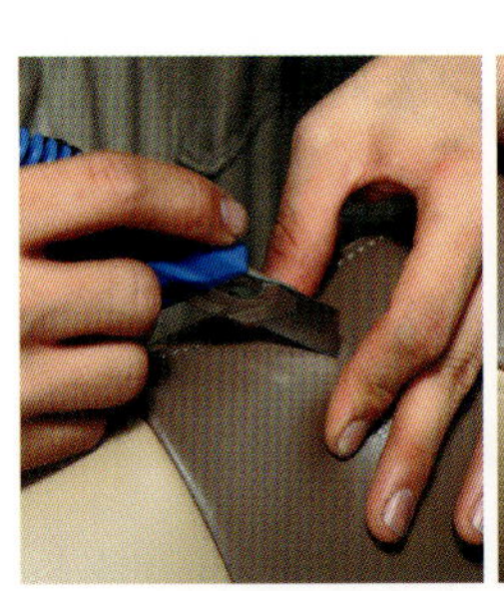

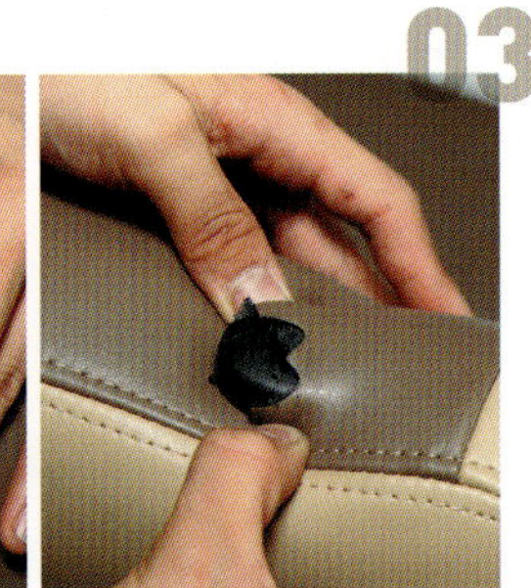

등쪽 커버에 헤드레스트용 구멍을 뚫는다.

등쪽 시트를 씌운 다음 아래쪽을 매직테이프로 고정한다. 헤드레스트용 플라스틱 구멍을 커버 위에서 찾은 다음 커터를 이용하여 X자로 잘라준다. 홀더 아래로 포를 구겨 넣듯이 손가락으로 눌러준다. 플라스틱 부분보다 작게 잘라줘야 잘라낸 부분이 감춰져서 깨끗하게 보인다.

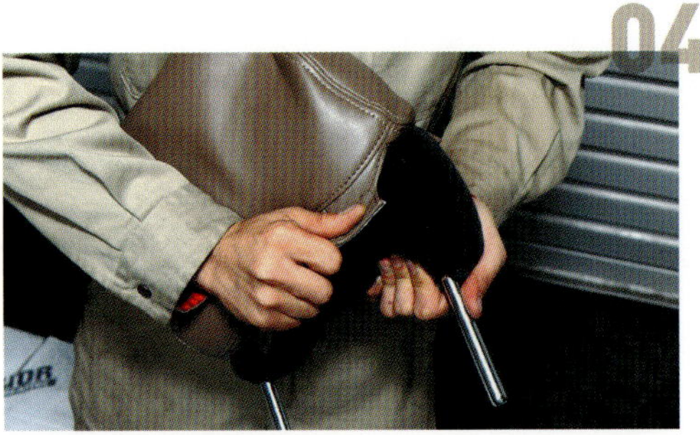

헤드레스트 커버를 씌운다.

사진처럼 헤드레스트 커버를 씌우는데 먼저 한 쪽부터 비스듬하게 씌우는 것이 요령이다. 그리고 헤드레스트 모서리를 씌운 다음 다른 한 쪽을 씌우도록 한다. 아래쪽을 매직테이프로 고정시키면 완성이다. 여기까지의 작업을 나머지 한 개에 더 해주면 앞좌석 커버의 장착은 끝이다.

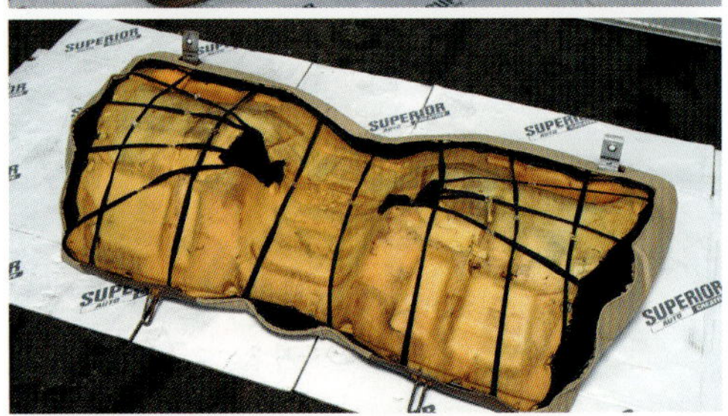

뒷좌석 커버를 장착하면 완성된다!

뒷좌석의 등쪽 시트는 커버를 씌운 다음 매직테이프로 고정시키기만 하면 된다. 뒷좌석 좌측면 시트는 앞좌석과 마찬가지로 고정용 고무 밴드를 S자 후크로 고정한다. 혼자서도 장착이 가능하지만 뒷좌석은 크기가 크기 때문에 두 명이 작업하는 편이 순조롭다. 다음은 각각의 시트를 조립하면 완성이다.

차종별 전용 설계로 나사 4개만 풀면 OK!

간단한 설치로 실내를 고급스럽게!

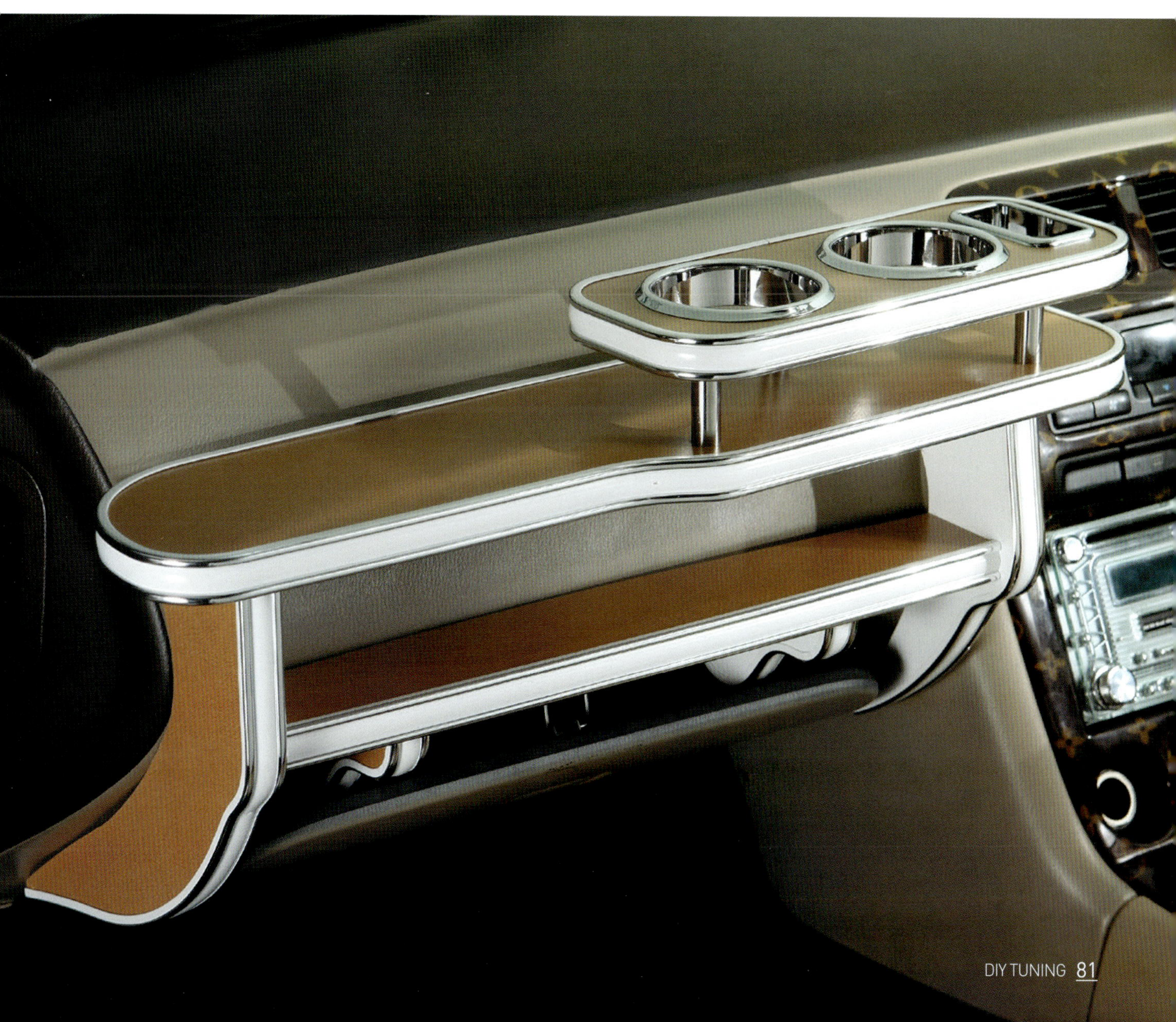

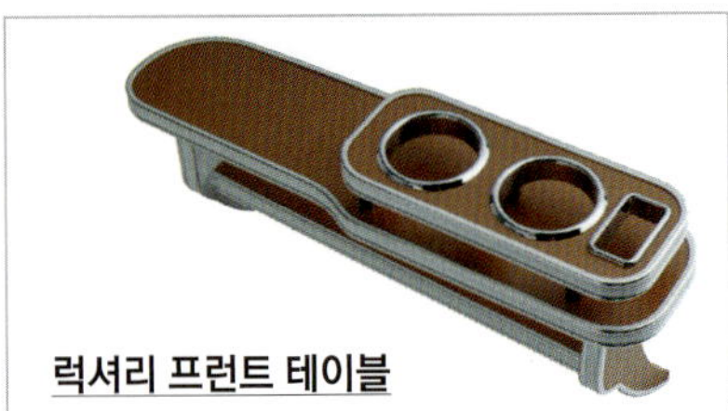

럭셔리 프런트 테이블

고급 자동차나 미니밴 등에서는 기본 사양으로 들어 가 있는 아이템이 프런트 테이블이다. 스포츠카에 그런 물건을 장착해 보는 것도 좀 특이하지 않을까. 안셀션의 프런트 테이블은 250차종 이상의 라인업에 모든 차종별 전용 설계를 하고 있는데다가 스포츠 계통의 차종도 많이 준비되어 있다. 색상도 우드나 블랙, 대리석 타입, 가죽 타입, 카본 타입 등 총 18가지나 될 정도로 풍부하다. 차종에 따라서는 도어 쪽에 장착하는 사이드 테이블도 준비되어 있다.

장착에 있어서는 차종별 전용 설계를 하고 있어서 맞춤새도 좋고 나사를 몇 개 풀어주는 정도로 간단하다. 필요한 공구도 드라이버 하나면 될 만큼 초보자용 DIY 제품인 것이다.

DIY시작

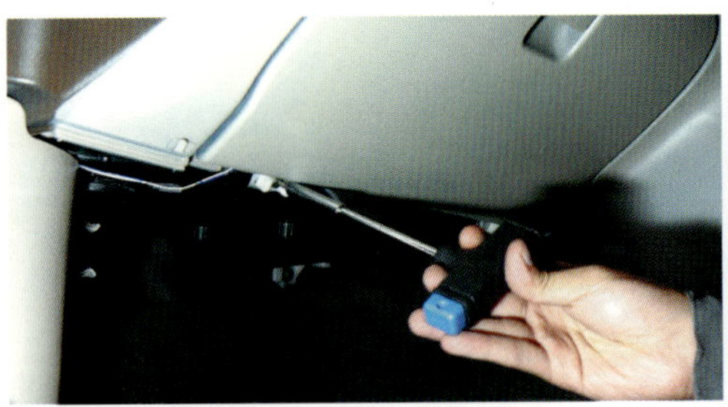

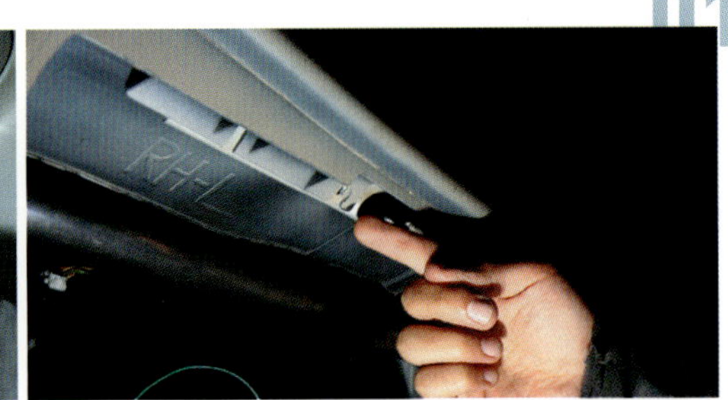

글러브 박스를 탈착한다.

S14의 글러브 박스는 아래쪽에 나사 2개로만 고정되어 있으므로 이것을 빼내면 된다. 그런 다음 글러브 박스 안쪽의 상부 나사 구멍을 고정하는데 이용할 것이므로 그 부분의 나사도 풀어준다. 위치는 사진의 손가락이 가리키는 곳이다. 제품 안에는 차종별 장착 설명서가 있으므로 그것을 보면서 작업하면 된다.

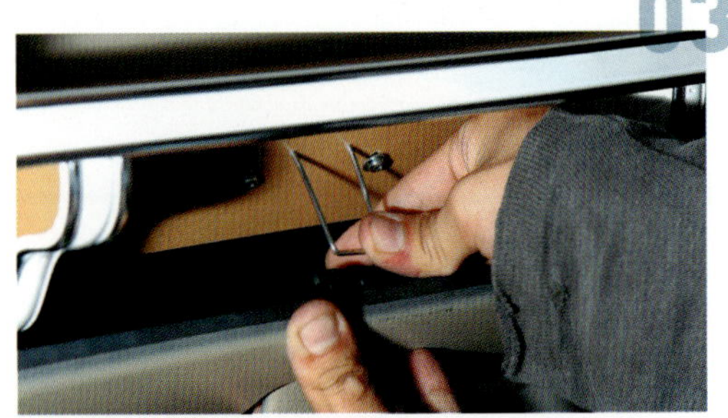

테이블을 장착한다.

글러브 박스 안의 나사 구멍을 이용해 부속된 나사 2개로 테이블을 차체에 고정한다. 고정할 위치는 여기뿐이다. 대부분의 차종은 순정 상태에서 비어 있는 나사 구멍 등을 이용하도록 설계되어 있지만 일부 차종은 구멍을 뚫어야 하거나 태핑 비스로 고정해야 할 경우도 있다.

글러브 박스를 원래대로 해 놓으면 완성된다!

분리한 글러브 박스를 분리 순서의 역순으로 장착한다. 순정 캐치는 사용할 수 없게 되므로 프런트 테이블 아래에 있는 캐치(아래로 튀어나와 있는 철사)를 손으로 구부려 글러브 박스를 고정한다. 닫힌 상태에서 덜컹거리지 않도록 조정해 준다. 글러브 박스가 부드럽게 열리고 닫히는지, 문짝 등과 간섭은 일어나지 않는지 등을 확인하면 작업 종료다.

세 번째 DIY 응원 메시지

처음에 시작한 대공사는 다운 서스펜션, 그 느낌은…? 어쨌든 피곤한 작업!!

우리가 스스로 자동차를 수리해야겠다고 생각한 계기는 "튜닝을 하고 싶지만 돈이 없었던" 그런 학생시절이었습니다. 기억에 남아 있는 최초의 대공사는 알바로 번 돈으로 구매한 다운 서스펜션을 장착하는 것이었다.

당시의 차고 조절용 쇽업소버는 누구나 구매할 수 있는 것이 아니었기 때문에 어쨌든 하체를 하드하게 만들기 위해 노멀 형상의 스프링을 사서 스스로 교환했었습니다.

그 무렵에는 이렇다 할 공구도 없었기 때문에 스프링 컴프레서를 스패너로 돌리면서 했던 작업에 꼬박 하루가 걸렸던 기억이 난다. 정말 생초보로 시작한 이 대공사의 감상은 어쨌든 "피곤했다"는 기억만 남아 있다.

지금이라면 공구나 경험 그리고 장소를 제공받을 수 있는 방편이 있으므로 훨씬 쉽게 하겠지만 어쨌든 그 당시는 작업 자체가 큰일이었다 (물론 교환한 뒤에 달릴 때에는 대만족이었다).

더 얘기하자면 당시 우리들 작업장이라고 해야 주로 주차장이었고, 조금 좋은 곳은 선배가 일하던 주유소 정비업소나 창고가 있는 친구네 집(자동차를 좋아하는 가족이 있어서 공구도 제법 있었다) 등등이었다.

그런 가운데 당시 드나들던 튜닝 샵 사장님이 "장소를 사용해도 좋으니까 스스로 해 보지"하고 권해준 것이 계기가 되어 매일같이 드나들던 가운데 조금씩 작업에 익숙해지면서 그 샵의 레이스 자동차 제작을 도와줄 정도가 되기도 했다. 이것이 내가 스스로 내 자동차를 만들게 된 배경이다.

우리는 메커닉의 작업 모습을 보는 것이 좋았고 호기심도 강했기 때문에 때로는 메커닉이 작업하는 모습을 하루 종일 지켜 본 일도 있었다. 그렇게 보고 있는 동안에 여러 가지 간접 경험도 되어서 직접 해보고 싶은 생각도 더 강렬해졌던 것이다.

현재 내 타임어택 호를 맡겨 놓고 있는 스코치라는 튜닝 샵도 처음에는 작업이나 자동차를 보고 싶어서 갔던 곳이다. "너 혹시 스토커 아냐!?"라는 소리를 들을 정도로 매일 드나들면서 메커닉인 다케무라의 작업을 지켜봤다. 다케무라는 작업을 꽤나 멋지게 하는 편이었는데, 더구나 만드는 자동차도 상당히 예뻐서 매일같이 얼굴을 내밀던 것이 도움을 주기 위해서였는지, 방해를 했던 것인지 잘은 모르겠다.

언젠가 "다케무라, 오늘 무슨 작업을 했나요?"하고 물은 적이 있는데, 그날 만든 스테이를 보고는 감동한 적도 있었다. 그런 시간을 보내는 동안 다케무라를 비롯해 점점 많은 사람들에게 호감을 주게 되면서 스스로 할 수 있는 작업 범위도 넓어져 갔다. 스스로 내 자동차를 계속 만지다가 "아마추어 최고속"이라는 말을 들을 정도까지 된 것도 이런 사람들과의 만남이 있었기 때문에 가능했다고 생각한다.

이런 경험들을 통해 말하고 싶은 것은 DIY의 질을 높여 스텝 업시켜 나가는데 있어서 중요한 요소라고 할까, 그런 원인은 공구나 경험도 있겠지만 동료나 인간끼리의 유대관계라는 것을 잊어서는 안 될 것이다.

우리도 신세를 지고 있는 스코치의 다케무라에게 많은 조언을 받고 있으며, 애마인 실비아를 통해 서로 알게 되면서 조언과 협력을 받게 된 사람들이 많이 있다. 모두 우리가 힘겨운 장벽에 부딪쳤을 때 조언을 아끼지 않았는데 언제나 감사하는 마음을 잊지 않고 있다.

여러분도 튜닝을 해보고 싶은 생각이 들면 우선은 적극적으로 스스로 만져보길 바란다. 그리고 실패해도 포기하지 말고 동료들과 서로 상의하거나 도와가면서 성공할 때까지 재도전해보길 바란다.

우리 같은 경우는 좋은 사람들을 많이 만나 혜택을 너무 많이 받았다는 느낌이 들 정도로 "동료가 동료를 부른다"는 격언을 실감했다. 그리고 새로 사귄 동료를 소중하게 대하면 또 다른 동료가 생기면서 그 즐거움은 무한대로 퍼져나갈 것이라 생각한다.

프로의 작업을 보는 것도 좋고,
내가 직접하는 것은 더 좋다

아마추어 최고속 DIY 튜너 언더 스즈키

이 사진은 OPT2의 작업 기획을 도와주던 한 장면으로, 신인 편집사원을 상대로 작업에 관한 얘기를 이것저것 신나게 떠들던 모습이다. 이렇게 조그만 접점을 통해 동료가 늘어나는 것이다.

OPT2 내구 레이스 팀에 참가했을 때 저의 드라이브 실수로 전복했던 적이 있는 편집부의 실비아. 전부 뜯어 고쳐야 할 지경으로 망가졌던 자동차지만 스스로 수리에 도전해 보기로 결정하였다. 물론 판금은 아마추어이므로 일요 레이스에서 알게 된 오토개리지 HKY의 히오키의 협력을 얻어 완전 복구하였다. "어떡해서든 내 힘으로 고쳐보겠다"는 열의에 많은 지도와 조언을 주신 히오키에게도 감사드린다.

내구 레이스도 기분이 내킬 때까지 하는 것이 최고인 것 같다. OPT2 내구 레이스에 도전한 실비아는 친구들끼리 어울려 놀면서 만들어 나간 차량으로서 우승경험도 있을 정도로 항상 상위에 랭크되어 있었다. 혼자서 금욕적으로 도전하는 타임어택과는 달리 또 다른 재미가 있는 것이 내구 레이스다.

아마추어 최고속 프라이비터 스즈키 도모히코

OTP2에서도 매년 취재하고 있는 「아마추어 최고속 결정전」에서 애마 실비아 S15로 도전해 55초 563이라는 경이적인 기록을 수립한 아마추어 최고의 드라이버이다. 놀랄만한 것은 그 차량의 제작까지 자신의 손으로 해왔다는 것이다. 그 제작 과정 중에는 실패도 수없이 경험했지만 절대로 포기하지 않겠다는 정신으로 극복해 왔음을 엿볼 수 있다. 직업은 보통의 샐러리맨이다.

외관과 성능을 향상시켜라!!
기능성 에어로 파트 장착 기술

외장 편

외장을 장착할 때는 두 명 이상이 하는 것이 기본
보디나 부품에 상처가 나지 않도록 주의하자

외장의 튜닝은 자동차를 사고 나서 제일 먼저 생각하는 포인트 가운데 하나다. 그런 외장에도 많은 주의점이 있다. 그 가운데 하나가 보디에 상처가 나지 않도록 보호하는 것이다. 부품 자체가 대부분 크기 때문에 장착할 때 보디에 쉽게 부딪칠 수 있다. 심지어 부품의 무게가 나가는 경우도 많기 때문에 혼자서 작업하는 것보다 두 명 이상이 같이 하는 것이 제일 좋다. 동료들끼리 모여 즐겁게 튜닝하는 것도 DIY의 참맛인 것이다.

AERO BUMPER 편

난 이 도	★★★
작업시간	약 7시간

펜더 등에 상처가 나지 않도록 주의하면서
조심스럽게 장착하도록 하자

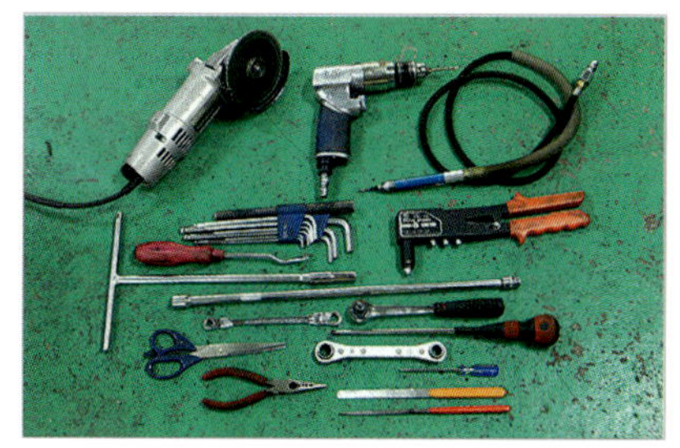

사용한 공구

막대 줄, 롱 노스 플라이어, 판 래칫, 가위, 래칫, 익스텐션 바, 그립 리무버, 6각 렌치, 리베터, 전동 절삭공구, 드릴, 디스크 그라인더, 드라이버 외

자동차의 첫 번째 인상을 좌우하는 엑스테리어 튜닝. 멋진 외관을 꾸미는데 있어서 에어로 파트는 빼 놓을 수 없는 아이템이다. 여러 메이커에서 다양한 제품이 판매되고 있기 때문에 나만의 머신을 만들기에도 적합한 튜닝이라고 할 수 있을 것이다.

에어로 파트는 보통 성형하기 쉬운 FRP(fiber reinforced plastics)는 쉽게 깨지거나 조금만 부딪쳐도 도장에 쉽게 금이 가는 등 민감한 소재이기도 하다.

그런 FRP 범퍼 등을 장착하기 위한 기술의 노하우가 아래의 내용인 것이다. 도장에 관한 노하우는 별도의 기회를 찾기로 하겠지만, 에어로 파트를 장착하는 자체는 그다지 어려운 것이 아니기 때문에 도장이 끝난 상태로 구입할 수 있는 제품을 준비한 다음 스스로 즐겨가며 해보는 것도 가치가 있을 것이다.

이번에 장착할 에어로 파트는 베어리스 제품이다. 뛰어난 정밀도로 제작된 에어로는 이음새의 오차가 거의 없어서 깎아가면서 형상을 맞추는 작업도 거의 발생하지 않았다. 이런 경우는 작업 시간도 단축되기 때문에 즐겁게 장착할 수 있어서 더 재미있다.

프런트 범퍼 슈퍼 내구 레이스 버전 리어 범퍼

대응 차종 : 랜서 에볼루션 VII, IX, MR

가격 : F범퍼 110만원 / R범퍼 80만원

YR어드밴스 야마시타

범퍼 등의 외장 부품은 순정품을 탈착하는 것이 제 1단계 작업인 셈이다. 탈착한 부품으로 펜더 등에 부딪쳐 손상을 주지 않도록 주의해야 한다. DIY로 비용을 절약하더라도 판금 수리비용이 발생해서는 의미가 없기 때문이다. 또한 펜더 등과 같은 대형 부품은 비틀리기 쉬우므로 임시로 고정한 다음 위치를 정확히 맞추고 나서 제대로 장착하도록 한다.

외관과 성능을 향상시켜라!!

기능성 에어로 파트 장착 기술

프런트 에어로 범퍼를 장착한다.

이번에 샘플로 삼은 머신은 랜서 에볼루션 VII MR이다. 순정 상태의 프런트 언더 커버가 붙어 있기 때문에 먼저 이것을 탈착한다. 수지제품의 클립은 간단하게 분리할 수 있다.

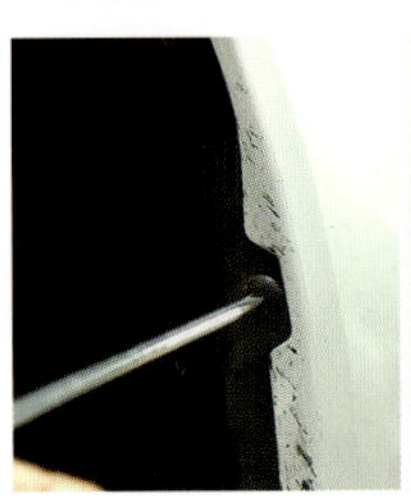

클립 축의 분리 방법

외장용 클립은 사진처럼 한 가운데 볼트 같이 된 축에 들어가 있다. 십자 드라이버로 풀면 되는데 나사가 쉽게 망가질 수 있다. 그럴 때는 일자 드라이버를 끼워 지랫대를 다루는 요령으로 빼내도록 한다.

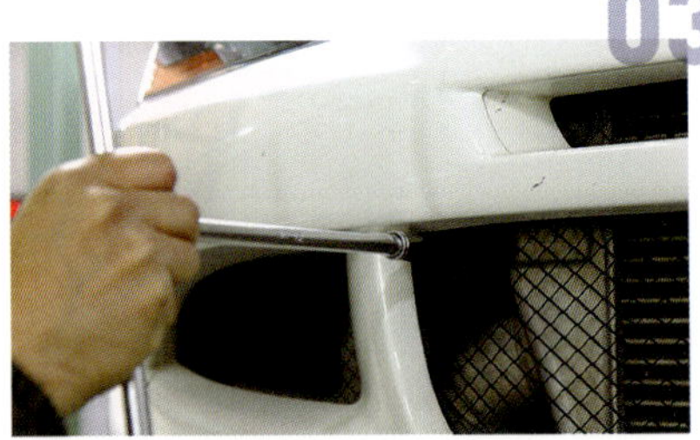

숨겨진 볼트를 찾아라.

범퍼를 장착하고 있는 볼트는 대부분 눈에 잘 띄지 않는다. 보이는 볼트부터 분리해 나가다가 단단히 연결되어 있는 부분의 주변을 찾아보면 숨겨진 볼트를 찾아낼 수 있을 것이다.

주변을 보호하고 나서 범퍼를 분리한다.

펜더나 헤드라이트 등과 같이 범퍼를 탈착할 때 부딪치기 쉬운 부분을 마스킹 테이프 등으로 보호한다. 그리고 나서 탈착하면 안심이 될 것이다.

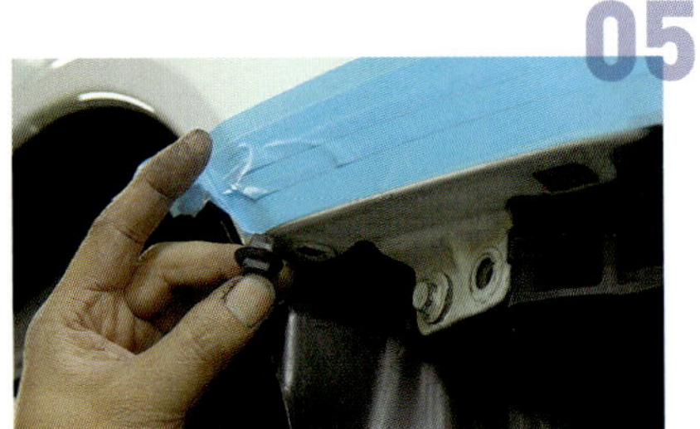

나사로 연결된 부품을 분리한다.

펜더와 범퍼의 접합부분에 나사를 끼우기 위한 수지 부품이 있다. 순정 범퍼는 패인 곳이 있어서 맞추게 되어 있지만 에어로 범퍼를 장착하기 위해서는 탈착하는 경우가 많다.

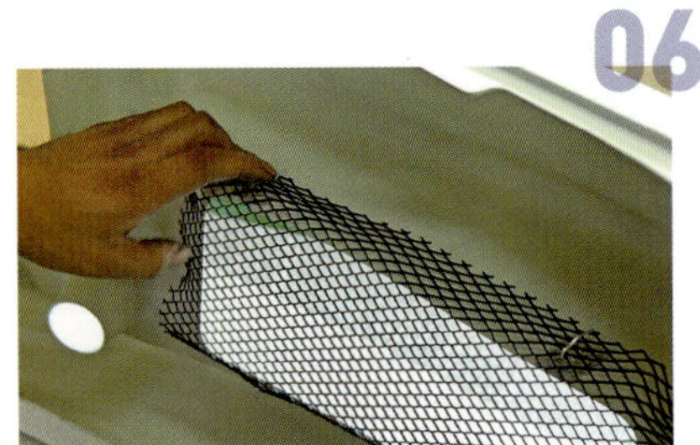

에어로 파트에 망을 씌운다.

에어로 범퍼에 부속되어 있는 망을 씌운다. 베어리스 범퍼는 망을 덕트 모양에 맞춘 다음 눈에 보이지 않는 부분에 강력한 본드 등으로 접착하는 경우도 있다.

두 명이 들어서 장착한다.

범퍼를 장착할 때는 가능하면 둘이서 양쪽을 잡고 작업하도록 한다. 혼자서 장착하게 되면 양끝이 펜더에 부딪치는 등 상처를 입히기 쉽다. 또한 도장이 끝난 에어로 범퍼를 장착할 경우는 범퍼의 가느다란 부분이나 구부러지기 쉬운 부분을 잡았을 때 도장에 크랙이 생길 수도 있으므로 주의할 것.

볼트는 너무 세게 조이지 말 것

FRP 제품의 경우는 볼트를 너무 세게 조이면 쉽게 깨진다. 한 손으로 공구를 돌린 다음 더 안 돌아갈 때 쯤 한 번 더 조이는 정도로 충분하다. 도장 막으로 볼트의 와셔 등이 파고들기 때문에 너무 세게 조이지 않아도 쉽사리 풀리지 않는다.

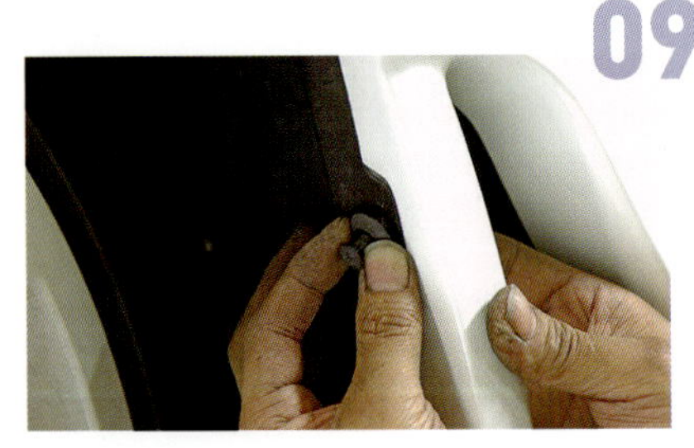

클립을 장착한다.

이 범퍼는 풀어 낸 클립 등을 모두 장착하게 되어 있기 때문에 원래대로 클립을 장착했다. 범퍼 본체가 단단히 고정되어 있는 것을 확인했으면 보호 테이프를 벗기는 것으로 끝이다.

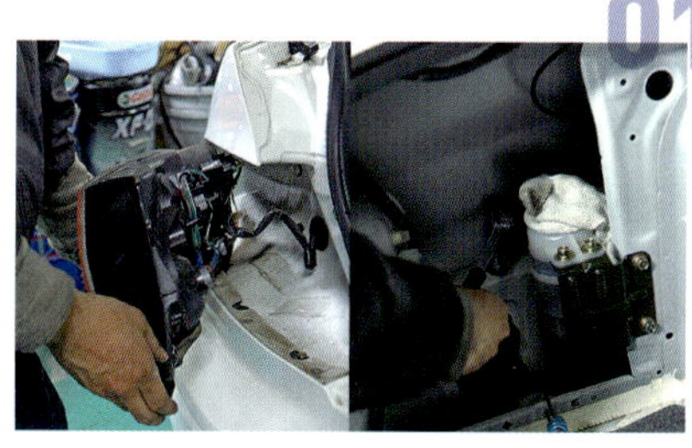

리어 범퍼를 교환한다.

랜서 에볼루션의 테일 라이트는 태핑 나사 2개만 풀면 된다. 그랬더니 탈착한 라이트 아래에서 범퍼를 장착하고 있는 볼트가 보였다. 트렁크 안쪽의 볼트도 풀어야 한다.

번호판을 분리한다.

얼마 전까지만 해도 닛산 차 등은 번호판 브래킷을 비스듬하게 올릴 수 있어서 범퍼를 쉽게 탈착할 수 있었다. CT9A는 그렇지 않기 때문에 봉인을 떼고 번호판 브래킷을 탈착하는 것이 꽤 어렵다. YR어드밴스에서는 장착 후에 자동차 검사에 대한 서포트를 해준다고 한다.

스프레이 도장을 한다.

이 리어 범퍼는 구멍이 뚫린 부분을 망으로 처리하는 부분이 많기 때문에 하얀 보디가 훤히 비친다. 그래서는 보기에 예쁘지 않기 때문에 캔 스프레이로 구멍을 통해 보일 것 같은 부분을 검게 도장하였다.

스테이 도장을 한다.

범퍼에 부속된 장착 스테이도 구멍을 통해 보이므로 도장해 준다.

프레임 종류를 바꿔서 장착한다.

순정 범퍼에서 탈착한 레인포스(reinforce)나 번호판 등을 옮겨 장착한다. 범퍼 양쪽 끝에도 가느다란 순정 프레임을 장착하게끔 되어 있었지만 순정 범퍼에 리벳으로 고정되어 있어서 새로운 것으로 장착하였다.

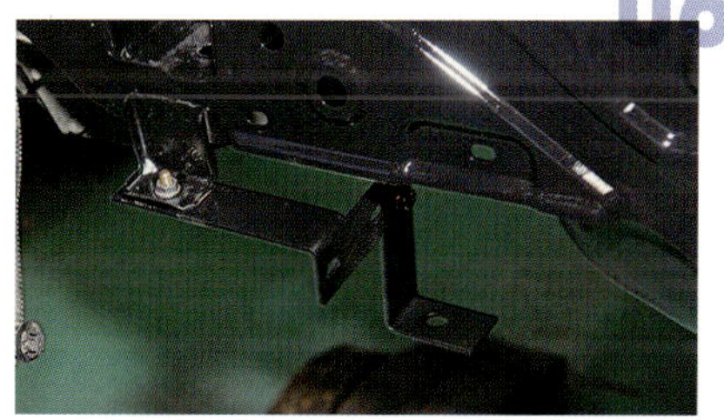

장착 스테이를 임시로 고정한다.

범퍼에 부속된 장착 스테이를 보디에 고정한다. 이 단계에서는 임시로 고정해 두고 실제로 범퍼를 다 끼우고 위치를 맞추고 나서 정식으로 조이면 된다.

범퍼를 임시로 고정한다.

역시나 범퍼를 끼울 때는 둘이서 하도록 한다. 그리고 순정 볼트를 장착하던 위치에서 임시로만 볼트를 고정해 둔다.

부딪치는 부분을 제거

범퍼에 부속된 장착 스테이를 보디에 고정한다. 이 단계에서는 임시로 고정해 두고 실제로 범퍼를 다 끼우고 위치를 맞추고 나서 정식으로 조이면 된다.

GT WING 편

난 이 도	★★
작업시간	약 2시간

샘플차량
혼다 S2000 AP1

스타일과 주행 상황에 맞춰 크기와 높이를 선택할 수 있는 3D 윙!

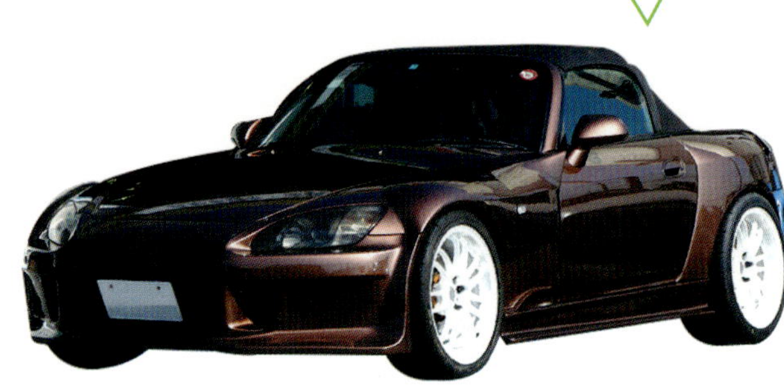

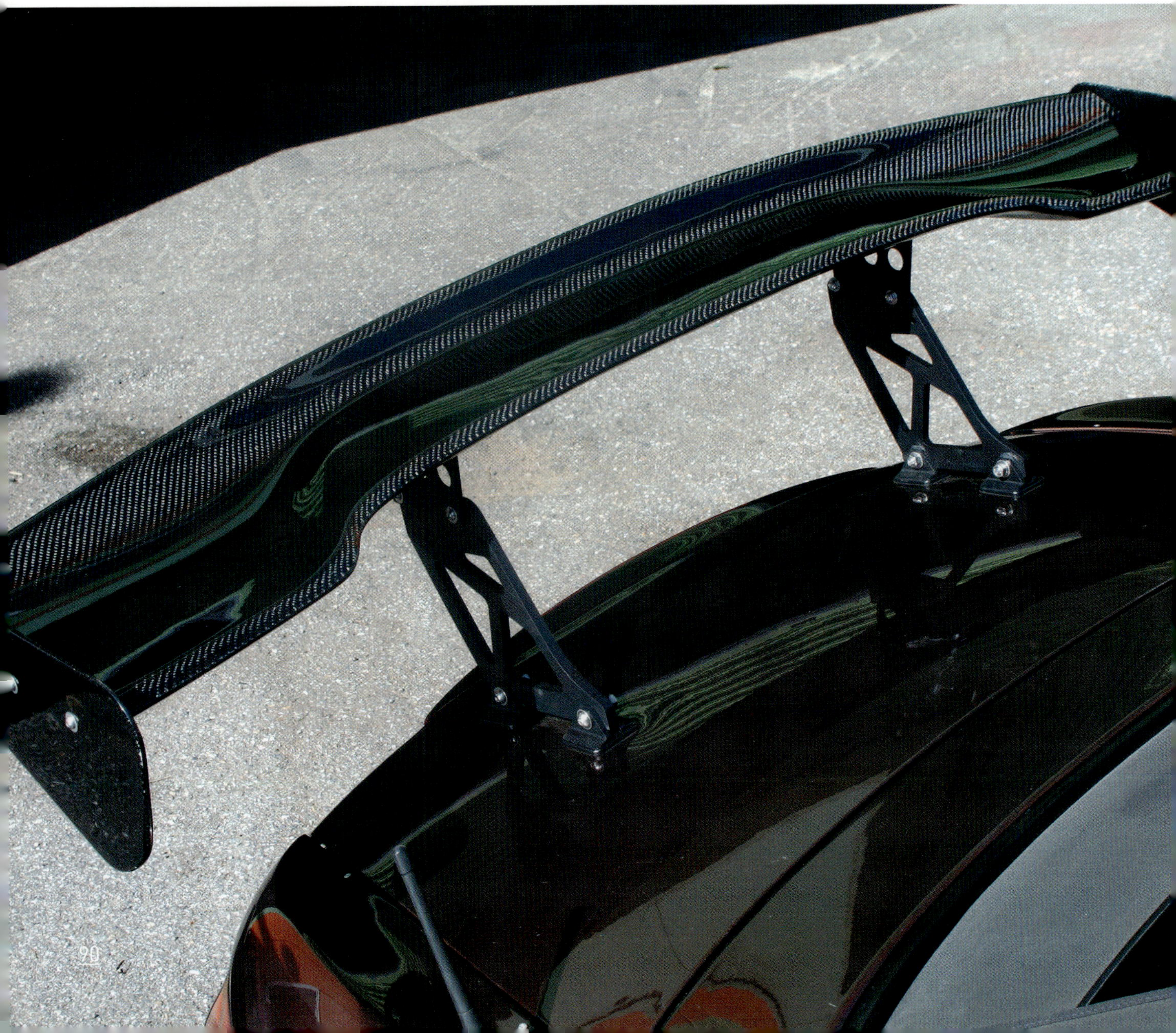

드릴, 원통 톱, 래칫, 펀치, 6각 렌치 등

후방의 다운포스를 효율적으로 살리기 위해 서킷용 튜닝 등에서 높은 장착률을 자랑하는 파트가 GT윙이다.

한 눈에 봐도 어택 레이스를 연상시키는 전투적인 뒷모습도 매력적이다. 3D형상을 한 타입은 날개 부분이 두텁기 때문에 더 뛰어난 다운포스를 발생시켜 준다.

여기서 소개할 M2 제품의 GT윙은 현재 430mm의 로 마운트 타입만 판매되고 있다. 이 타입은 윙 각도를 3단계로 조정할 수 있어서 각도를 변경하여 후방의 트랙션 조정도 즐길 수 있다. 물론 윙 본체와 날개 양쪽 끝의 패널은 카본 제품이어서 보는 것만으로도 충분히 멋지다.

이번에는 와이드 보디의 S2000을 샘플 차량으로 삼았다. 성능은 물론이고 마운트 타입에 따라서도 이미지가 바뀌기 때문에 스탠더드와 로 마운트 타입 양쪽을 장착해 보았다. 장착 후의 이미지 차이도 참고하기 바란다. 장착 작업을 할 때는 제품이 크므로 둘이서 할 것을 권한다.

M2 HANBAI

3D 카본 GT윙 가격 : 1430mm 300,000원
※ 제품정보는 2010년 7월 1일 금액 기준이다. 본문 내의 정보와는 일부 변경이 있으므로 양해를 바란다.

탑 시크릿Ⅱ 모리사키

GT윙은 중량도 나가고 주행시 바람을 맞으면 다운포스도 크게 걸리기 때문에 윙을 고정한 부분에 반드시 보강판을 넣어줘야 합니다. 그렇지 않으면 바로 트렁크가 변형될 수 있다. ㄴ자나 ㄷ자의 앵글 재질로 좌우 받침대를 보강해 주면 된다. 다음은 구멍을 뚫은 곳을 잘 메워줘야 한다. 드릴로 뚫은 구멍을 통해 도장이나 트렁크에 크랙이 나는 것을 방지해야 하기 때문이며, 구멍을 뚫은 장소는 녹 방지를 위한 칠 땜질(touch up)도 잊지 말아야 한다.

외관과 성능을 향상시켜라!!

기능성 에어로 파트
장착 기술

01 윙을 임시로 맞춰본다.

윙을 조립한 다음에는 작업 중에 차량을 손상시키지 않도록 트렁크에 마스킹 테이프를 붙인다. 그리고 윙을 어디에 장착할지 결정하기 위해 임시로 맞춰본다. 크고 중량도 나가기 때문에 가능한 둘이서 작업하는 편이 좋다. 기본적인 장착위치는 좌우가 똑같은 곳은 물론이고 윙 끝과 범퍼 끝이 일치하는 곳이다. 이때 윙 끝의 가운데에 추를 단 실 등을 늘어뜨려 놓으면 범퍼와의 위치를 파악하기 쉽다. 미세 조정을 해가면서 좋아하는 위치에 맞추도록 한다.

02

장착할 위치를 정확하게 정한다.

윙 장착 위치부터 트렁크 양쪽 끝, 트렁크 뒤쪽 끝까지의 거리를 재면서 정확하게 조정해 나간다. 전후·좌우의 위치가 정해졌으면 마커로 장착 위치를 마킹해 둔다. 장착 위치가 결정됐으면 윙을 차체에서 내려놓는다. 그리고 장착 부위를 분리한다.

03

펀치로 구멍을 뚫는다.

분리한 연결대를 마킹한 장소에 정확하게 맞춰놓고 볼트 구멍 부분의 중심에 펀치를 때린다. 이것은 모든 연결대에 모두 해준다. 펀칭이 다 끝났으면 드릴로 구멍을 뚫는다. 처음부터 두꺼운 드릴을 사용하지 말고 일단 가느다란 드릴로 약간의 구멍을 뚫어주는 것이 포인트다.

04

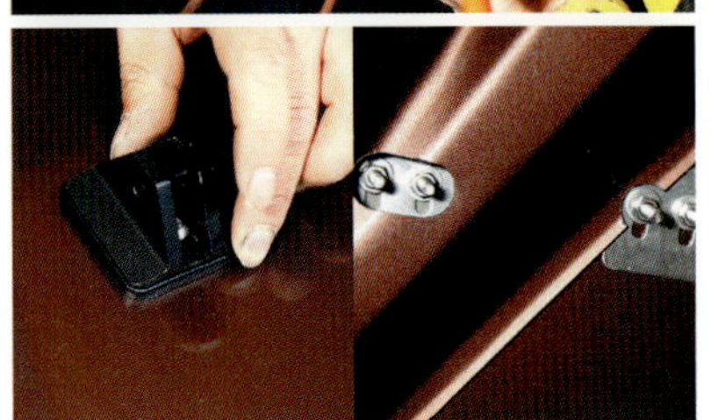

트렁크의 골조를 잘라낸다.

트렁크에는 강도를 높이기 위한 리브가 들어가 있을 것이다. 이 부분에 윙 연결대가 오는 경우는 원통 톱 등으로 일부를 절단하도록 한다. 그렇게 하지 않으면 볼트나 연결판을 단단히 고정할 수 없게 된다. 다만, 이 부분은 보강재이므로 절단해 없애게 되면 트렁크의 강도가 떨어지므로 최저한으로 잘라내야 한다.

05

스테이 연결대를 고정한다.

연결대에 뚫어 놓은 구멍을 사용해 고정한다. 이때 연결대 쪽에는 부속된 고무판을 대고 트렁크 안쪽에는 금속판을 댄 다음 볼트로 고정한다.

06

윙을 고정해 주면 완성된다.

마지막으로 윙을 연결대에 고정한다. 볼트를 조여 주는 순서는 연결대와 트렁크→연결대와 스테이→스테이와 윙 순서로 위에서 아래로 내려오면 된다. 비가 오면 물이 샐 수 있으므로 연결대와 트렁크의 틈새나 윙과 날개 판 틈새에 실링재를 발라주면 좋다.

간단한 장착으로 사소한 변화를 주는
원 포인트 에어로 파트

GT윙에 바람을 유도함으로써 여태까지보다 더 강한 다운포스를 발휘시킨다!

내 자동차에 장착되어 있는 윙이 100%의 성능을 발휘하고 있을까? 사드 제품의 『에어로 블레이드』를 루프 끝에 붙임으로써 효율적으로 윙에 바람을 보냄으로써 GT윙의 성능을 더 끌어내주는 아이템이다. 장착도 부속된 양면 테이프로 붙이면 끝날 정도로 간단하다.

M2 HANBAI

에어로 블레이드

가격 : 27,000원

컬러 : 화이트 / 실버 / 블랙

DIY 시작!

01

에어로 블레이드를 장착할 위치를 결정한다.

장착은 아주 간단하지만 쉽게 눈에 뛰는 부품이기 때문에 부착위치의 결정이나 깨끗하게 붙이는 것에 신경 써야 한다. 부착위치가 가지런하지 않으면 예쁘지 않기 때문이다. 이번에는 마스킹 테이프를 사용해 정확하게 일정한 간격이 되도록 위치를 결정했다.

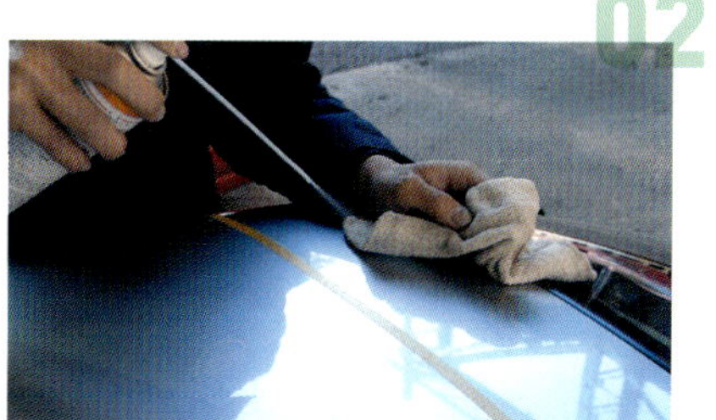

02

부착부분을 깨끗하게 닦아준다.

양면 테이프로 부착하므로 먼저 부착위치의 이물질을 제거한다. 바람을 맞는 위치이기 때문에 나중에 떨어지지 않도록 단단히 부착해야 한다. 파트 클리너로 기름기를 없애면 도장이 상할 염려가 있으므로 실리콘 오프 등을 사용할 것을 권장한다.

03

부착한다.

미리 파트에 붙여놓은 양면 테이프를 사용해 부착하면 완성이다. 테이프를 붙이기 전에 드라이어 등으로 따뜻하게 해 주면 접착력이 높아져 조금 구부러진 곳이라도 간단하게 부착할 수 있다.

AERO
BONNET 편

| 난 이 도 | ★★ |
| 작업시간 | 약 1시간 |

샘플차량
닛산 실비아 S14

화려한 외관의 변화는 물론이고
열도 잘 빼주는, 덕트 내장의 카본 보닛

사용한 공구

래칫, 롱 노스 플라이어, 드릴 등

덕트가 부착된 보닛은 순정에서도 적용된 자동차가 있을 정도로 일반적이 되었다. 하물며 열 배출량이 증가하는 튜닝카에 있어서는 자동차 상태를 오래 유지하기 위한 중요 아이템 가운데 하나로 취급되고 있다.

물론 카본이나 FRP 보닛은 순정보다 가볍고, 카본 제품인 경우는 보기에도 레이스 카 같은 느낌을 갖게 한다. 그런 의미에서는 2% 부족한 외관에 경쾌함을 불어넣어 주는 리프레시 아이템으로도 제격이다.

여기서 장착한 오리진의 에어로 보닛 시리즈2는 슬릿 형상의 구멍이 보닛 끝에 설치되어 있어서 빗물이 엔진룸에 들어가는 것도 최소한으로 끝나도록 설계되어 있다. 덧붙이자면 여기서 장착한 것은 카본 제품이지만 보디 색과 똑같이 하고 싶은 사람은 FRP 제품을 장착하면 된다.

작업 과정에서 그다지 어려운 것은 없지만 커다란 부품이기 때문에 작업은 두 명이서 할 필요가 있다. 또한 제품에 따라서는 워셔 노즐을 장착하기 위한 구멍을 뚫어주거나 보닛 캐치를 장착할 필요가 있는 것도 있으므로 구입할 때 그런 것들을 확인한 다음 필요한 부품이나 공구를 사전에 갖추도록 한다.

Aero Bonnet Series2
가격 : 530,000원(FRP) / 630,000~740,000원(카본)

탑 시크릿 나가타

보닛을 자동차에 부딪치지 않도록 좌우에서 두 명이 호흡을 맞춰 작업하는 것이 좋다. 외판끼리의 틈새를 잘 맞춰주면 보기 좋게 마무리할 수 있다. 그리고 주행 중에 보닛이 열리면 대형사고가 날 수 있으므로 특히 체결 상태나 고정을 완벽하게 해야 한다! FRP 보닛을 장착할 때는 순정 보닛 캐치를 사용할 수 있더라도 안전을 위해 보닛 핀에 의한 고정을 추가해 둘 것을 권한다.

외관과 성능을
향상시켜라!!

기능성
에어로 파트
장착 기술

주변 부품을 마스킹으로 보호한다.

좌우 펜더를 마스킹 테이프 등으로 보호해 준다. 또한 보닛의 끝쪽에 타올 등을 깔고 앞유리를 보호해 준다. 무거운 순정 보닛을 분리할 때가 가장 부딪치기 쉬우므로 주의하면서 작업할 것.

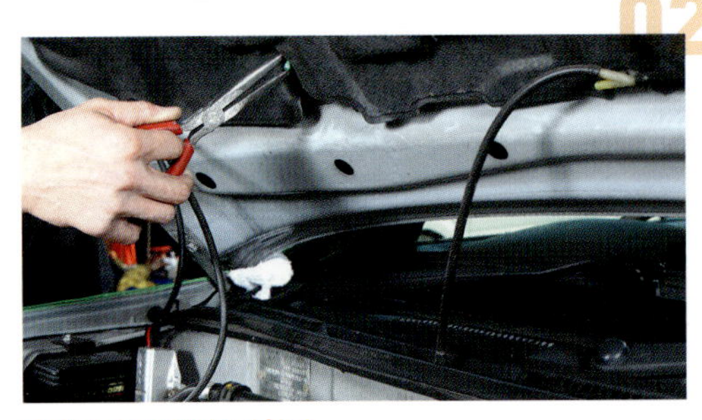

워셔 노즐 등을 분리한다.

순정 워셔의 노즐이나 튜브를 분리해 둔다. 노즐은 보닛의 안쪽에서 롱 노스 플라이어로 걸이를 잡고 바깥쪽에서 분리했다. 그 밖에 순정 보닛에 덕트 등이 부착되어 있는 차종은 탈착한 다음 교환 후에 다시 사용하는 경우도 있다.

순정 보닛을 분리한다.

먼저 좌우 힌지의 볼트를 느슨하게 해 준 다음 양끝을 지지시키고 각각 볼트를 풀어준다. 분리한 보닛을 둘 만한 공간을 사전에 확보해 두는 것도 잊어서는 안 된다.

카본 보닛을 장착한다.

보닛을 장착할 때는 너트에 윤활제를 뿌려주면 좋다. 무거운 보닛을 지지하면서도 볼트가 부드럽게 장착되도록 해 주기 때문이다. 그 다음으로는 탈착했을 때의 역순으로 양쪽에서 잡아주면서 볼트를 임시로 조인다.

워셔 노즐 등을 장착한다.

분리해 둔 워셔 노즐 등을 장착한다. 장착용 구멍이 뚫려 있는 제품이라면 그대로 장착하면 된다. 만약 구멍이 없으면 위치를 정해 드릴 등으로 뚫어주도록 한다. 이번에는 봉을 넣어 보닛을 지지해 주는 구멍도 뚫었다. 장착한 상태로 작업할 때는 엔진룸에 이물질이 들어가지 않도록 시트 등을 깔고 하는 것이 좋다.

위치를 확인한 뒤 완전히 체결하면 완성된다!

임시로 조여 놓은 상태에서 몇 번 정도 보닛을 열고 닫아 보면서 상태를 확인한다. 펜더와도 잘 맞는지 확인한다. 아무 이상이 없으면 어긋나지 않도록 보닛을 천천히 열고 좌우 힌지의 볼트를 완전히 조여주면 완성이다.

간단한 장착으로 사소한 변화를 주는
원 포인트 에어로 파트

플랫 & 세련된
원터치 보닛 핀

에어로 보닛을 장착한 다음 장착할 만한 것이 보닛 핀이다. 보닛이 매우 가볍기 때문에 주행 중 바람에 의해 만에 하나라도 열리지 않도록 하는 것이 최고일 것이다. 이 제품은 보기에도 스마트한 제품으로 차량의 검사 때도 돌출물의 취급을 받지 않는 탑 시크릿의 『에어로 캐치』 라고 한다. 순정 캐치가 없는 제품이라면 키 포함, 순정 캐치가 있는 제품이라면 키 미포함을 선태하면 될 것이다.

스터드 볼트를 임시로 고정한다.

본체의 두께가 있으므로 엔진룸과의 간격을 고려하면서 스터드 볼트를 장착할 위치를 정한다. 스터드는 코어 서포트의 서비스 홀 등을 이용하여 장착하면 구멍을 별도로 뚫을 필요가 없어서 편리하다.

스터드가 통과할 구멍을 뚫는다.

보닛 아래쪽에 검 테이프 등을 붙인 다음 위에서 누르면 스터드와 닿은 부분에 흔적이 남게 되므로 그 흔적을 기준 삼아 드릴로 구멍을 뚫는다. 보닛의 리브 부분에 구멍을 뚫을 때는 리브 부분과 보닛 표면의 구멍 위치가 어긋나지 않고 똑바로 뚫리도록 주의해야 한다.

에어로 캐치
가격 : 150,000원(키 포함) /
130,000원(키 미포함)

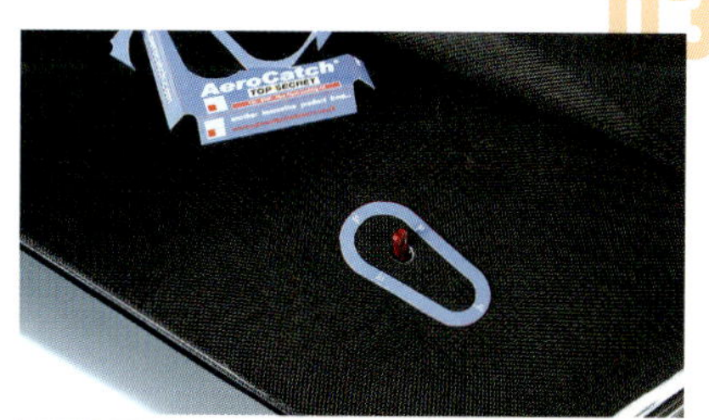

본체가 들어갈 구멍을 뚫는다.

패키지가 종이 모양으로 되어 있으므로 여기에 맞춰 본체를 장착하기 위한 구멍을 뚫는다. 보닛이 경사진 것까지 고려하면서 스터드를 기준으로 위치를 맞춘 다음 에어 톱(없으면 실 톱) 등으로 보닛을 도려내어 구멍을 뚫는다.

리벳으로 고정하면 완성된다!

제품 안에 본체를 고정하기 위한 볼트와 너트가 들어 있지만 안쪽에 리브가 있는 위치에 장착했을 경우는 리브를 잘라내지 않으면 고정할 수 없으므로 번거롭게 된다. 그래서 이번에는 리벳을 사용해 고정해 보았다. 이것이라면 필요 최소한의 절단으로 끝나기 때문이다. 다음은 스터드의 높이를 조정하고 고정해 주면 완성이다.

CANARD &
UNDER SPOILER 편

| 난 이 도 | ★ |
| 작업시간 | 약 2시간 |

차량 앞쪽의 다운포스 업

매칭까지 선택 가능한, 범용품 장착에 도전

사용한 공구

드릴, 벨트 샌더, 에어 톱, 가위, 너터
(Nutter), 래칫, 6각 렌치 등

차량 앞쪽의 다운포스를 늘리기 위해 유용한 것이 커나드(Canard, 前尾翼)다. GT 윙을 장착한 뒤 앞쪽 하중을 조금이라도 늘리고 싶을 때 딱 맞는 아이템이다. 그래서 여기서는 언더 스포일러 타입의 제품과 세트로 장착해 보았다.

이 제품은 프런트 범퍼 모양에 맞춰 잘라내어 장착하는 범용 타입이다. 크기는 커나드가 2종류, 언더 스포일러가 3종류이기 때문에 자동차에 맞는 크기를 구입하면 된다.

이번에는 커나드에 M사이즈를, 언더 스포일러(제품명 : 컵 스포일러)에 L사이즈를 선택해 외관상으로도 균형을 맞췄다.

장착 작업에 있어서는 커나드를 보디 형상에 맞춰 잘라내는 과정을 세밀하게 하는 것이 포인트다. 언더 컵은 간편하게 탈착하는 것까지 생각해 너터 리벳을 사용하여 고정해 보았다. 주행할 때는 커나드의 장착 부위는 물론이고 커나드가 장착되어 있는 범퍼에도 큰 힘이 걸리게 되므로 장착은 튼튼하게 해줘야 한다. 때때로 범퍼를 타이 랩으로 고정하는 자동차를 보게 되는데 커나드를 장착할 때는 반드시 볼트로 고정하도록 한다. 다운포스가 증가하면 주행할 때 범퍼채로 분리될지도 모른다.

CANARD

격속 CHARGE SPEED
가격 : M사이즈 93,000원(FRP) /
180,000원(카본)
L사이즈 103,000원(FRP) /
208,000원(카본)

CUP SPOILER

격속 CHARGE SPEED
가격 : S사이즈 105,000원(FRP)~ /
M사이즈 170,000원(FRP)~ /
L사이즈 200,000원(FRP)~

보디 샵 뉴타입 아와지

커나드 등과 같은 공기역학 파트를 장착할 때 주의해야 할 것은 보디 쪽에 장착하는 강도다. 제품은 튼튼히 고정했더라도 공기역학 파트가 장착된 범퍼 등이 보디에 타이 랩 정도로 장착되어서는 안 된다. 주행 중 바람의 힘을 가볍게 여겨서는 안 되는 것이다. 그것을 지지해 주는 범퍼에도 상당한 힘이 걸리기 때문에 볼트나 와셔를 사용하여 튼튼히 고정해야 한다는 의식을 가져주길 바란다. 고속도로에서 범퍼가 떨어졌다간 큰일이기 때문이다. 장착 자체는 정확히 맞춰주는 것만 신경 써주면 특별히 문제될 것이 없을 것이다.

외관과 성능을 향상시켜라!!

기능성 에어로 파트
장착 기술

커나드 장착용 종이 모형을 제작한다.

작업하기 쉽도록 프런트 범퍼를 차체에서 탈착해 둔다. 커나드를 장착할 부분에 마스킹 테이프를 붙여 장착 위치를 정한다. 장착 위치가 결정되면 두꺼운 종이로 범퍼 형상을 본뜬다.

종이 모형에 맞춰 커나드를 자른다.

전 단계의 종이 모형에 맞춰 커나드가 장착될 쪽을 잘라준다. 약간 크게 잘라내야 나중에 실물에 맞춰가면서 벨트 샌더나 줄 등으로 조정할 수 있다. 프레스 라인 부분 등에 정확히 맞춰주면 완성도가 높아진다.

스테이 위치를 결정한다.

범퍼에 고정할 스테이 위치를 정한다. 범퍼의 덕트 등과 간섭하지 않도록 해주는데 부속된 L자 스테이를 고정하기 위해 커나드에 드릴로 구멍을 뚫는다. 이번에는 4군데에 스테이를 장착했는데 범퍼 형상이나 커나드 크기를 감안하면서 단단히 고정할 수 있게 조정하면 된다.

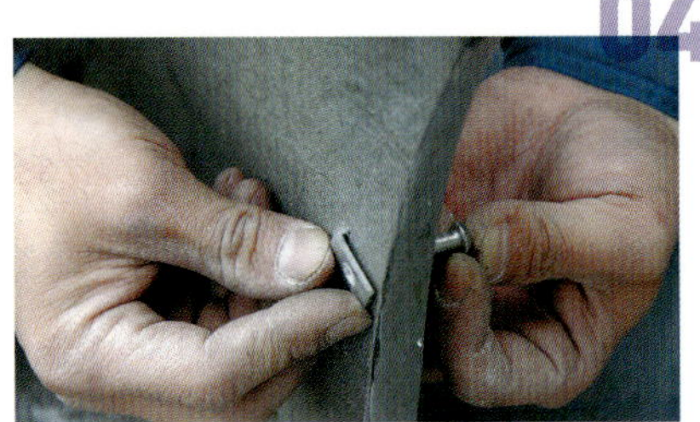

범퍼에 구멍을 뚫는다.

스테이를 고정하기 위해 프런트 범퍼 사이드에 드릴로 구멍을 뚫는다. 대개는 스테이 1군데 당 구멍 한 개를 뚫지만 이번에는 가로로 길게 구멍을 뚫어 스테이 본체가 범퍼 안쪽으로 숨도록 했다. 이렇게 하면 커나드를 옆에서 봐도 장착 스테이가 보이지 않아 깔끔한 맛을 준다. 또한 간단히 탈착할 수 있도록 너트 인서트를 사용하는 방법도 있다.

범퍼에 커나드를 고정하면 완성된다!

모두 완성되었으면 나사를 단단히 고정한다. 범퍼에 커나드의 커팅 면이 맞지 않을 때는 디귿자 고무를 끼워 장착하면 눈에 잘 띄지 않는다. 범퍼의 손상도 방지된다. 반대쪽을 장착할 때는 종이 모형을 앞서 완성한 커나드에 맞춰 다시 만든 다음 반전시키면 거의 수정할 필요 없이 종이 모형을 만들 수 있을 것이다. 모두 완성되었으면 범퍼를 자동차에 장착하는 것으로 끝이다.

컵 스포일러를 장착한다.

범퍼 아래쪽에 장착할 컵 스포일러의 연결 위치를 정한다. 위치가 정해지면 바이스 플라이어나 클램프 등으로 움직이지 않도록 단단히 고정해 준다. 그리고 드릴로 고정용 구멍을 뚫는다.

너트 인서트를 끼우고 볼트로 고정하면 완성된다!

볼트 & 너트나 리벳으로 고정해도 좋지만 이번에는 간단히 탈착할 수 있는 너트 인서트(안쪽에 나사산이 나 있는 리벳처럼 생긴 것)를 너터로 끼워 넣는다. 공구점에서 너트 인서트나 너터도 구입할 수 있다. 너트 인서트에 맞는 사이즈의 볼트를 사용해 컵 스포일러를 고정하면 완성이다.

3가지 소재 가운데 선택할 수 있는,
화려한 사이드 전용 커나드

프런트에만 커나드가 장착되어 있고 사이드에 아무 것도 없으면 뭔가 허전함을 느끼는 마니아도 있을 것이다. 그런 마니아에게는 T&E의 『사이드 언더 커나드』가 제격이다. 에어로 파트로서의 효과뿐만 아니라 보기에도 멋진 스타일을 연출해 낸다. 사이드 스텝이 붙어 있는 자동차라면 장착이 가능하다.

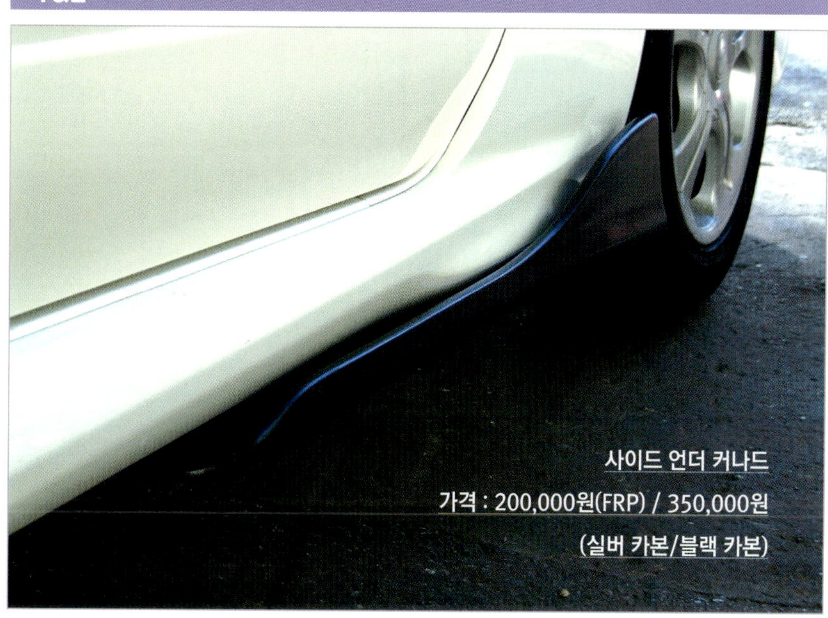

01

장착 위치를 정한다.

먼저 임시로 위치를 정한다. 그 다음에 장착용 구멍을 사이드 스텝이나 보디에 뚫어야 하므로 신중하게 위치를 결정하도록 한다.

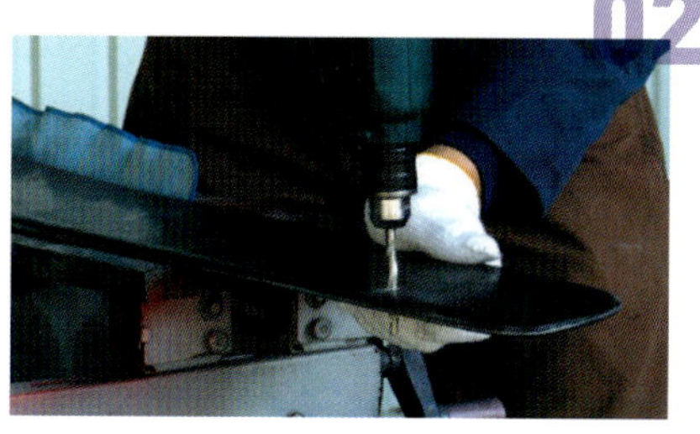

02

볼트 구멍을 뚫는다.

커나드와 사이드 스텝에 간격을 두고 한 쪽 당 3군데씩 부속된 볼트를 끼울 구멍(6mm)을 뚫는다. 전동드릴을 사용할 때는 커나드가 흔들리지 않도록 단단히 고정하고 작업할 것. FRP제품인 경우는 구멍을 뚫은 후 장착 전에 도장을 해야 한다.

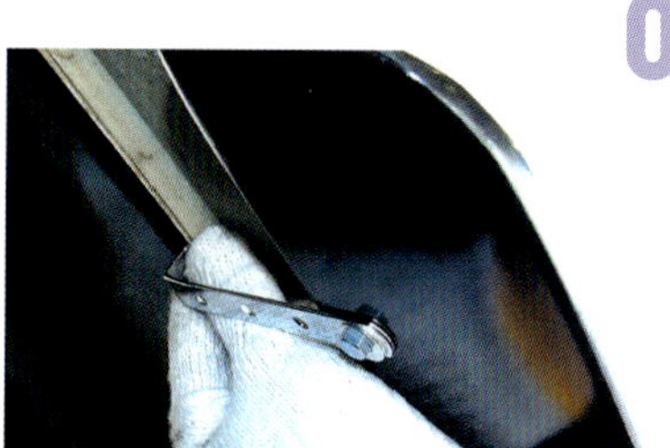

03

보강 후에 장착하면 완성된다!

양면 테이프를 붙이고 볼트 & 너트로 장착한다. 풍력이 가해지는 부분이기 때문에 탈착방지를 위해 스테이로 보강해주는 것이 좋다. 이번에는 보디의 마운팅 고무 부분과 커나드의 볼트에 스테이를 같이 체결하는 방법으로 보강하였다.

DUCT &
HOSE 편

난 이 도	★★★
작업시간	약 3시간

샘플차량
혼다 시빅 EG9

신선한 공기를 빨아들여
엔진과 브레이크를 강제로 냉각!

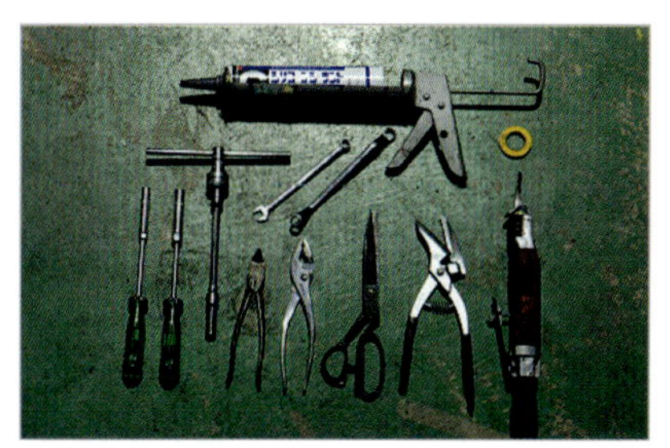

사용한 공구

에어 톱, 전동 드릴, 금속 절단 가위, 래칫, 컷팅 플라이어, 마스킹 테이프 등

엔진이나 브레이크 주위에 강제적으로 찬 공기를 유도해 냉각효과를 주는 덕트 & 호스. 아주 단순한 구조지만 그 효과가 의외로 뛰어나기 때문에 레이싱 카에서도 적극적으로 사용하고 있을 정도다.

또한 한 눈에 보기에 스포티한 모습도 빼놓을 수 없다. 갖고 있는 범퍼를 나만의 유일무이한 범퍼로 바꾸는 것이기 때문에 개성적으로 튜닝을 마무리 짓고 싶은 사람에게는 딱 맞는 아이템이 아닐까 한다.

이번 옵션2 페리오에 장착한 것은 빌리온의 범용 에어 덕트와 퍼늘이다. 작년 시즌의 내구레이스에서 브레이크 트러블이 별로 없었던 옵션2 페리오의 캘리퍼를 강제로 냉각해 안정된 제동력을 얻는 것이 목적이다. 또한 똑같은 빌리온 제품의 원형 퍼늘을 사용하여 에어클리너에 신선한 공기를 유도하기 위한 덕트도 추가했다.

작업 포인트는 호스 정리나 덕트 안쪽의 공간에 여유가 있는지 등인데 사전에 정확하게 확인해야 할 대목이다. 범퍼에 구멍을 뚫고 난 다음에는 되돌릴 수 없으므로 신중하게 작업해야 한다.

슈퍼레이싱 에어 퍼늘
가격 : 85,000원(카본제 4각 타입, 50파이) /
53,000원(카본제 원형타입, 50파이)

슈퍼레이싱 에어 덕트
가격 : 80,000원(50파이×1m) /
220,000원(50파이×5m)

가고타니 튜닝 샵 가고타니

범퍼는 생각 외로 굴곡이 심해서 장착하는 위치에 따라서 덕트의 각도가 효과적이지 않을 경우가 있다. 그럴 때는 이번 튜닝처럼 실링처리를 해줌으로써 눈에 띄지 않게 해주거나 덕트 안쪽을 깎아 정확하게 들어맞도록 가공하면 깔끔하게 마무리할 수 있다.

외관과 성능을 향상시켜라!!

기능성 에어로 파트
장착 기술

덕트 장착 위치를 확인한다.

먼저 덕트 위치를 결정하는 일부터 시작한다. 보기에 아무리 좋은 곳이더라도 덕트를 장착할 공간이 없으면 장착 자체가 안 되기 때문이다. 범퍼를 탈착하고 안쪽을 확인하는 동시에 호스를 어떻게 정리할지도 생각해 둔다.

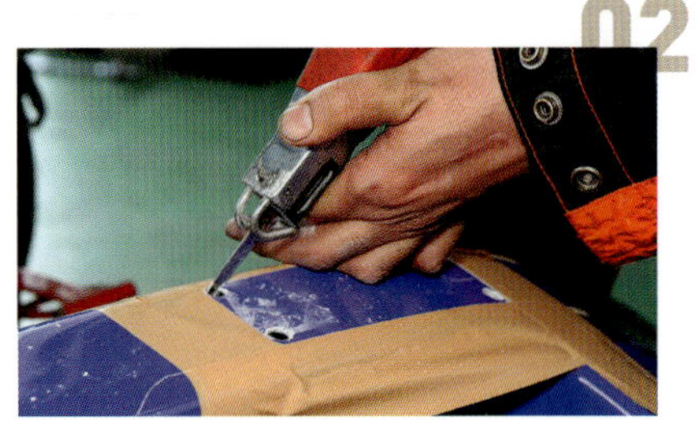

구멍 뚫기 작업을 한다.

덕트는 좌우를 똑같이 장착하지 않으면 균형이 안 좋기 때문에 자를 사용하여 위치를 정확하게 찾아낸다. 덕트 위치가 결정됐으면 마스킹 테이프로 표시를 해 둔 다음 전동 드릴을 사용하여 4각 귀퉁이에 구멍을 뚫는다. 그리고 에어 톱으로 구멍과 구멍 사이를 잘라낸다. 에어 톱이 없을 때는 마킹을 따라 구멍을 뚫다 보면 덕트 모양으로 잘라낼 수 있다.

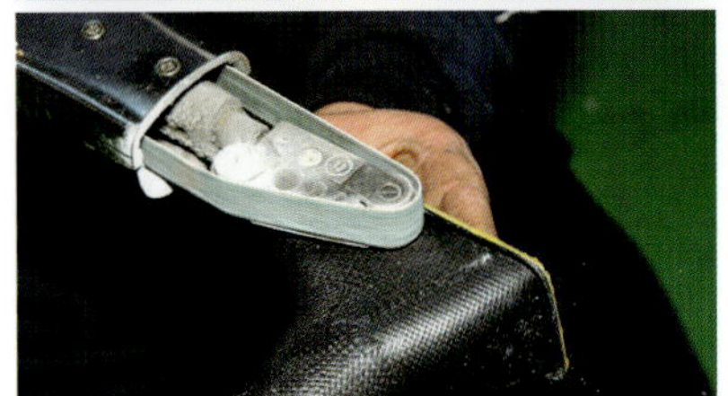

임시로 덕트를 끼워 넣는다.

벨트 샌더나 줄로 덕트를 매끈하게 다듬어 준 다음 덕트에 임시로 끼워 보았다. 그랬더니 펠리오의 범퍼 굴곡과 덕트 사이에 약간의 틈새가 생기는 것을 알게 되었다. 그래서 최대한 깔끔하게 들어가도록 덕트 안쪽의 간섭부분을 벨트 샌더로 깎아냈다.

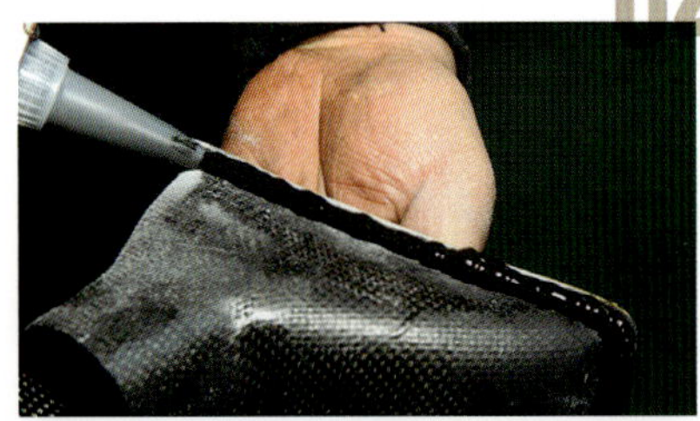

실링으로 덕트를 합체시킨다.

다음은 덕트 장착 작업. 사전에 덕트 표면과 범퍼의 구멍 주변을 마스킹해 둔 다음 사진처럼 덕트 안쪽에 실링제를 듬뿍 발라서 범퍼와 합체시킨다. 덧붙이자면 마스킹 테이프는 덕트보다 조금 더 크게 붙이는 것이 포인트다.

마르기 전에 마스킹을 떼어낸다.

덕트와 범퍼의 틈새가 깨끗하게 메워지도록 삐져나온 실링제는 잘 닦아낸다. 그리고 마르기 전에 마스킹 테이프를 조심스럽게 벗겨내면 사진처럼 틈새가 깨끗하게 메워진다. 그 다음에는 범퍼 안쪽으로도 실링제를 발라 덕트를 고정해 준다.

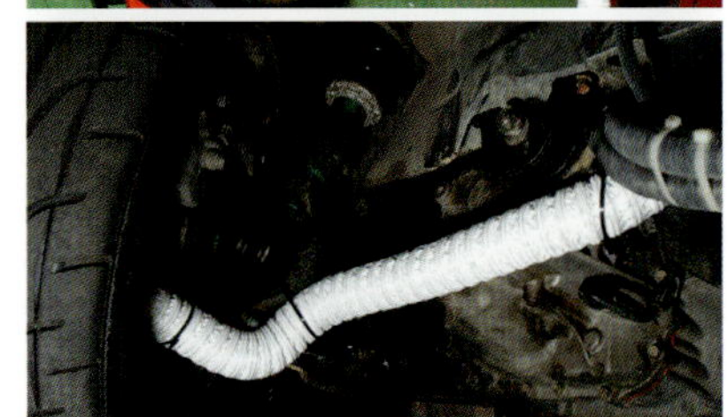

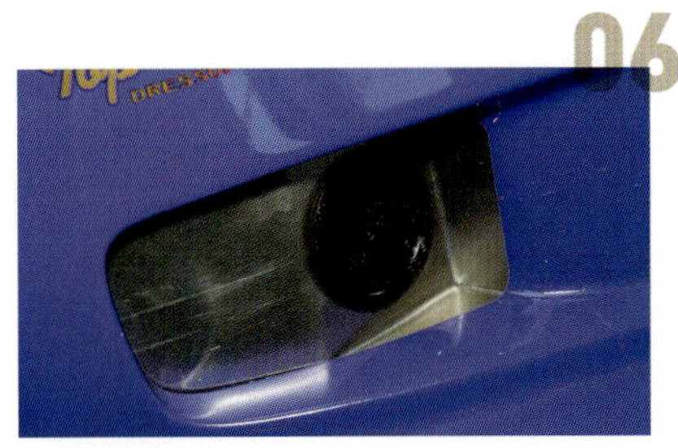

에어 덕트를 제작한다.

에어클리너용으로 바람을 유도해 주는 덕트는 덕트 커버를 만들어 덕트를 감싸듯이 장착하면 된다. 종이 박스로 형태를 만든 다음 1mm 두께의 알루미늄 판으로 제작했다. 여기서도 실링제를 사용하여 범퍼와 고정했다

프레임에 구멍 뚫기 작업을 한다.

범퍼에 덕트를 끼웠으면 다음은 덕트 호스를 브레이크와 에어클리너로 유도할 준비를 하면 된다. 펠리오의 경우는 브레이크 쪽에 호스를 돌려주는데 프레임에 걸렸기 때문에 에어 톱으로 구멍을 뚫었다.

덕트 호스를 고정한다.

구멍을 통해 빼낸 덕트 호스를 캘리퍼 근처로 갖다 댄 다음 암 & 로드에 타이 랩으로 고정했다. 스티어링 핸들을 돌린 상태에서 길이가 충분한지 그리고 구동계통 등과의 간섭은 없는지 확인한다. 또한 에어클리너용 호스도 마찬가지로 타이 랩으로 고정했다. 그 다음에는 호스를 금속 절단 가위로 약간 여유가 있게 잘라내고 부속된 밴드로 덕트에 연결해 주면 작업 끝이다.

장착할 장소는 마음 내키는 대로, 고무 소재의 만능 스포일러

고무소재로 되어 있어서 유연성이 뛰어난 플렉스 스포일러는 아이디어를 어떻게 내느냐에 따라 다양한 에어로 파트로 변신한다. 프런트 범퍼 스포일러나 트렁크 스포일러 또는 윙에 장착하면 가니 플랩(Gurney flap)으로도 사용할 수 있으며, 오버 펜더로도 변신해 주는 다용도 파트다.

이번에는 프런트 립 스포일러로 장착해 보았다. 차고가 조금 낮게 보여 멋지게 보이는데, 아닌가?

플렉스 스포일러

DIY 시작!

먼저 임시 장착을 한다.

임시로 대보고 필요 없는 부분은 잘라낸다. 요철이나 R이 있어서 양면 테이프만으로는 스포일러가 뜰 때나 지면과 접촉할 것 같은 부분은 나사로 고정해줄 필요가 있다. 여기서는 전동 드릴 등으로 범퍼에 3파이 정도의 구멍을 뚫었다.

스포일러에 흠집을 내준다.

요철이나 R이 져서 잘 붙이지 못하겠는 곳에는 컷팅 플라이어 등으로 안쪽에다 몇 군데 삼각형의 흠집을 내준다. 이렇게 하면 범퍼 형태에 맞춰서 붙이기가 훨씬 쉬워진다. 너무 잘라내지 않도록 주의하면서 해야 한다.

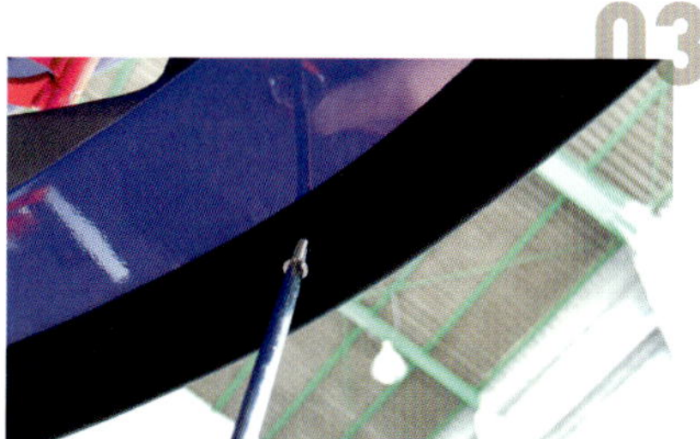

부착, 고정하면 완성된다!

부착할 부분의 이물질을 제거한 다음 양면 테이프로 범퍼에 부착한다. 그 다음에는 스포일러가 주행 중에 떨어지지 않도록 나사를 사용해 보강해 주면 완성이다. 나사는 10개가 부속되어 있으므로 적절하게 보강해 주면 된다.

UNDER PANEL편

샘플차량
미쓰비시 GTO Z16A

난 이 도	★★★★
작업시간	약 4시간

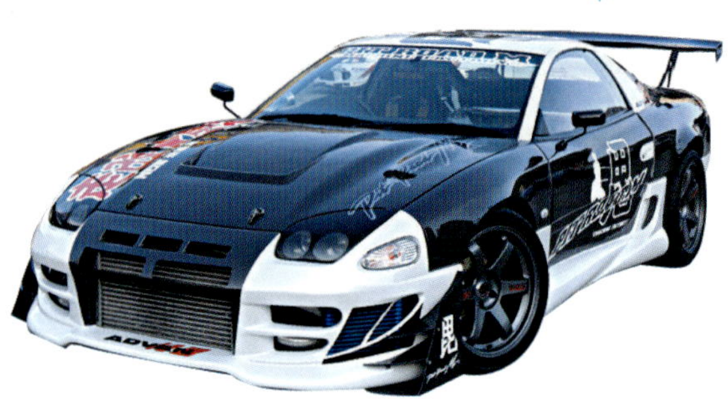

언더 플로어의 보이지 않는 에어로 파트로 달라붙는 듯한 느낌의 핸들링을 얻어 보자!

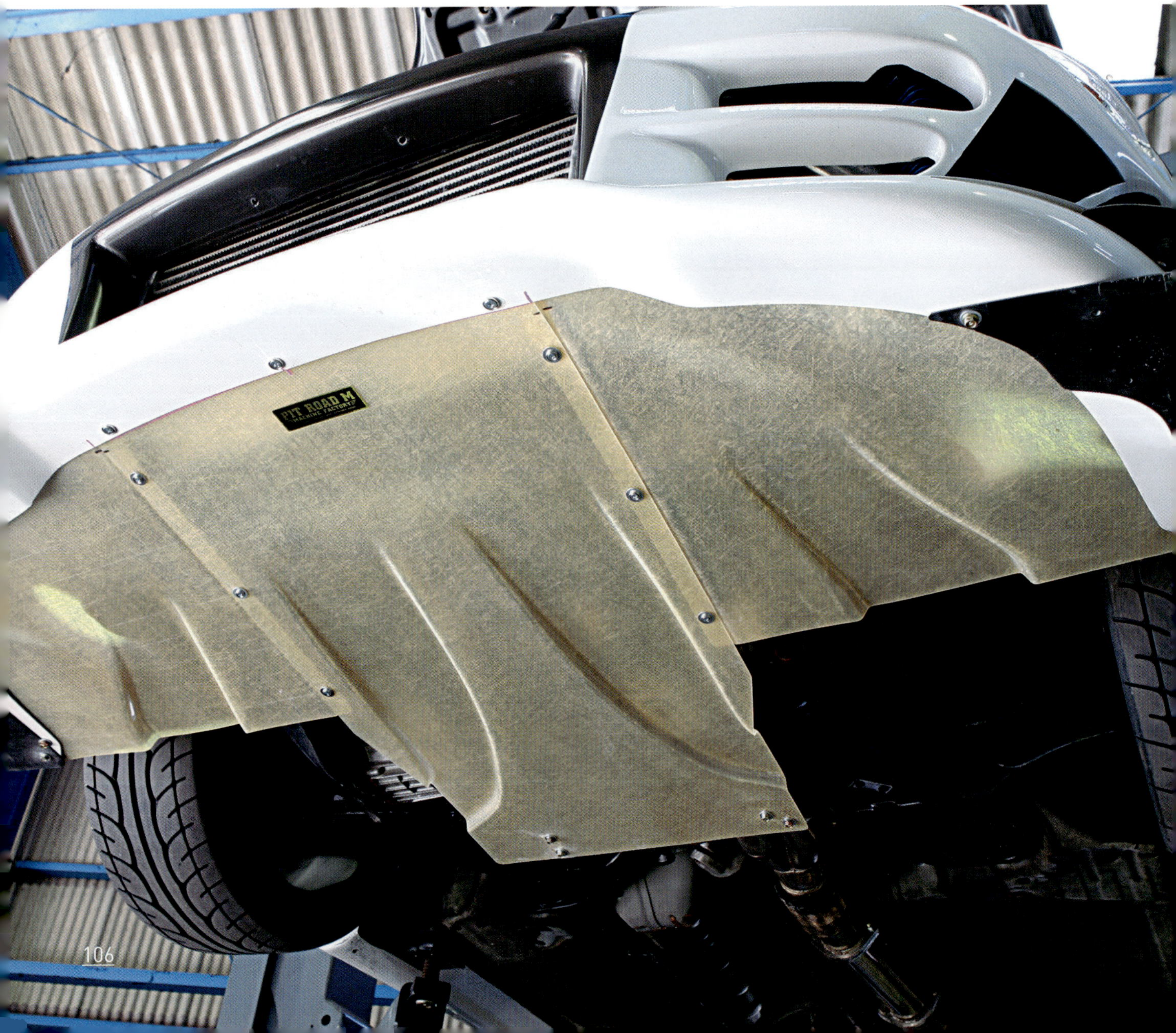

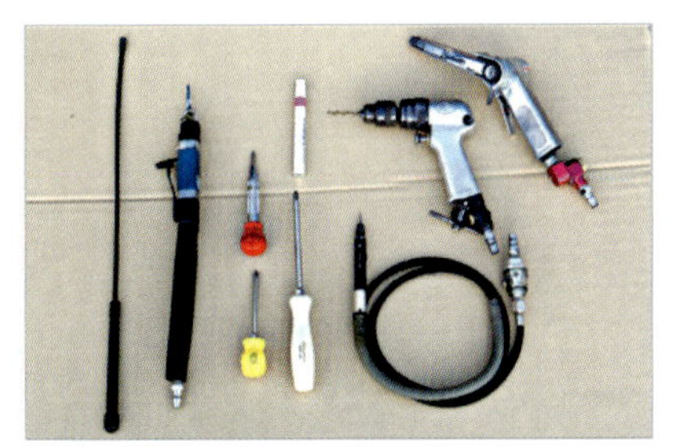

사용한 공구

십자 드라이버, 에어 톱, 벨트 샌더, 에어 드릴, 에어 류터, 페인트 마커, 마그넷 피 크 툴, 벤치 프레스 등

서킷 등에서 세팅을 맞춰나가다 보면 안정된 코너링을 얻기 위해서 다운포스를 살리는 것이 큰 과제로 대두될 것이다. 리어 윙만 장착하면 큰 다운포스를 얻을 수 있는 리어에 비해 좀처럼 만족하리만큼 다운포스를 얻지 못하는 것이 프런트다.

그래서 커나드 만큼이나 프런트의 공력을 조정해 주는 파트로서 각광 받고 있는 것이 프런트 언더 패널이다.

똑같이 보이는 순정 언더 커버는 밋밋한 수지제품인 경우가 많아서 주행 중 바람을 제대로 받아들여 다운포스로 바꿔주기가 어렵다.

피트로드 M의 M-SPL 범용 프런트 디퓨저는 FRP로 만들어져 충분한 강성을 확보하고 있다. 나아가 유속을 높여 공력성능의 향상이나 브레이크의 냉각을 목적으로 한 에어 가이드 모양의 업 스웝 디자인을 도입했다.

공기저항을 줄여 프런트 리프트를 억제함으로써 프런트 그립을 향상시킬 수 있다. 더구나 이 제품은 일반적인 흑 겔코트나 백 겔코트가 아니라 클리어 타입을 하고 있다는 점이 포인트다. 반투명이기 때문에 오일 유출이나 나사의 탈락을 쉽게 발견할 수 있다는 점 외에 DIY 마니아에게는 볼트 구멍을 정확하게 뚫을 수 있다는 점 등, 메인터넌스나 작업을 진행하는 과정에서의 이점을 고려한 재질을 사용했다.

M-SPL

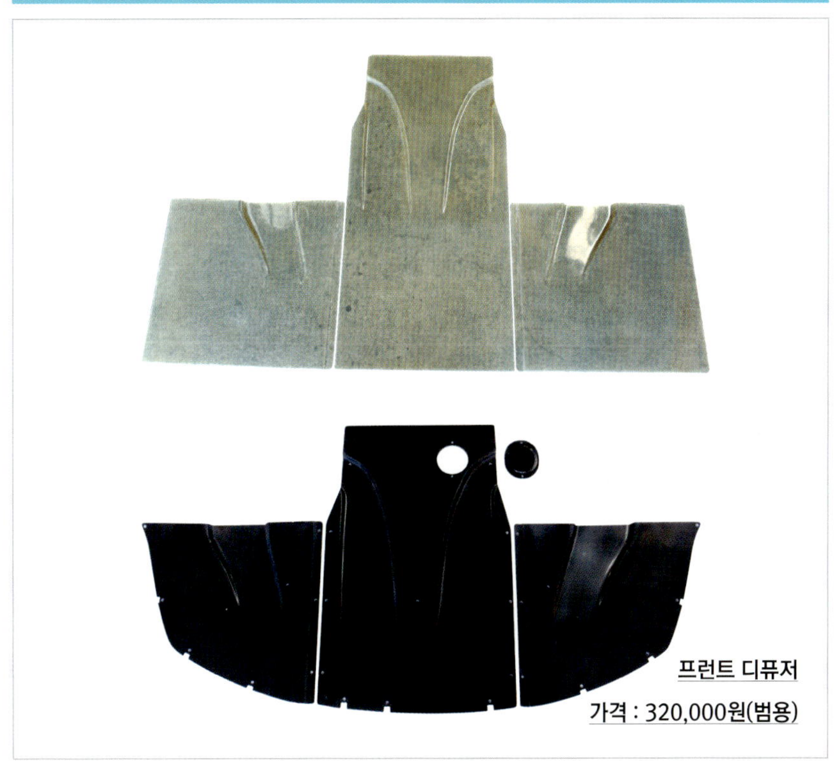

프런트 디퓨저

가격 : 320,000원(범용)

피트로드 M 모리시타

이 범용 타입의 디퓨저를 장착할 때는 렌털 정비소에서 리프트를 빌리는 것이 가장 좋다. 범퍼 형상에 맞춰 잘라내고 피팅시켜야 하는 공정이 있기 때문이다. 게다가 에어 톱이나 벨트 샌더, 류터 등 개인적으로 쉽게 갖출 수 없는 공구를 사용하면 작업효율을 크게 높일 수도 있다. 요컨대 대응 차종이 한정되어 있긴 하지만 차종별 전용품도 준비되어 있다(차종별 전용품은 FRP, 카본, 드라이 카본 3가지로서, 클리어 타입은 없다)

외관과 성능을 향상시켜라!!

기능성 에어로 파트 장착 기술

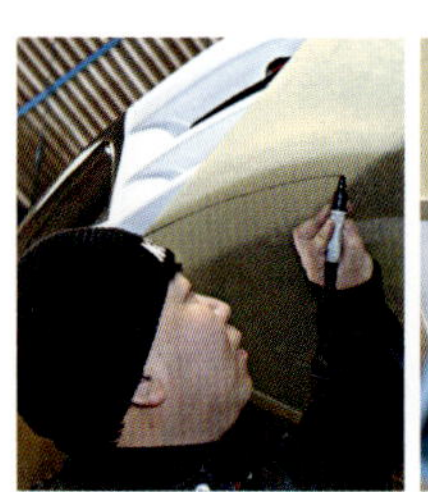

디퓨저 위치를 결정한다.

먼저 각 패널을 보디에 테이프로 대략적으로 고정한다. 다음은 대략적으로 잘라내고 이어서 약간의 여유를 두고 세세하게 조정해 나간다. 센터와 양 사이드의 범퍼 쪽 3개를 처음으로 맞춰보면 윤곽이 더 정확하게 나올 것이다. 혼자서 작업할 때는 트랜스미션 잭이 있으면 편리하지만 골판지 상자를 이용해도 괜찮다.

마킹을 해 둔다.

볼트 구멍을 뚫을 정도의 여유만 남기고 잘라내기 쉽도록 마킹을 해 둔다. 반투명 소재이기 때문에 위치를 정하기는 쉬울 것이다. 다만 너무 딱 맞는 위치에 하면 미세한 조정을 할 수 없으므로 범퍼 두께의 중간 정도에서 마킹을 하는 것이 기준이다. 이때 각 나사의 접합부분을 표시해 두면 다음에 맞추기가 수월해진다.

패널을 절단해 연마한다.

실톱이나 에어 톱을 사용해 마킹에 맞춰 패널을 잘라낸다. 절단면은 벨트 샌더나 줄로 갈아 면을 매끄럽게 해준다.

패널을 다시 가조립한다.

각 패널을 잘랐으면 한 번 더 맞춰본다. 프런트 파이프 등 열이 나는 부위와의 간격을 고려하면서 조정하고 조립하는 것이 포인트다. 배기계통과의 간격은 최소한 5mm 이상을 두도록 한다. 최저 지상고를 충분히 확보해 놓으면 간섭하기 쉬운 부분을 잘라냄으로써 필요에 맞게 보강해주면 된다.

장착 구멍을 뚫는다.

가조립한 상태에서 루터를 사용해 볼트 구멍을 뚫는다. 깨끗하고 똑바로 뚫기 위해 마킹은 정확하게 해 둔다. 범퍼 위쪽부터 패널마다 구멍을 뚫어 가면 되는데, 범퍼의 테두리를 따라 마킹을 해두면 혹시라도 어긋나게 되더라도 수리하기가 쉽다.

볼트 & 너트로 패널을 고정한다.

십자 드라이버를 사용하여 길이가 긴 볼트와 너트로 디퓨저를 고정한다. 이때 3개로 구성되어 있는 패널 중에서 가운데 패널부터 고정해 주면 손을 넣기 쉬워서 작업하기에 편리하다.

패널과 패널을 접합한다.

패널과 패널을 볼트로 접합하기 위해 스피드 너트를 끼워야 하는데, 먼저 양 사이드의 패널에 구멍을 뚫고 거기에 스피드 너트를 끼운다. 너트 구멍에 맞춰 마킹을 하고나서 그것을 기준 삼아 가운데 패널에 루터로 구멍을 뚫고 볼트로 고정한다.

연결 스테이를 만든다.

시판되는 범용 스테이나 스틸제 플랫 바를 가공하여 스테이를 만든다. 이때 손으로 구부리지 못할 정도의 강도를 갖은 스테이를 사용하도록 한다. 고정 장소는 서브 프레임 등 차량에 맞춰서 하면 된다. 몇 군데를 고정해 큰 힘이 걸려도 떨어지지 않도록 마무리해 주는 것이 중요하다.

스테이로 고정했으면 완성된다!

제작한 스테이로 디퓨저를 고정하면 완성이다. 오랫동안 깨끗이 사용하기 위해 스테이에 녹방지 가공 등을 해두면 좋다.

간단한 장착으로 사소한 변화를 주는
원 포인트 에어로 파트

장착만 하면 바로 차고 다운 착시를 얻는다!?

서스펜션 쪽에는 아무런 손도 대지 않아도 차고를 낮게 보이도록 해주는 유러스의 「로우 스타일 펜더 트림.

펜더에 양면 테이프로 붙이기만 하면 끝날 정도로 장착도 아주 간단하다. 기본적으로는 전시용 제품으로 개발했지만 타이어와의 간섭을 피해 잘 붙여놓으면 간이 오버 펜더로서 충분히 기능 해줄 것이다. 양면 테이프가 붙는 부분까지 낮게 장착하고 싶을 때는 스테이를 준비해 나사나 리벳으로 고정해 주는 방법도 있다.

URAS

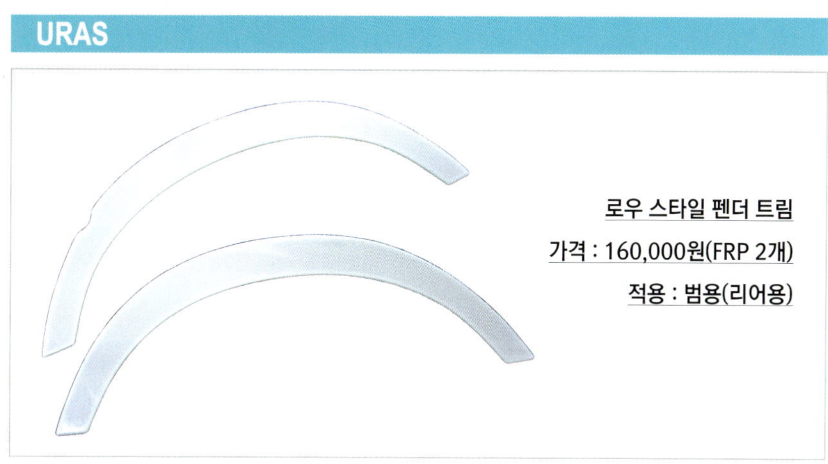

로우 스타일 펜더 트림
가격 : 160,000원(FRP 2개)
적용 : 범용(리어용)

01

장착 위치를 결정한다.

서스펜션이 수축했을 때 타이어와 간섭을 일으키지 않도록 장착할 위치를 결정한 다음 이물질을 제거한다. 펜더에 양면 테이프를 단단히 밀착시키기 위해 이물질을 제거하는 작업은 아주 중요하므로 제대로 해야 한다. 여유가 있는 사람은 양면 테이프의 접착력을 높이기 위해 주위를 따뜻하게 하고나서 붙이면 더 좋다.

02

양면 테이프로 붙여주면 완성된다.

펜더 트림은 평평한 형상을 하고 있기 때문에 굴곡진 펜더에 맞춰 붙이는데 있어서 양면 테이프의 접착력이 모든 것을 좌우한다. 강력한 양면 테이프를 사용하여 임시로 붙여 볼 때 사전에 표시한 곳을 따라 테이프를 붙인다.

03

보강을 해주면 차고 높이를 더 낮게 보이게 할 수 있다.

차고를 더 낮게 보이게 할 때, 양면 테이프로만 고정해서는 강도적으로 아주 불안해진다. 리벳으로 고정하고 싶지만 공구가 없을 때는 사진처럼 스테이를 만들어 펜더의 걸이 부분에 고정하는 방법도 있다.

튜닝 샵에서 보내는

네 번째 DIY 응원 메시지

처음에는 간단한 것부터 그리고 초보자야말로 작업에 적합한 환경을 선택하자.

자동차를 만지는 것은 누구나 가볍게 즐길 수 있는 취미 가운데 하나이다. 그러나 좋은 작업환경을 갖추지 못한 사람도 많기 때문에 그런 사람들에게 공간과 설비를 제공해주고 싶다는 생각에서 시작한 것이 내가 운영하는 렌털 게라지이다.

물론 초보자가 갑자기 하드한 작업에 도전하는 것은 절대 금물이다. 처음에는 간단한 메인터넌스라도 충분히 만족할 수 있을 것이다. 오히려 이런 작업을 계기로 DIY의 즐거움과 자동차에 대한 애착, 작업에 대한 자신감이 생겨날지도 모른다.

예를 들어 머플러를 교환하는 등의 작업은 구조를 이해하기 쉽고 작업 자체도 간단하게 보이지만 집에서 고정대에 올리고 작업할 때는 아무래도 순조롭게 진행되지 않을 것이다. 지면과 거리가 가깝기 때문에 공구에 힘을 주기 힘들뿐더러 볼트나 너트가 열로 인해서거나 녹이 슬어 고착되어 있기 때문에 생각대로 분리되지 않는 경우도 있다. 심지어 자동차에 따라서는 마치 지혜의 고리처럼 쉽게 탈착하지 못하는 경우도 있다.

이런저런 경험을 하다보면 리프트를 사용하고 싶어질 때가 있다. 그럴 때는 우리 같은 렌털 게라지를 사용해 보기 바란다. 리프트를 사용해 차량을 들어 올려보면 작업 폭도 넓어지고 여러 가지 발견도 하게 될 것이다.

당연히 제대로 된 설비를 사용하고 제대로 된 공구로 작업을 하게 되면 작업의 효율이나 질도 높아진다. 실패에 따른 시간의 지체나 불필요한 비용의 발생은 안 하는 편이 좋겠다.

또한 우리 게라지 같은 환경에서 작업하면 조언도 받아가면서 작업을 진행할 수 있으므로 초보자라도 용기가 날 것이다.

우리 샵의 고객 가운데는 초보자는 물론이고 세미 프로급 마니아도 많다. 1박2일 예정으로 엔진과 트랜스미션을 교환하는 사람도 있고 전체 도색을 하는 사람도 있다. 개중에는 1개월에 걸쳐 장기간 작업을 했던 사람도 있었다. 그런 사람들과 의견을 나누는 것도 노하우를 빨리 얻는 방편이며, 동료가 있는 환경에서 작업하는 즐거움도 있을 것이다.

작업에 열중하다가
열중병에 걸린 사람도 정말로 있다!!

우리 샵에 오는 고객 가운데는 다양한 실패 경험을 갖고 있는 사람도 있다.

예를 들면 뜻밖의 상황에서 컨디션이 나빠진 것도 그렇다. 처음부터 감기가 걸렸다든가 한 것이 아니라 한 여름에 작업에 열중한 나머지 탈수 증상으로 쓰러진다거나 한 경우이다. 여름철에는 적절하게 수분이나 휴식을 취하면서 여유를 갖고 작업하는 것도 중요하다. 반대로 겨울철에는 몸이 차가워지기 때문에 움직임이 둔해진다. 그럴 때는 몸을 무리하게 쓰게 되는데 그러다가 뜻밖의 부상을 당하는 경우도 있다.

고정대에 올리지 않고 서스펜션의 작업을 하다가 무슨 일이라도 생기면 아주 위험한 상황이 발생할 수도 있다.

또한 작업은 아니지만 예를 들어 인터넷 경매에서 중고제품의 차고 조절 쇽업소버를 구입해 장착했다. 그런데 쇽업소버 1개가 빠져 결국은 그 후에 신품을 구입해 바꿔 달았던 사람도 있었다.

튜닝 비용을 싸게 하려는 마음에 중고 부품을 구입하는 것은 좋지만 부품을 잘 확인하는 것이 중요하다. 특히 보는 것만으로는 판단이 잘되지 않는 기능성 부품을 중고로 살 때는 특히나 신중을 기해야 한다.

자택 근처에서 작업을 하거나 엔진 소음을 냈다가 욕을 듣는 경우도 많은 시대이다. 그런 환경 때문에 우리 샵을 찾는 여러분에게 당부하고 싶은 것이 있다.

그것은 공구를 소중하게 다루어달라는 것과 작업 후에는 주변을 정리(원래 상태로 되돌림)하고 깨끗하게 청소해 달라는 것이다.

간혹 몇몇 고객 가운데는 어질러 놓은 상태로 돌아가는 사람이나 비품인 공구를 파손해 놓고도 아무 말 없이 지나가는 사람도 있다. 우리 샵으로 작업 때문에 오든, 구경을 하러 오든 작업 후의 정리정돈과 청소 등 주위 사람을 배려하는 마음도 DIY만큼 소중하게 신경 써 주길 바란다.

주차장에서 작업하고 정리를 하지 않으면 주위 사람에게 핀잔을 듣기니 DIY를 니쁜 눈으로 바라보게 만들 수도 있다. 자신만 좋으면 된다는 마음가짐이 아니라 주변까지 배려하는 DIY야말로 진정한 즐거움이라고 생각한다.

렌털 게라지 마이피트

주소 ： 사이타마현 사야마시 네기시557-4
TEL:04-2900-XXXX
영업시간 : AM9시~PM6시
정기휴일 : 공휴일을 제외한 매주 목요일
http://www.ozawa-ind.co.jp

게라지 안에는 오자와 사장이
수리 중인 차도 있다.
본인도 차를 좋아해서「자유롭게 자동차를
손 볼 수 있는 공간과 설비를 많은 사람들에게
싼 가격으로 제공」한다는 것이
이 샵의 컨셉트이다.

튜닝 샵에서 보내는

네 번째 DIY 응원 메시지

01

공구 사용법을 잘 모르는 사람은 이것저것 물어보길 바란다. 무리하게 되면 소중한 공구를 망가뜨리는 경우도 있다. 그리고 만에 하나 비품인 공구를 파손했을 때는 숨기지 말고 반드시 알려주길 바란다. 그리고 작업 후에는 자신이 사용한 장소를 정리하고 청소하는 것도 잊지 말기를.

02

잭이나 받침대로만 작업하는 것에는 한계가 있다. 그럴 때 리프트를 사용하면 작업 폭이 훨씬 늘어날 것이다. 사진처럼 녹슨 머플러를 탈착할 때 좁은 공간에서 하기 어려운 작업이 그렇다. 서스펜션이나 머플러를 교환하는 것도 효율적이고 정확하게 작업할 수 있다. 그리고 리프트를 올려 서스펜션을 보면 새로운 발견도 할 수 있을 것이다.

DIY로 할 수 있다!!
튜닝 파트 장착 테크닉

튜닝 편

초보자 수준에서 최대의 난관인 만큼 시간과 설비를 제대로 확보하도록!

흡·배기나 쿨링 같은 라이트 튜닝 파트 정도는 DIY로 장착할 수 있는 것들이 많다. 여기서 소개할 파트들은 초보자라도 장착이 가능한 것들뿐이지만 공구 등은 제대로 갖춰야 한다는 것이 핵심이다. 물론 처음인 경우는 목표보다도 시간이 걸리는 경우가 많기 때문에 시간에 여유를 갖고 작업하거나 작업에 익숙한 사람에게 도움을 받는 것도 중요하다.

AIR CLEANER 편

난 이 도	★★
작업시간	약 2시간

SUS 파워 에어클리너 코어 타입

주변 부품들과 간섭을 일으키지 않도록 임시 고정을 해가면서 위치를 정확하게 조정하도록!!

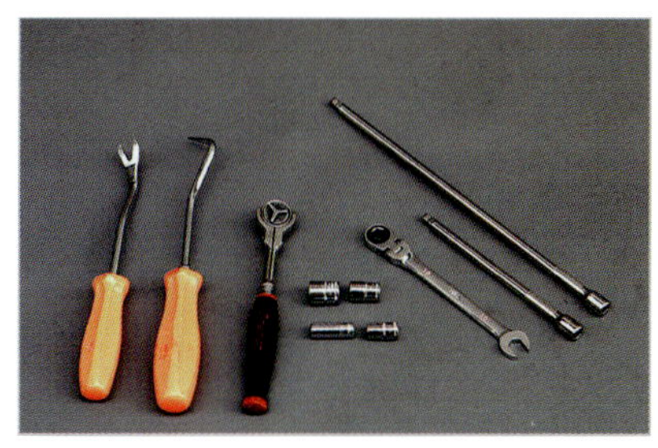

튜닝에 입문하는 파트로 가장 먼저 시작하는 것이 에어클리너. 이 에어클리너를 크게 나누면 순정 필터를 고효율 제품으로 교환하는 방식과 더 나아가 흡기 저항을 줄이기 위해 버섯모양의 에어클리너를 노출된 타입으로 교환하는 방식 2종류가 존재한다. 물론 튜닝에 적합한 것은 압도적으로 흡기량을 늘려주는 버섯모양의 노출타입이다. 나아가 필터 구조에도 여러 가지 타입이 있어서 방진 성능이 높은 스펀지 타입과 흡기 저항의 적은 메시 타입으로 구분할 수 있다.

어느 쪽이든 일장일단이 있지만 스펀지 타입은 필터의 교환이나 세정 등과 같은 메인터넌스를 자주 해줘야 하는 번거로움이 있다.

그에 반해 메시 타입은 흡기 저항을 가장 중요시한 것이다. 자잘한 먼지나 모래가 다소 들어가는 것은 넘어가지만(물론 엔진에 손상을 주지 않는 수준) 최대한으로 파워를 상승시킬 수 있는 설계로 만들어져 있다. 메인터넌스도 먼지를 닦아내거나 가끔은 가정용 중성세제로 씻어주는 정도면 끝날 만큼 간단하다.

그런 이유 때문에 이번 취재 때 사용한 것은 올 스테인리스 코어에 스테인리스 메시 필터를 하고 있는 블리츠의 서스 파워를 사용했다.

순정 에어클리너 박스를 탈착하고 교환만 하면 되기 때문에 특수한 기술이나 공구가 필요 없어서 초보자라도 쉽게 장착할 수 있다. 다만 트윈 터보 차량인 경우에는 공간의 여유가 많지 않으므로 에어클리너끼리 혹은 파이핑과 간섭을 일으키지 않도록 주의해야 한다.

블리츠 이자카
트윈 터보 차량은 특히나 장착 위치에 주의하면서 제대로 고정해 주길 바란다.

DIY 시작

바람 유도용 덕트를 분리한다.

보닛을 연 다음 스테이로 잘 지지시켜 놓는다. 보닛에 댐퍼가 설치된 자동차는 작업 중에 떨어지지 않도록 지지대 등으로 단단히 지지시키고 작업하도록 한다. 에어클리너 박스로 공기를 보내는 송풍 덕트 고정용 핀을(GT-R의 경우는 2개)을 빼낸다.

에어플로 센서의 커넥터를 뺀다.

에어플로 센서의 커넥터를 빼야 하는데 GT-R의 경우는 에어플로 센서가 2개이므로 한 쪽에 마킹을 해 둔다. 마킹을 해두면 마지막 조립 작업할 때 헷갈리질 않는다. 커넥터는 핀을 손가락으로 누르면서 당기면 빠진다. 무리하게 당기면 파손될 우려가 있으므로 주의할 것.

에어클리너 박스의 볼트를 푼다.

에어클리너 박스와 보디를 연결하고 있는 볼트를 푼다(GT-R은 4개). 볼트는 박스 안쪽에 있으므로 익스텐션 바 등을 사용하면 쉽게 뺄 수 있다.

밴드의 볼트를 푼다.

인테이크 파이프와 직전의 에어플로 센서를 고정하고 있는 밴드의 볼트를 푼다. 차종에 따라 다르지만 7mm나 8mm 같은 공구가 필요하다.

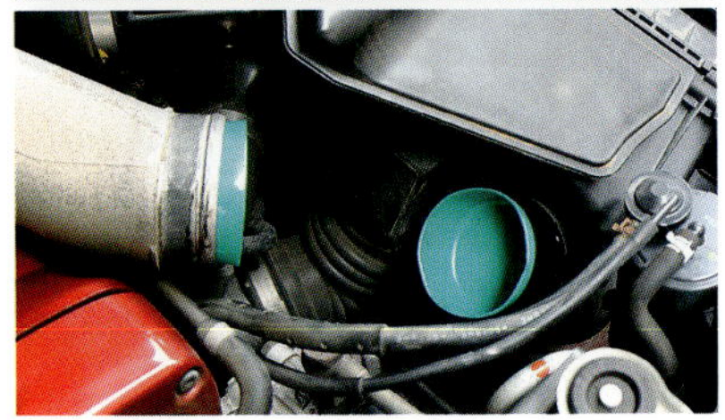

인테이크 파이프를 분리한다.

인터 쿨러로 향해 있는 인테이크 파이프를 분리한다. 고무 파이프이기 때문에 고착되어 있을 가능성이 있으므로 피크 툴이나 윤활제 등으로 천천히 비틀어주면서 뺀다. 무리하게 당기면 파손될 우려가 있다. 또한 이물질 유입을 방지하기 위해 작업 중에는 고무 캡이나 비닐봉지를 씌워 두는 것도 에어클리너 교환의 포인트다.

박스를 탈착한다.

에어플로 센서를 고정시키고 있는 안쪽 밴드의 볼트를 풀고 바로 위쪽으로 박스를 당기면 에어클리너 박스가 분리된다.

에어플로 센서를 분리한다.

에어클리너 박스에서 에어플로 센서를 분리한다. 분리한 에어플로 센서는 바로 파트 클리너 등으로 센서 부분을 청소해 두는 것이 좋다.

파이핑과 합체시킨다.

에어플로 센서 방향에 주의하면서 제품에 들어 있는 파이핑과 스테이를 합체시킨다. 또한 차체에 조립할 때는 에어플로 센서가 원래 장착되어 있던 터빈 쪽과의 조합이 틀리지 않도록 주의한다. 바꿔 장착해도 큰 문제는 없지만 오차가 생기거나 하면 학습할 때까지 부조화를 일으키는 원인이 된다.

파이핑을 장착한다.

안쪽부터 파이핑을 장착하되 부속된 스테이를 보디에 같이 체결한다. 에어클리너 본체가 보디와 간섭을 일으키지 않도록 끼우기 쉬운 방향부터 조금씩 넣는다. 무리하게 끼우다가 파손되지 않도록 주의해야 한다.

간섭이 없는지 세밀하게 점검한다.

임시로 장착해 본 상태에서 모든 것이 장착되었으면 에어클리너나 파이핑이 간섭을 일으키진 않는지 확인한다. 전용으로 설계되었으므로 기본적으로는 문제가 없겠지만 만일의 경우를 위해 보닛을 천천히 닫으면서 보닛과의 간섭도 확인한다.

완성!!

파이핑이나 클리너 본체, 보닛과의 간섭이 없으면 임시로 고정한 볼트를 정상적으로 체결한 다음 에어플로 센서의 커플러를 끼운다. 「딸깍」 하는 소리가 나면 완성이다. 만일을 위해 엔진의 시동을 걸어보고 확인이 끝나면 완벽한 마무리다.

혼자서 할 수 있는 튜닝 파트 장착기술

작업 시간은 단지 10분!
누구나 손쉽게
교환이 가능하다!

가격 : 42,000원
(BNR34용의 경우)

난 이 도	★
작업시간	10분

덕트 등을 탈착한다.

에어클리너 박스로 공기를 유도해 주는 덕트를 탈착하고 에어클리너 박스와 보디를 고정하고 있는 볼트 2개를 푼다.

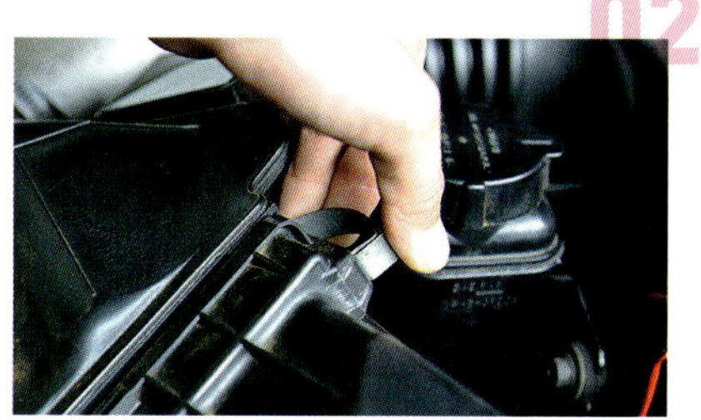

클립을 분리한다.

대부분의 차종이 박스 뚜껑을 클립으로 고정시키고 있으므로 그럴 때는 손으로 열 수 있을 것이다. 꽉 잠겨 있을 때는 긴 드라이버 등으로 비틀어 준다. 안쪽 아래에도 고정해 놓았을 경우가 있으므로 무리하게 힘을 주지 말고 꼼꼼히 확인하면서 작업하도록 한다.

에어클리너 박스를 연다.

클립이나 볼트를 모두 풀었으면 박스를 열고 순정 필터를 빼낸다. 방향이 틀리지 않도록 주의하면서 교환할 제품을 집어넣은 다음 분해의 역순으로 원래대로 장착한다. 엔진의 시동을 걸고 동작에 문제가 없는지 확인하면 작업종료다.

MUFFLER & FRONT PIPE 편

난 이 도	★
작업시간	약 1시간

볼트 & 너트만 끼우면 되는 간단한 작업

둘이서 하면 더 순조롭게 끝나는 작업이다!

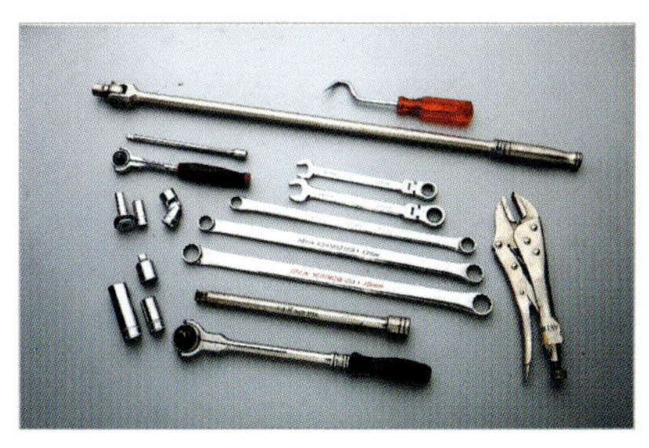

사용한 공구

콤비네이션 렌치, 래칫, 익스텐션 바, 힌지 핸들, 바이스 플라이어, 호스 리무버 외

가느다란 순정 머플러에서 지름이 굵고 배기효율이 좋은 레이아웃의 스포츠 머플러로 교환하면 배출가스의 흐름이 좋아져 엔진의 부담이 감소하고 파워도 상승하게 된다.

터보 차량에서는 한 발 더 나아간 튜닝이 프런트 파이프의 교환이다. 프런트 파이프는 촉매보다도 앞쪽(엔진쪽)에 장착되어 있는 파이프를 말한다. 터빈부터의 배기를 제대로 배출시킴으로서 터빈이 회전할 때의 부하가 줄어들고, 부스트 압력의 상승이 좋아지기도 한다. 어떤 부품이던 간에 장착되어 있는 볼트를 풀고 교환만 하면 될 정도로 간단하다. 튜닝 파트를 DIY로 장착해 보려는 사람에게는 초급 수준에서 권장할 만하다.

다만 자동차 밖에 있어서 물이 닿거나 열이 가해지는 등 계속적으로 같은 현상이 반복되면서 볼트가 고착된 관계로 쉽사리 풀지 못하는 경우가 많다. 미리 윤활제를 뿌려 침투시키는 등 사전 준비를 해 두는 것이 좋다.

또한 머플러는 의외로 무거운 제품일 뿐만 아니라 힘을 줘서 작업해야 하는 상황도 있으므로 작업을 할 때는 반드시 편평한 장소에서 고정대(rigid rack)에 올려놓고 작업하도록 한다.

길이가 긴 제품이기 때문에 둘이서 양쪽 끝을 잡고 작업하면 쉽게 할 수 있다. 친구한테 도움을 청하여 같이 즐기면서 작업하면 더 재미가 있을 것이다.

사일런트 하이파워 머플러

적용 차종 : 일본 스포츠카 다수

가격 : 800,000원(S14용)

블랙라인 스즈키

볼트를 풀 때는 머리가 손상되지 않도록 주의! 배기에서 새는 것도 잊지 않고 체크하여야 한다.

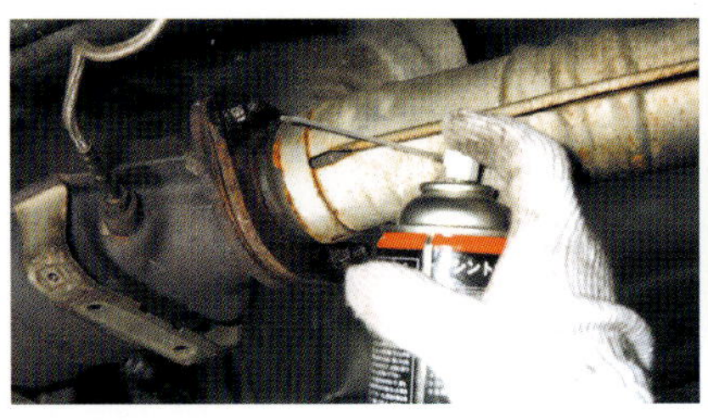
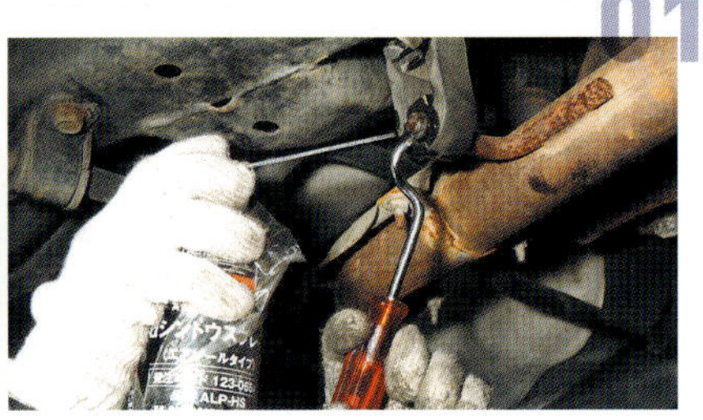

윤활제를 뿌린다.

자동차를 잭으로 올린 다음 고정대에 걸쳐 놓았으면 먼저 모든 볼트에 윤활제를 충분히 뿌려준다. 조금 시간을 둬서 잘 흡수되도록 한 다음에 볼트를 풀면 쉽게 풀린다. 러버 스테이(머플러를 고정해 주는 고무)에도 윤활제를 뿌려두면 스테이가 잘 미끄러져 쉽게 풀 수 있다. 고무와 스테이가 고착되어 있을 경우는 호스 리무버 등으로 분리하는 것이 좋다.

볼트를 푼다.

순정 머플러를 고정하고 있는 볼트를 푼다. 여기서는 아직 볼트를 빼내지 말고 풀어놓은 상태로 둔다.

머플러를 분리한다.

머플러를 분리할 때는 가능한 둘이서 작업하도록 하자. 한 명이 머플러 몸통을 잡고 다른 한 사람이 볼트나 스테이를 탈착해 나가면 작업이 쉬워진다. 러버 스테이는 보디 쪽이나 머플러 쪽 어디를 탈착해도 상관없으므로 가로 방향으로 당기면 빠지는 것들이 많다. 머플러는 몸통이 무겁기 때문에 엔진 쪽부터 순서대로 스테이를 탈착해 나가는 것이 균형적으로 적절하다.

머플러를 장착한다.

두 명이서 양끝을 잡으면서 러버 스테이에 연결한 다음 볼트로 조여 준다. 무거운 몸통 쪽부터 러버 스테이로 연결해 나가는 것이 편하다. 볼트에는 내열성 윤활제를 뿌려 두면 좋다. 플랜지(파이프의 이음매)에는 개스킷을 끼우는 것도 잊지 않도록 한다.

완성!!

세밀하게 머플러의 위치를 조정하면서 각 부분의 볼트를 균등하게 조여 준다. 완전히 조였으면 범퍼 등에 닿거나 배기가 새지 않는지 확인한다. 배기가 새는 것은 엔진의 시동을 건 다음 두꺼운 헝겊 등으로 머플러 구멍을 막으면 쉽게 확인할 수 있다. 점검을 할 때는 진동을 예상해 손으로 흔들어 봐서 닿는 곳이 있는지도 확인하도록 하자.

볼트만 풀면 작업은
끝난 것이나 마찬가지다.
터빈의 반응을 높이는
것도 기대할 수 있다.

난 이 도	★★
작업시간	30분

프런트 파이프

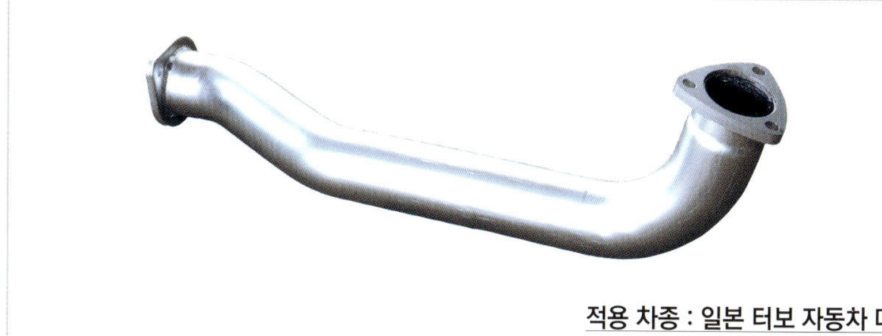

적용 차종 : 일본 터보 자동차 다수

가격 : 200,000원

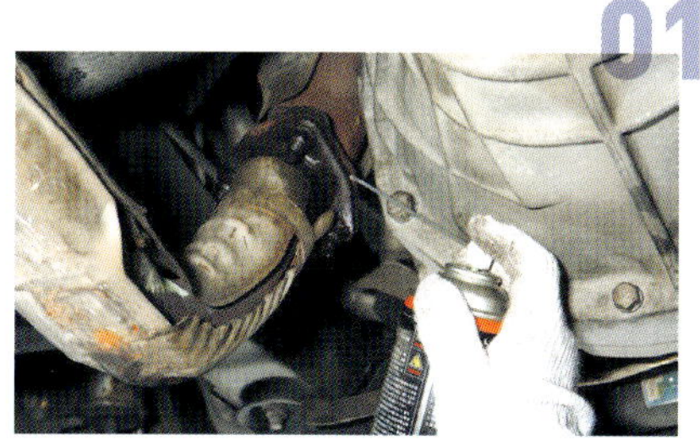

01 윤활제를 뿌려준다.

엔진에 가까울수록 볼트에 열기가 전달되어 고착될 가능성이 높다. 장기간 만지지 않은 볼트라면 쉽사리 풀리지 않을 것이라고 생각하는 편이 좋을 것이다. 작업하기 전날에 윤활제를 뿌려 두거나 작업하는 날 먼저 윤활제를 뿌리고 나서 작업의 준비를 시작하는 등 시간을 두고 윤활제를 뿌려 두도록 한다. 공구도 제대로 된 것을 사용하는 것이 중요하다. 열을 쏘여줘도 쉽게 풀 수 있다. 볼트가 잘 풀리지 않을 때는 무리하게 풀기보다 대책을 강구하는 것이 민저다.

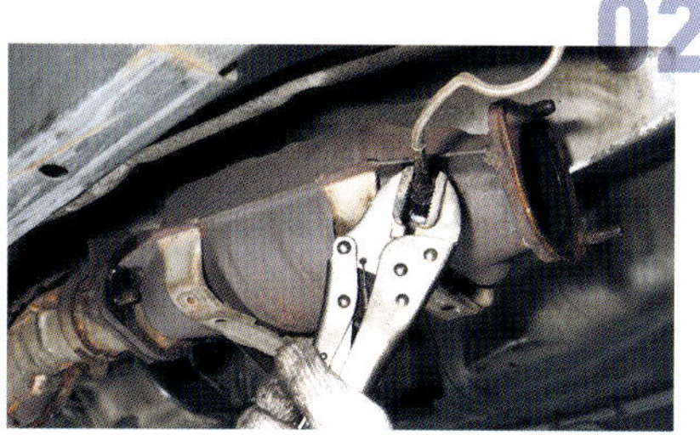

02 촉매를 탈착한다.

배기계통의 볼트를 풀 때는 엔진에서 먼 쪽부터 풀어나가는 것이 기본이다. 엔진 쪽을 먼저 풀게 되면 흔들거려서 안정이 되질 않고, 나중에 풀 볼트가 잘 돌아가지 않기 때문이다. 따라서 촉매부터 탈착해 나간다. 배기 온도 센서가 고착되어 있을 때는 바이스 플라이어 등을 사용하는 방법도 있다.

03 순정 프런트 파이프를 탈착한다.

볼트가 손상되지 않도록 공구를 제대로 고정한 다음 느슨하게 힘을 주는 것이 아니라 한 번에 힘을 주어 볼트를 푼다. 기다란 익스텐션 바를 사용하고 핸들은 파이프 등으로 연장해 주면 지렛대 원리에 의해 힘을 많이 줄 수 있다. 또한 소켓은 12각 렌치가 아니라 6각 렌치를 사용하는 것이 볼트에 손상이 잘 가지 않는다.

04 탭으로 다시 나사산을 내준다.

탈착한 볼트나 너트가 심하게 녹이 슬었을 때는 가능한 신품을 사용하는 것이 이상적이다. 또한 탭이나 다이스로 나사산을 다시 만들어주면 향후의 트러블 방지에도 도움이 된다. 그 다음에는 오래된 개스킷에 찌꺼기가 붙어 있거나 하면 배기가 새는 원인이 되므로 플랜지에 눌어붙은 이물질은 스크레이퍼로 깨끗하게 제거해 준다.

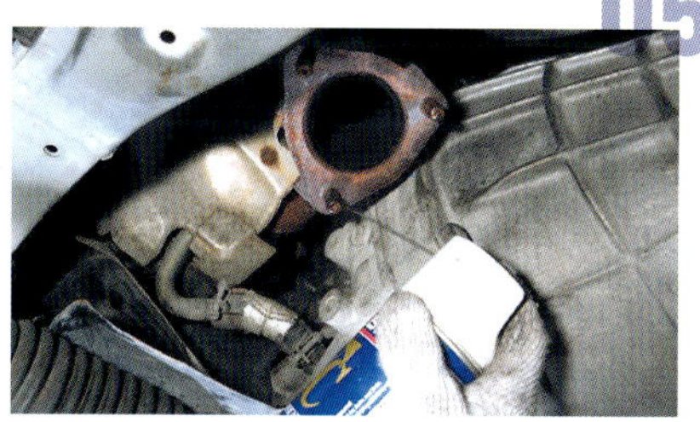

05 볼트에 내열 그리스를 발라준다.

몰리브덴 그리스 등 내열성 그리스를 볼트에 발라준다. 자동차 용품점에서도 머플러를 장착할 때 사용하는 것을 구입할 수 있다.

06 볼트를 조인다.

볼트를 조일 때는 엔진과 가까운 쪽부터 조여 준다. 개스킷을 끼우고 아웃렛 쪽, 촉매 쪽을 각각 임시로 조인다. 그 다음에 장착한 면이 어긋나지 않도록 정식으로 조여 준다.

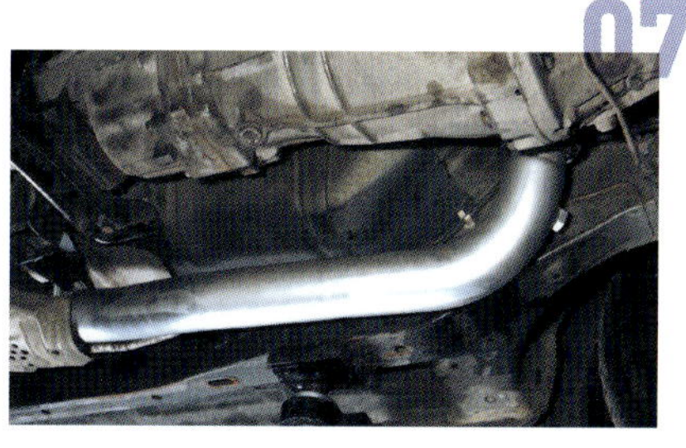

07 완성!!

마지막으로 촉매 커버를 씌우면 완성이다. 스테인리스 재질의 파이프인 경우는 엔진의 시동을 걸기 전에 브레이크 클리너 등으로 전체를 닦아서 깨끗하게 해준다. 이렇게 하지 않으면 열이 들어가 파이프에 온도가 가해졌을 때 기름 성분이 남아 있던 곳에 흔적을 남기게 된다.

INTER COOLER &
BLOWOFF VALVE 편

| 난 이 도 | ★★ |
| 작업시간 | 약 4시간 |

대형 튜닝 제품이지만 작업 수준은 중급 클래스
공기가 새지 않도록 제대로 장착하여야 한다!

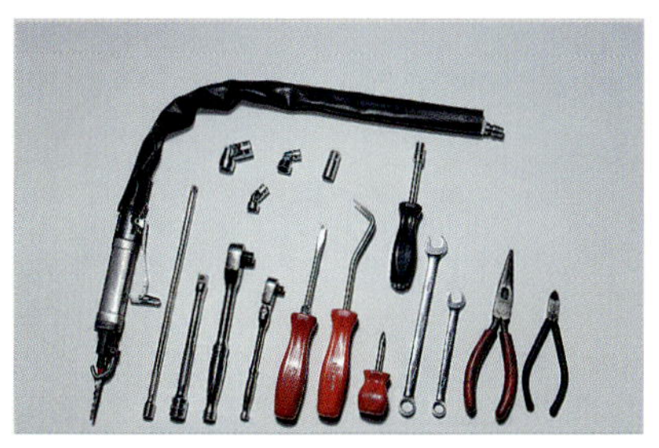

사용한 공구

드라이버, 호스 리무버, 래칫, 콤비네이션 렌치, 컷팅 플라이어, 롱 노스 플라이어, 에어 톱 외

　튜닝 제품으로서의 인터 쿨러는 순정품과 비교하여 용량도 크고 냉각효과도 향상되며, 압력의 손실도 줄어들기 때문에 파워를 높이는데 크게 공헌한다. 더구나 사이드 탱크는 번쩍이는 것도 많기 때문에 정면 배치 타입의 인터 쿨러는 앞모습도 멋지게 변화시켜 준다.

　그러나 흡기부분에서 중요한 제품인 만큼 확실하게 장착하지 않으면 공기가 새는 등의 원인으로 엔진의 부조화가 일어나므로 확실한 장착이 요구되는 부품이기도 하다.

　작업에 있어서 범퍼의 탈착이나 간섭 부분의 가공 등 수고를 필요로 하는 부분도 있고 차종에 따라서는 보디 쪽에 구멍을 뚫는 가공도 필요할 수 있으므로 시간의 여유를 갖고 차분히 작업해야 할 부품이라고 할 수 있다.

　또 한 가지 소개할 부품은 블로 오프 밸브다. 부스트 압력이 걸린 상태에서 액셀러레이터 페달에서 발을 떼었을 때 갈 곳을 잃은 공기가 역류하지 않도록 빼주는 장치다.

　액셀러레이터 페달을 다시 밟았을 때 반응을 향상시키거나 터빈을 보호하는 역할도 해주는 부품이지만 순정품은 내장된 스프링이 약하거나 릴리프 기능이나 노화에 의해 액셀러레이터 페달을 풀로 밟았을 때 공기가 새는 경우도 있으므로 기능이 강화된 튜닝 제품으로 바꾸는 것도 권장해 본다.

인터 쿨러 SPEC-R(정면배치 타입)

적용 차종 : 일본 터보 자동차 다수

가격 : 1,400,000원

트러스트 가와지마

인터 쿨러를 장착할 때는 한번 임시로 장착하고 나서 완전히 체결하는 것이 포인트!! 범퍼와의 간섭에도 주의할 것

DIY 시작

펜더를 양생한다.

전면 배치 인터 쿨러를 장착하기 위해서는 범퍼를 탈착해야 한다. 차종에 따라서는 탈착할 때 범퍼의 각이 펜더에 부딪치기 쉬운데 그렇게 되지 않도록 펜더를 테이프로 보호하도록 한다. 너무 접착력이 강하면 나중에 뗄 때 도장이 벗겨질 수도 있으므로 마스킹 테이프 등 접착력이 약한 것을 붙이는 것이 좋다.

범퍼 등을 탈착한다.

범퍼는 여러 개의 볼트나 클립으로 고정되어 있다. 랜서 에볼루션의 경우는 순정 상태에서 언더 커버도 장착되어 있기 때문에 언더 커버도 탈착하여야 한다. 범퍼를 탈착하는 방법은 앞쪽의 에어로 편을 참조하길 바란다.

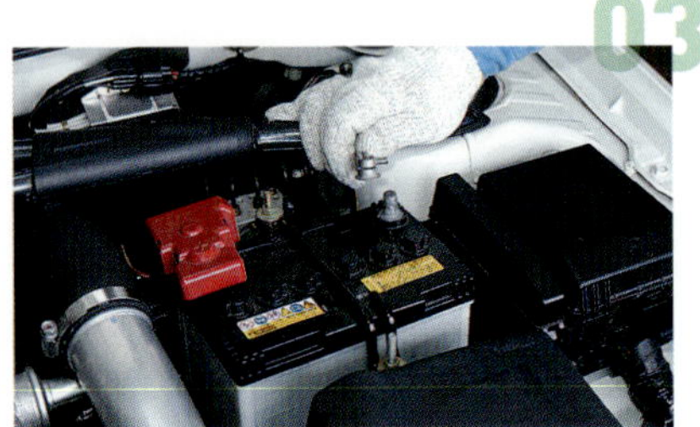

전원을 차단한다.

트러스트(trust)에서는 안전을 확실히 하기 위해 모든 작업에서 배터리의 ⊖단자를 분리한다. 부주의로 자동차를 움직이게 하여 부품을 밟는 일이 없도록 주의하자.

에어클리너 박스를 탈착한다.

파이핑을 분리하기 위해 에어클리너 박스를 탈착한다. 박스를 고정하고 있는 볼트는 10mm 렌치로 뺄 수 있다. 또한 석션 파이프 쪽은 검 테이프 등으로 가려놓는다.

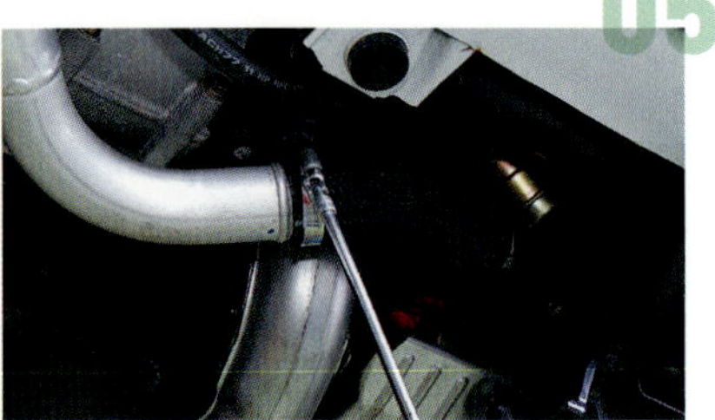

파이프를 탈착한다.

인터 쿨러 키트에는 파이프가 딸려 있기 때문에 순정 파이프를 탈착하여 교환한다. 밴드를 소켓 등으로 풀고 나서 전체를 흔들어가면서 당기면 쉽게 빠진다.

탈착하기 어려울 때는 호스 리무버를 사용한다.

호스가 잘 빠지지 않을 때는 호스 리무버라는 공구가 유용하다. 리무버 끝을 호스 끝에 끼운 다음 원을 따라 쭉 돌려주면 밀착된 부분이 벌어지면서 쉽게 뺄 수 있다.

코어를 탈착한다.

드디어 코어 탈착이다. 랜서 에볼루션과 같이 순정 상태에서 정면 배치를 한 차종이든 펜더 앞에 있는 차종이던 코어는 여러 개의 볼트로 고정되어 있으므로 모두 풀어주면 코어를 탈착할 수 있다.

일단 임시로 고정한다.

인터 쿨러 코어를 장착할 때는 부속된 스테이 등을 사용하면 된다. 모든 고정 볼트를 일단 임시로만 고정해 둔다. 그리고 정확하게 위치를 결정하고 나서 완전히 체결하도록 한다.

파이핑 한다.

기본적으로 파이프도 일단 임시로 고정해서 레이아웃을 잡아준다. 그리고 조인트 호스가 이상하게 튀어 나오지 않았는지를 확인하고 나서 완전히 조여 준다.

호스 밴드를 체결한다.

호스 밴드는 흔들려서는 안 된다는 생각 때문에 토크를 너무 세게 해서 조이기 쉽다. 트러스트의 권장은 토크가 쉽게 걸리는 래칫이 아니라 드라이버를 사용하는 것이며, 드라이버로 끝까지 조인 상태에서도 괜찮다는 것이다. 너무 세게 조이면 밴드의 로크 부분이 손상되거나 호스에 균열이 생겨 찢어질 우려도 있으므로 주의가 필요하다. 물론 느슨하게 조이면 공기가 새거나 호스가 빠지는 원인이 될 수 있으므로 이것도 주의할 것.

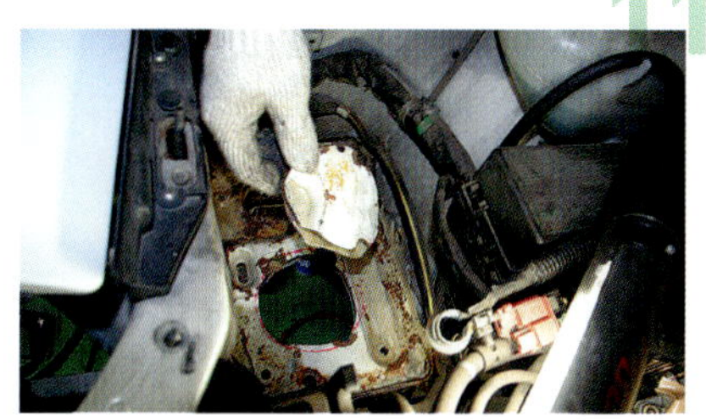

차종에 따라서는 보디 가공이 필요하다.

실비아나 스카이라인 등 펜더 앞으로 작은 인터 쿨러가 장착된 차종 중에는 정면 배치 인터 쿨러를 장착할 때 파이프가 보디를 통과하도록 구멍을 뚫어야 하는 것도 있다. 취급 설명서에 뚫어야 할 구멍 위치가 소개되어 있으므로 드릴이나 에어 톱 등을 사용하여 구멍을 뚫으면 된다. 조금 크게 뚫는 편이 순조롭게 장착할 수 있다.

장착 볼트를 확인 한다.

파이핑이 끝났으면 밴드나 볼트가 제대로 조여 있는지 확인한다. 문제가 없으면 제 1단계는 종료된 것이다.

범퍼 쪽의 확장 가공한다.

정면 배치 인터 쿨러를 장착할 경우 대개는 레인포스(reinforce)의 절단이나 범퍼 쪽의 확장 가공이 필요하다. 랜서 에볼루션의 경우도 범퍼 프레임 일부를 절단해야 코어와 간섭을 일으키지 않는다. 취급 설명서에 설명되어 있는 부분을 에어 톱으로 절단한다. 컴프레서가 없을 때는 전동 디스크 샌더나 류터로도 절단할 수 있다. 잘못해서 범퍼에 손상이 가지 않도록 절단할 부분을 탈착하고 나서 시행하는 것이 안전할 것이다.

범퍼의 간섭을 확인한다.

코어에 상처가 나지 않도록 테이프나 종이 박스로 보호한 다음 일단 범퍼를 장착해 본다. 그런 다음 코어가 범퍼와 간섭하지 않는지를 확인한다.

완성!!

범퍼나 언더 커버를 원래대로 장착하면 완성이다. 광택이 나는 코어가 역시나 튜닝카 다운 존재감을 연출하고 있으므로 잘 마무리된 것 같다.

블로 오프 밸브는 장착도 간단!
엔진룸의 악센트(accent)도 되어준다

난 이 도	★
작업시간	30분

블로 오프 밸브 Type-RS 키트

적용 차종 : 다수(리턴과 대기 개방의 2종류가 있음)

가격 : 200,000원~

DIY 시작

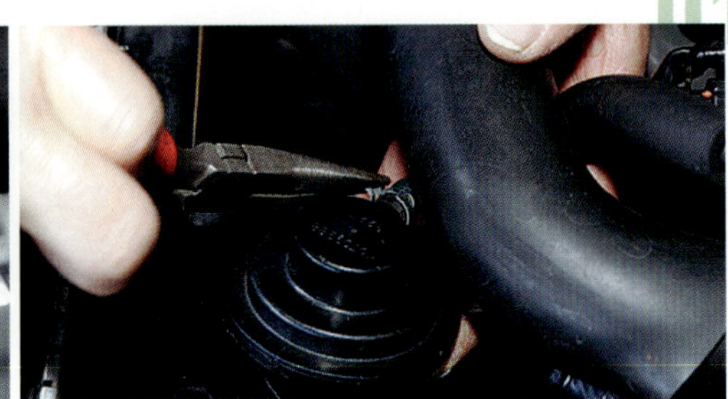

순정 블로 오프 밸브를 탈착한다.

순정 블로 오프 밸브는 2개의 호스 밴드로 고정되어 있으므로 그것을 푼 다음 서지 탱크의 내압을 전해주는 소형 지름의 호스까지 빼주면 탈착할 수 있다. 차종에 따라서는 볼트로 고정되어 있는 것도 있으며, 장착 위치를 잘 모를 때는 설명서 등을 확인할 것.

리턴 방식의 경우

순정처럼 방출한 공기를 리턴시킬 경우에는 순정과 똑같이 블로 오프 밸브를 장착하면 된다.

완성!!

리턴 방식은 순식간에 교환도 끝난다. 랜서 에볼루션의 경우는 라디에이터 호스에 가려지기 때문에 모처럼의 번쩍이는 보디가 아쉬움을 주기도...!?

대기 개방의 경우

액셀러레이터 페달에서 발을 떼었을 때 「푸슛」하는 블로 오프 소리를 즐길 수 있는 대기 개방식의 경우는 장착에 있어서 약간 의 수고가 필요하다. 전용 파이프를 사용하므로 먼저 순정 파이 프를 탈착한다. 이것도 호스 밴드를 분리시키면 탈착할 수 있다.

석션 쪽의 구멍을 막는다.

석션 파이프로 들어가는 부분의 구멍에 플러그 유니언이라는 뚜 껑을 덮는다. 고정은 원래 사용했던 밴드로 해준다.

밸브를 장착한다.

차종 전용의 파이프에 블로 오프 파이프를 장착한다. 부속된 개스 킷을 끼운 다음 6각 렌치로 볼트를 조인다.

파이프를 장착한다.

파이프를 원래처럼 호스 조인트에 끼운 다음 밴드로 고정한다.

배관을 한다.

순정 배관 호스는 길이가 부족하기 때문에 부속된 호스로 연결 한다.

완성!!

호스는 부속된 타이 랩으로 잘 묶어서 빠지지 않도록 한다. 흡 기 밸브 쪽의 호스 밴드도 단단히 연결되었는지 확인하면 작업 은 종료다.

SHOCK ABSORBER & STABILIZER 편

난 이 도	★★
작업시간	약 3시간

기본 공구로도 작업이 가능하지만
힘이 걸리는 부분인 만큼 체결은 단단하게 해야 한다!

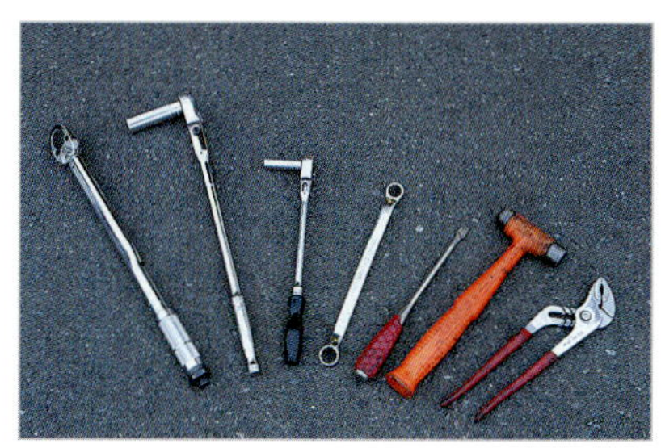

사용한 공구

콤비네이션 렌치, 워터 펌프 플라이어,
일자 드라이버, 해머, 래칫 렌치 외

튜닝 파트의 기본 아이템인 차고 조정식 쇽업소버. 주행성능의 향상은 물론이고 차고를 낮춤으로써 스타일도 스포티하게 연출할 수 있다.

교환 작업은 볼트나 너트를 풀고 다시 조이는 반복이기 때문에 초보자라도 차분히 작업하면 어려움 없이 끝낼 수 있다. 덧붙이자면 이번에 교환 작업을 한 임프레자는 앞뒤 모두 서스펜션 형식이 스트럿 타입이다. 멀티 링크 타입도 교환 작업은 거의 비슷하다.

더블 위시본 타입인 경우는 어퍼 암을 탈착하지 않으면 교환이 불가능한 차종도 있으므로 미리 확인해 둘 것. 타이로드 엔드 풀러 등과 같은 특수한 공구가 필요한 경우도 있다.

차고 조정식 쇽업소버 교환 작업의 포인트는 앞뒤 모두 고정대에 올려 모든 바퀴를 공중에 띄워야 한다는 것이다. 한 쪽씩 들어 올려 교환하게 되면 스태빌라이저가 작동하여 텐션이 걸리고 장착 볼트가 꼼짝도 하지 않아 풀지 못하는 경우도 생긴다.

차고 조정식 쇽업소버와 더불어 이번에는 스태빌라이저의 교환 방법도 소개한다. 스태빌라이저는 봉 모양을 한 스프링의 일종으로서 좌우 암 등에 지지점을 두고 봉의 비틀림 반력을 이용하여 롤을 억제시키는 부품이다. 파이프 지름이 굵은 강화 제품으로 교환하면 롤 양을 감소시켜 준다.

작업은 순정 제품을 교환하면 되기 때문에 간단한 편이지만 개중에는 랜서 에볼루션과 같이 스태빌라이저를 탈착하기 위해 멤버를 내려야 하는 작업이 필요한 차종도 있으므로 프로에게 맡기는 것이 좋은 경우도 있다. 이번에 작업한 임프레자도 프런트 멤버의 장착 볼트를 풀어야 할 필요가 있었지만 완전하게 탈착하지 않고도 작업할 수 있으므로 DIY로 도전할 만하다.

ZERO-2E(차고 조정 쇽업소버 키트)

적용 차종 : 일본 스포츠카 전반

가격 : 1,700,000원~

캐롯세 아라이

원활하게 교환하려면 스태빌라이저가 작동하지 않도록 좌우 모두 잭으로 올린 다음 작업하도록 할 것!

DIY 시작

어퍼 마운트의 너트는 하나만 남긴다.

이번에 작업한 임프레자는 앞뒤 서스펜션 모두 스트럿 타입이다. 먼저 앞쪽부터 시작한다. 잭으로 자동차를 높인 다음 타이어를 탈착하고 나서 처음에는 엔진룸에 있는 스트럿의 어퍼 마운트 너트를 푼다. 다음으로 너클 쪽(차고 조정식 쇽업소버의 아래쪽) 볼트를 풀어도 쇽업소버가 분리되지 않도록 1군데 너트는 느슨하게 푼 상태로 놔둔다.

ABS 하니스나 브레이크 호스를 분리한다.

브레이크 호스나 ABS 센서 등의 브래킷 고정 볼트를 탈착한다. 차고 조정식 쇽업소버에 따라서는 브레이크 호스의 순정 장착 브래킷을 옮겨서 사용해야 하는 것도 있다.

볼트에 마킹을 해둔다.

편심 볼트로 캠버 조정을 할 수 있는 차종인 경우는 너클 장착 부분의 캠버 어저스터 볼트위쪽 볼트에 현재의 장착 위치를 알 수 있도록 볼트 머리와 너클에 펜으로 마킹을 해둔다. 이렇게 해주면 장착할 때 볼트가 어떤 방향이었는지 헷갈리지 않고 쉽게 알 수 있다.

너클 부분의 볼트를 탈착한다.

스트럿과 너클을 연결하고 있는 볼트와 너트를 풀어낸다. 매우 단단하게 체결되어 있기 때문에 긴 콤비네이션 렌치나 힌지 핸들 등을 사용하는 것이 좋다.

순정 쇽업소버를 탈착한다.

순정 쇽업소버를 탈착한다. 한 손으로 쇽업소버를 단단히 잡고 스트럿 어퍼 마운트의 남은 볼트 하나를 풀어 쇽업소버 본체를 차체에서 빼낸다. 무게가 나가기 때문에 떨어뜨리거나 보디에 부딪치지 않도록 주의한다. 또한 프런트에 드라이브 샤프트가 있는 차종인 경우 너클이 쓰러지면 드라이브 샤프트가 빠지는 경우도 있으므로 너클이 쓰러지지 않도록 철사 등으로 묶어놓도록 한다.

차고 조정식 쇽업소버 장착한다.

탈착한 순서의 역순으로 차고 조정식 쇽업소버를 장착하면 된다. 먼저 어퍼 마운트 쪽부터 보디에 부딪치지 않도록 주의하면서 타이어 하우스에 넣은 다음 스트럿 마운트에 너트로 임시 고정해 둔다. 그리고 너클 쪽과 차고 조정식 쇽업소버 브래킷을 볼트로 고정한다. 이때 캠버 각이 틀어지지 않도록 탈착할 때 표시해 놓은 마킹에 맞춰 캠버 어저스터 볼트를 고정하도록 한다.

완성!!

본체의 고정이 끝났어도 ABS 센서나 브레이크 라인의 장착을 잊지 않도록 한다. 마지막으로 모든 너트나 볼트가 제대로 체결되었는지 확인하면 끝이다.

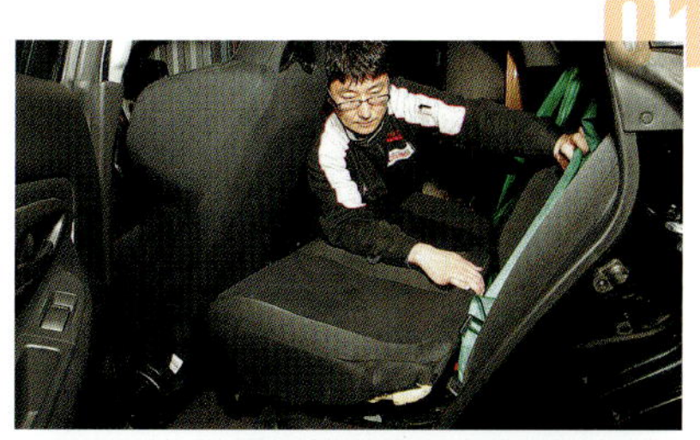
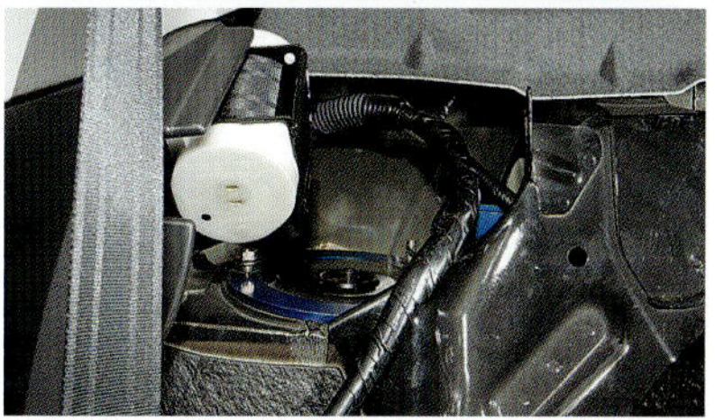

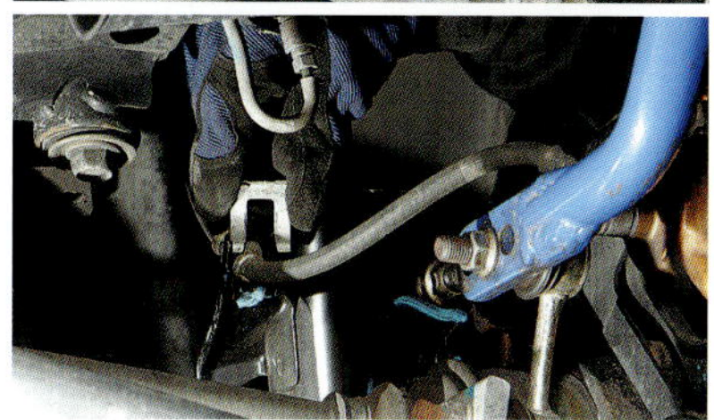

뒤쪽 쇽업소버는 실내에 장착되어 부분이 있는 경우도 있다.

이어서 뒤쪽을 교환해 준다. 임프레자의 경우는 리어 스트럿 마운트가 뒷자리 시트 아래에 있기 때문에 시트를 떼어내야 한다. 스트럿 마운트를 확인했으면 프런트와 마찬가지로 너트 1개만 남겨두고 풀도록 한다.

브레이크 호스를 탈착한다.

뒤쪽은 ABS 센서가 없기 때문에 브레이크 호스만 분리한다. 클립으로 고정되어 있으므로 일자 드라이버와 해머를 사용하여 적당하게 두드려주면 간단하게 탈착할 수 있다.

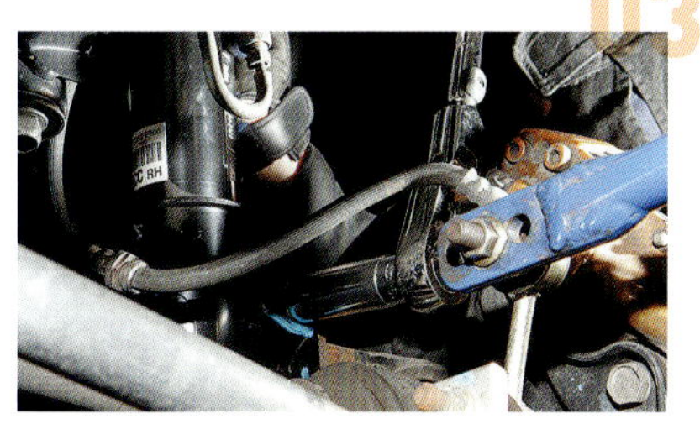

순정 쇽업소버를 탈착한다.

앞쪽과 마찬가지로 너클과 스트럿을 연결하고 있는 볼트를 푼 다음 순정 쇽업소버를 탈착한다. 이때 도와줄 사람이 있으면 스트럿을 잡아달라고 하는 것이 안전하다. 또한 뒤쪽에는 캠버 어저스터 볼트가 없으므로 마킹을 해둘 필요가 없었다.

차고 조정식 쇽업소버를 장착한다.

탈착한 순서의 역순으로 스트럿 마운트와 너클에 차고 조정식 쇽업소버를 장착하면 된다. 혼자서 작업할 때는 암에 잭을 대고 차고 조정식 쇽업소버를 들어 올리면서 넣어주면 볼트 구멍 위치를 쉽게 맞출 수 있다.

완성!!

모든 장착이 끝났으면 볼트가 느슨한 곳은 없는지 확인한다. 문제가 없으면 뒷자리 시트를 장착하는 것으로 끝이다. 가능하면 장착 후에 휠 얼라인먼트를 다시 점검하는 것이 좋다.

스태빌라이저는 복잡하게 구부러져 있어도 빼고 장착하는 것은 지혜의 고리 같은 요령으로!?

난 이 도	★★
작업시간	약 1시간

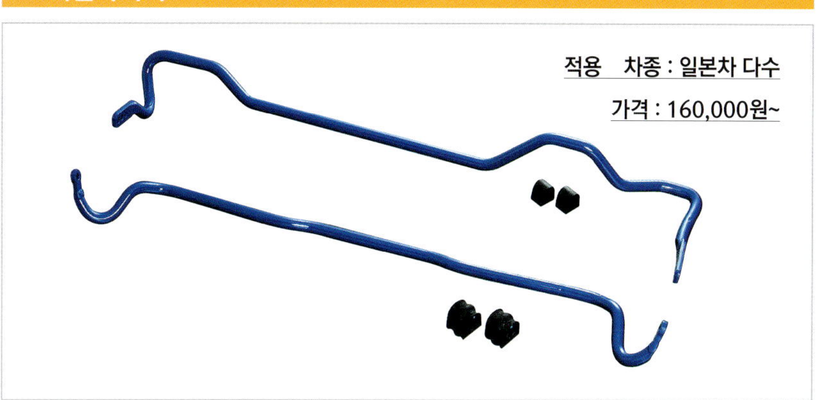

뒤쪽

먼저 뒤쪽부터 교환한다. 보디 쪽에 있는 2개의 브래킷과 쇽업소버 쪽의 스태빌라이저 링크와 접속되어 있는 볼트를 풀어준다. 그러면 브래킷마다 탈착할 수 있다.

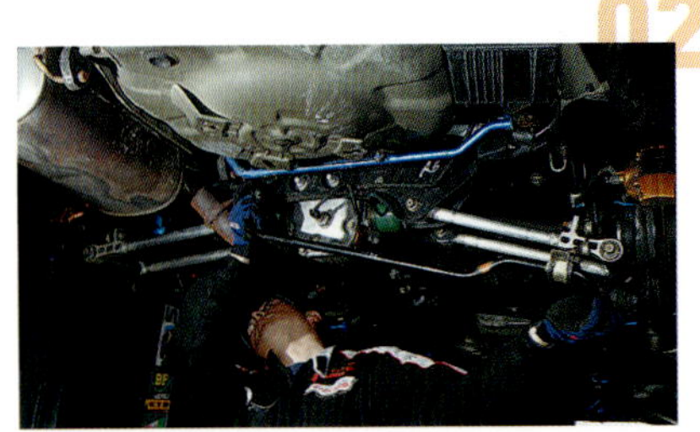

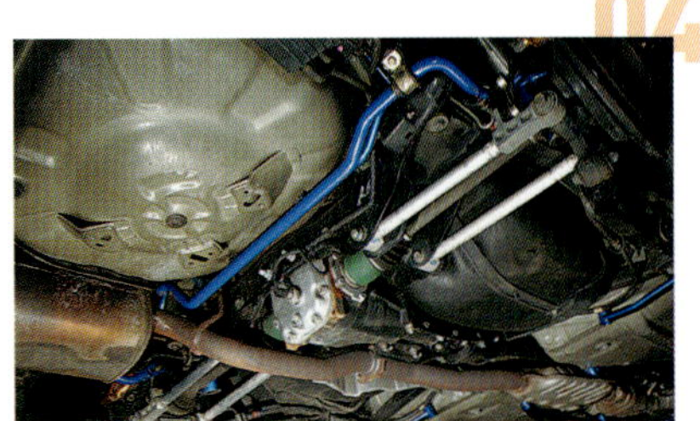

순정 스태빌라이저 탈착한다.

순정 스태빌라이저를 지혜의 고리 같은 요령으로 차체에서 분리한다. 머플러 등의 간섭 때문에 잘 빠지지 않을 때는 방해되는 것을 탈착하고 나서 작업하는 것이 빠를 수도 있다.

강화 스태빌라이저를 장착

다음으로 강화 스태빌라이저를 장착한다. 순정 상태에서 쉽게 탈착한 차종이라도 강화품은 파이프의 지름이 굵기 때문에 주변과 간섭을 일으켜 장착할 때는 어려운 경우도 있다. 그럴 때는 역시나 간섭하는 곳을 탈착함으로써 공간을 확보한 다음 작업하는 것이 좋다.

완성!!

스태빌라이저를 관통시켰으면 브래킷과 스태빌라이저 링크의 볼트를 원상태로 체결한다.

멤버를 장착해주는 볼트를 풀어준다.

임프레자의 경우는 멤버 위로 스태빌라이저가 지나가기 때문에 멤버를 장착하고 있는 볼트를 모두 풀어줌으로써 탈착할 수 있는 공간을 확보하였다. 이 볼트는 상당히 강하게 체결되어 있으므로 길이가 긴 힌지 핸들이나 임팩트 렌치가 필요하다. 덧붙이자면, 랜서 에볼루션 등과 같은 차종은 멤버를 분리하지 않으면 탈착이 불가능하므로 초보자에게는 어려운 부분이다.

앞쪽

뒤쪽과 마찬가지로 보디 쪽의 브래킷과 쇽업소버 쪽의 스태빌라이저 링크 볼트를 풀어준다. 그리고 차체에서 스태빌라이저를 탈착하도록 한다.

스태빌라이저를 장착한다.

강화 스태빌라이저를 장착한다. 이때 주의해야 할 것은 장착하는 방향이다. 임프레자의 경우 좌우가 반대인 경우에도 장착이 가능하기 때문이다. 주행할 때 스태빌라이저가 타이로드와 간섭을 일으키므로 다시 장착할 수밖에 없다. 순정 방향과 마찬가지로 장착하면 된다.

완성!!

스태빌라이저를 장착했으면 풀어놓은 멤버의 장착 볼트를 모두 체결하면 된다. 그리고 마지막으로 체결이 안 된 곳은 없는지 확인하면 끝이다.

SUSPENSION ARM & TIE ROD END & ROLL CENTER ADJUSTER 편

난 이 도	★
작업시간	약 2시간

사용한 공구

콤비네이션 렌치, 옵셋 렌치, 헥사곤 렌치, 래칫, 어저스터블 렌치(일명 몽키 렌치), 힌지 핸들, 해머, 마커, 칼, 윤활 스프레이 외

차고 조정식 쇽업소버 등을 장착해서 차고가 낮아지면 암의 각도에 변화가 일어나면서 롤 센터가 틀어질 뿐만 아니라 경우에 따라서는 암이 떠받침으로써 서스펜션이 움직이지(스트로크) 못하게 된다. 이것이 원인이 되어 트랙션 부족이나 승차감의 악화를 일이키는 경우도 적지 않다.

이런 문제를 해소하기 위해 암의 각도를 적정하게 해주는 부품이 예를 들면 이케야 포뮬러의 어저스터 리어 로워 암 키트 같은 것이다. 이 부품은 앞서 말한 증상이 심하게 나타나는 임프레자의 리어 섹션 등에 장착할 수 있는 제품이다.

또한 암 종류의 대표격인 타이로드 엔드와 롤 센터 어저스터를 장착하였다. 이런 부품들을 장착하면 스티어링의 반응이나 강성이 현격하게 좋아진다.

암의 종류를 교환하면 휠 얼라인먼트가 틀림없이 틀어지게 되므로 작업 후에는 반드시 휠 얼라인먼트를 다시 조정하도록 한다. 이케야 포뮬러에서는 DIY로 휠 얼라인먼트를 조정할 수 있는 도구도 판매하고 있으며, 자신이 없으면 이 부분 만큼은 전문 샵에 의뢰하도록 한다.

휠 얼라인먼트가 크게 틀어지면 핸들링에 영향을 끼쳐 부품을 장착한 것이 역효과를 낼 뿐만 아니라 타이어가 극단적으로 마모되는 등의 경제적인 단점이 드러나는 경우도 많기 때문이다.

어저스터 리어 로워 암 키트

대응차종 : 스바루 임프레자 GC8 / GDB / GDA

가격 : 1,600,000만원

이케야 포뮬러 신지마
먼저 임시 조립으로 모든 부품을 장착해 본 다음에 완전히 체결해 준다.

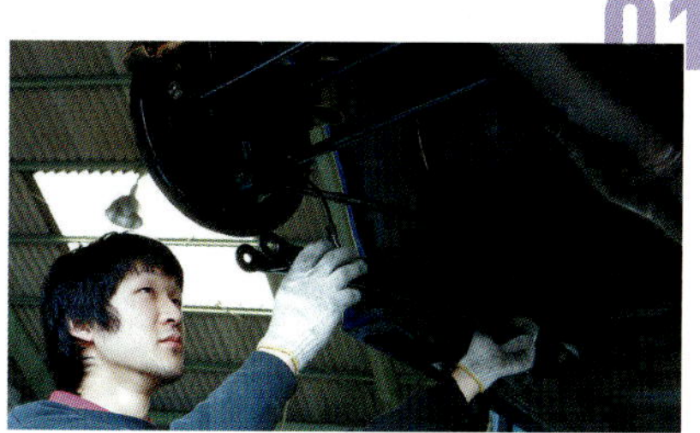

트레일링 암을 탈착한다.

잭으로 자동차를 높인 다음 타이어를 빼고 나서는 먼저 트레일링 암을 탈착한다. 제일 먼저 암에 고정되어 있는 ABS 센서의 하니스를 분리한 다음 암 본체는 너클 쪽→보디 쪽 순서로 탈착하는 것이 가장 좋다.

스태빌라이저를 탈착한다.

스태빌라이저 링크의 스태빌라이저 쪽 볼트를 푼다. 이때 다음 작업에서 너클(브레이크 등이 고정되어 있는 부분)이 밑으로 내려오기 때문에 브레이크 호스나 ABS 센서 라인이 어딘가에 걸려서 잘 움직이지 않으면 부담이 될 수 있으므로 주의하도록 한다.

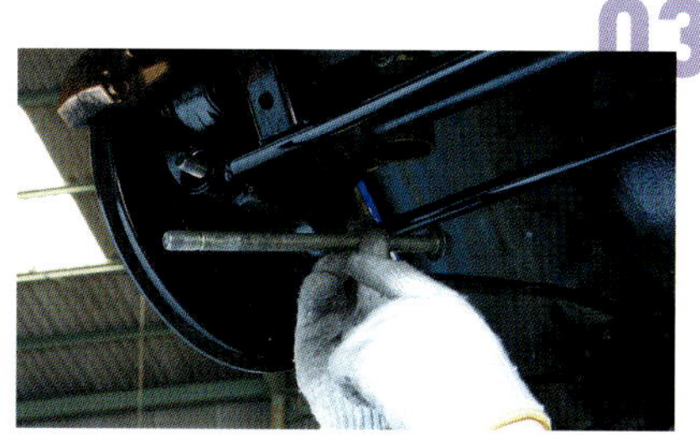

너클 쪽 볼트를 푼다.

너클 부분은 2개의 래터럴 링크가 볼트 하나로 고정되어 있다. 너트를 풀고 볼트를 빼면 래터럴 링크 2개가 툭하고 떨어지므로 조심할 것.

래터럴 링크와 브래킷을 탈착한다.

2개의 래터럴 링크를 멤버에서 탈착한다. 이 부분의 볼트는 휠 얼라인먼트를 조정할 수 있는 편심 캠으로 되어 있어서 조정 범위 이상으로 회전하지 않으므로 주의하도록 한다. 오른쪽 사진에서 보듯이 트레일링 암을 고정하고 있던 브래킷도 탈착한다.

부시를 절단한다.

너클에 압입되어 있는 필로우 부시를 탈착하기 위해 브레이크 디스크 쪽 면이 나오도록 칼로 표면을 잘라낸다. 재질이 고무인만큼 간단하게 자를 수 있다.

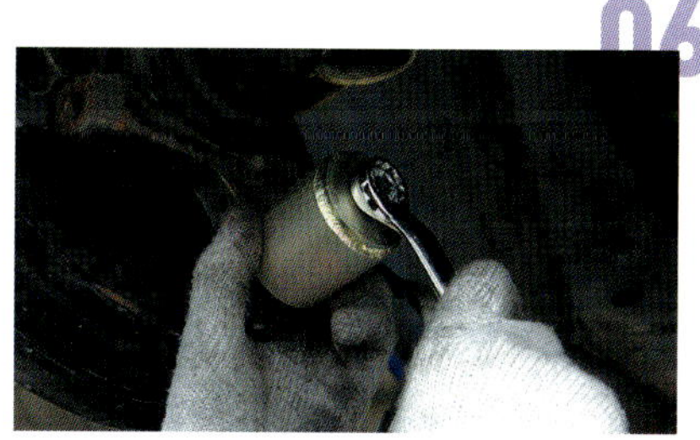

뽑기 공구로 부시를 빼낸다.

리어 너클 뽑기 공구(별도 판매품)를 사용하면 누구나 간단하게 탑재 상태에서 순정 부시를 빼낼 수 있다. 볼트를 돌리면 부시가 공구 안으로 빠져나오는 구조다.

너클 칼라를 장착한다.

너클 칼라를 빼냈으면 안쪽의 이물질을 제거한다. 이때 녹이 발생되어 있으면 샌드 페이퍼 등으로 청소해 준다. 너클 칼라의 장착은 사진처럼 반 정도 삽입한 다음 반대쪽에서 볼트를 끼우면 된다. 칼라를 안쪽까지 넣게 되면 볼트를 끼울 수 없으므로 주의할 것.

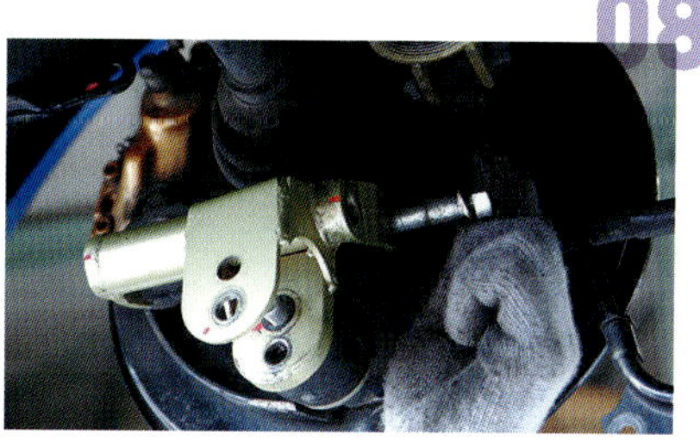

롤 센터 브래킷을 장착한다.

각 암을 고정해 주는 롤 센터 브래킷을 장착한다. 급하게 고정하지 말고 어떤 부품이던 볼트를 가볍게 잠근 임시 조립 상태에서 작업하도록 한다.

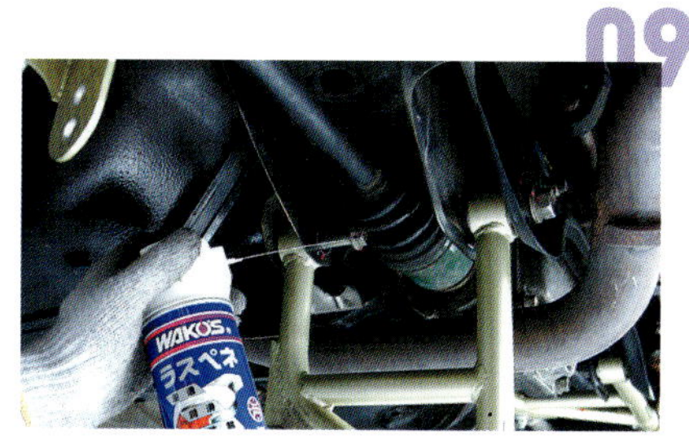

부트에 주의한다.

로워 암을 장착할 때 볼트가 드라이브 샤프트의 부트와 간섭을 일으켜 부트가 손상되지 않도록 주의한다. 부트에 윤활 스프레이를 뿌려두면 만약에 볼트가 접촉되는 경우라도 조금은 파손이 잘 안 된다.

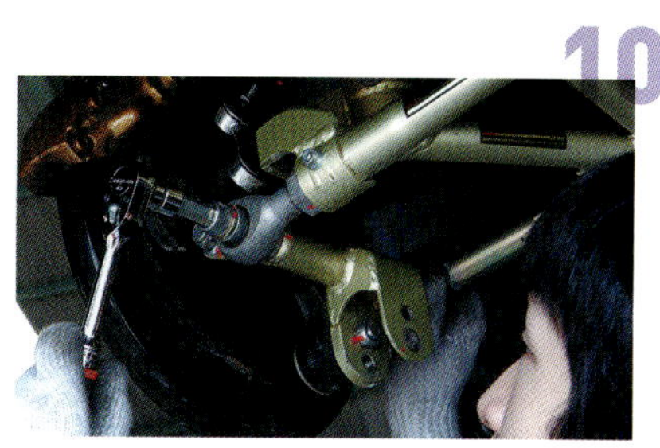

로워 암을 고정한다.

로워 암의 멤버 쪽을 임시로 조립했으면 이번에는 너클 쪽을 임시로 조립한다. 먼저 뒤쪽 볼트를 체결하여 전체가 고정되었으면 다음으로 앞쪽 토 로드를 볼트로 고정한다.

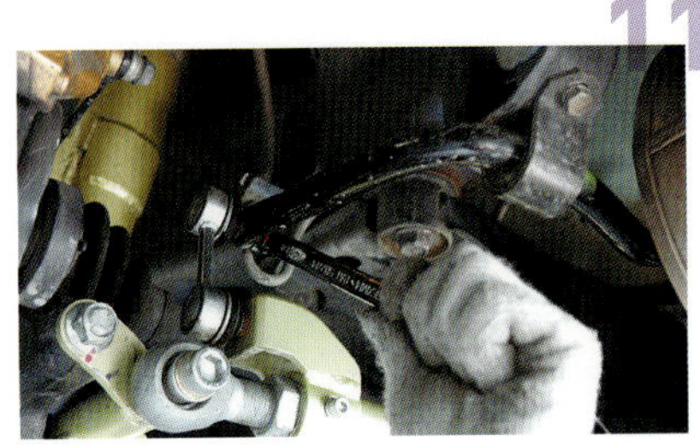

스태빌라이저를 장착한다.

스태빌라이저 브래킷에 스태빌라이저를 장착한다. 여기서 주의할 것은 스태빌라이저 장착은 좌우 로워 암을 교환한 다음 마지막으로 해야 한다는 것이다. 스태빌라이저는 스프링 역할을 하고 있기 때문에 좌우 차고가 제각각인 상태에서는 작업이 거의 불가능하다. 한 쪽을 장착하고 반대쪽을 작업할 때는 먼저 장착한 쪽의 너클 등을 들어 올려서 하면 작업하기가 쉽다.

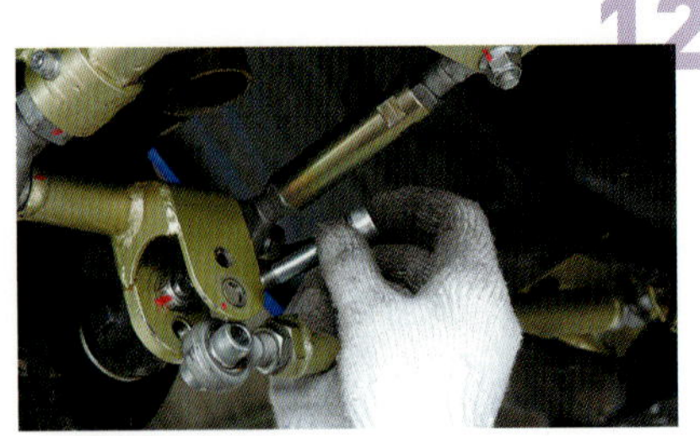

트레일링 암을 장착한다.

차체 쪽에 브래킷을 장착했으면 트레일링 암을 장착한다. 먼저 차체 쪽을 임시로 조립한 다음 사진처럼 너클 쪽의 볼트를 조인다. 차체 쪽을 너무 단단히 체결하면 너클 쪽의 볼트가 좀처럼 맞지 않으므로 주의해야 한다.

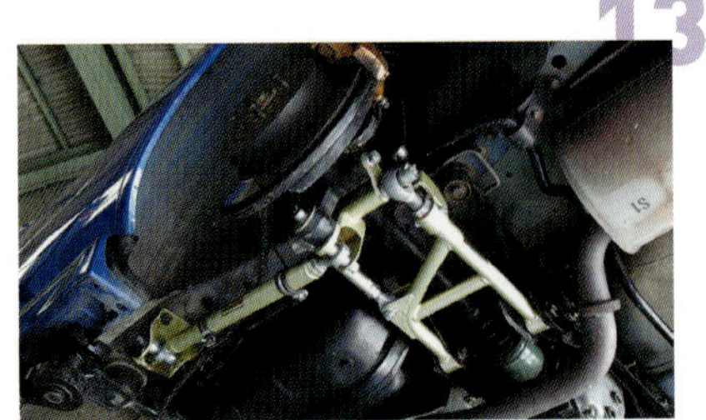

완성!!

ABS 센서 하니스를 고정했으면 각 브래킷과 암 볼트를 완전히 체결한다. 각 부분이 잘 체결되었는지 한 번 더 확인한다. 이것으로 부품의 장착은 끝났지만 휠 얼라인먼트가 틀어진 상태이므로 이 상태로 운전하는 것은 위험하다. 진짜 의미에서의 작업종료는 휠 얼라인먼트까지 정확히 끝낸 상태를 말한다!

혼자서 할 수 있는 튜닝 파트 장착기술

스티어링 반응과 강성을 대폭적으로 향상시킨다!

난 이 도	★★
작업시간	약 1시간

너클 볼트를 푼다.

임프레자의 경우 롤 센터 어저스터만 교환하면 프런트가 내려갔을 때 토인이 되어 쉽게 말려들면서 언뜻 스티어링이 빨라진다. 좋게 느껴지지만 오버 스티어를 유발하기 때문에 반드시 타이로드 엔드와 동시에 교환하는 것이 좋다. 먼저 처음에는 롤 센터 어저스터를 교환한다. 스태빌라이저 링크를 탈착하고 나서 너클의 볼트를 빼낸다.

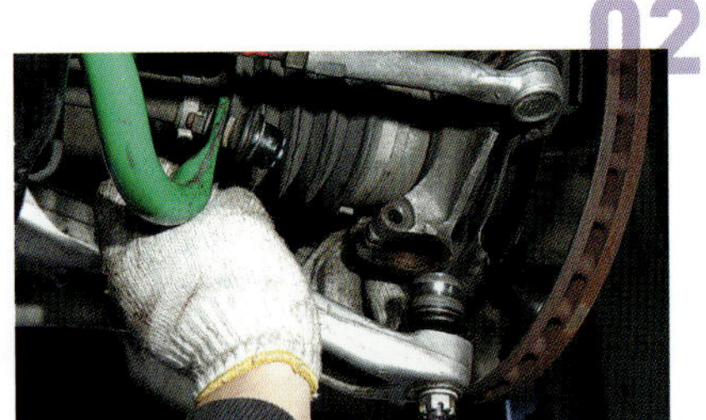

볼 조인트를 탈착한다.

로워 암을 밑으로 당기면 너클에서 볼 조인트를 뺄 수 있다. 이때 너클의 안쪽은 녹이 슬어 있을 가능성이 많으므로 샌드 페이퍼 등으로 깨끗하게 닦아주도록 한다.

분할 핀에 주의한다.

볼 조인트의 아래쪽 볼트는 분할 핀으로 고정되어 있으므로 주의해야 한다. 분할 핀을 빼고 간단히 빼내면 그것으로 OK다. 주변을 해머로 두드려 진동을 주거나 볼 조인트 풀러(특수공구)를 사용해 빼려고 해서는 안 된다.

단단히 고정한다.

롤 센터 어저스터는 상하 양쪽을 렌치로 끼워 규정 토크(3~4kg · m)로 체결한다. 스태빌라이저 링크를 원래대로 해 놓는 것을 잊지 않도록 한다.

완성!!

이상 없이 장착이 되었으면 작업은 끝난 것이다. 중요한 부품인 만큼 한 번 더 꼼꼼하게 확인하도록 한다.

타이로드 엔드

대상 차종 : 다수
가격 : 390,000원

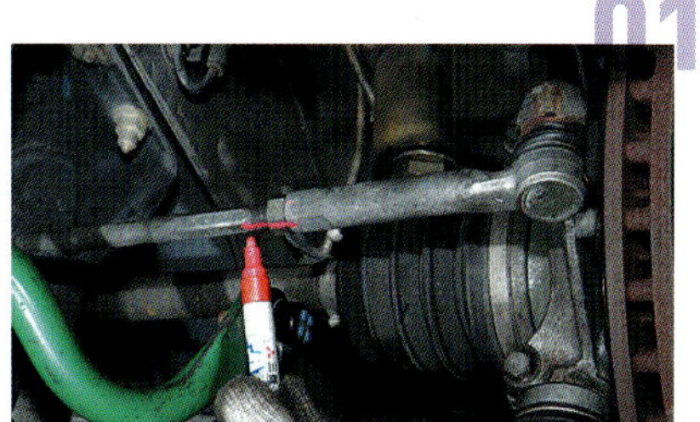

타이로드 교환은 마킹부터한다.

순정 타이로드를 사용하면서 타이로드 엔드 부분만 교환하는 것이기 때문에 위치가 어긋나지 않도록 표시를 해 둔다. 휠 얼라인먼트는 다시 점검하여야 하지만 이렇게 표시를 해두면 좌우가 어긋나는 것을 최소로 할 수 있다.

너클을 해머로 두드린다.

위쪽 볼트를 빼낸 다음 해머로 너클을 가볍게 두드리면 순정 타이로드 엔드가 어긋난다(고착되어 있을 때는 부품에 손상이 가자 않도록 주의하면서 강한 진동을 줄 것). 너클을 직접 해머로 세게 두드리면 파손될 가능성이 있으므로 해머 하나를 대고 그 해머를 두들기는 것이 이상적이다.

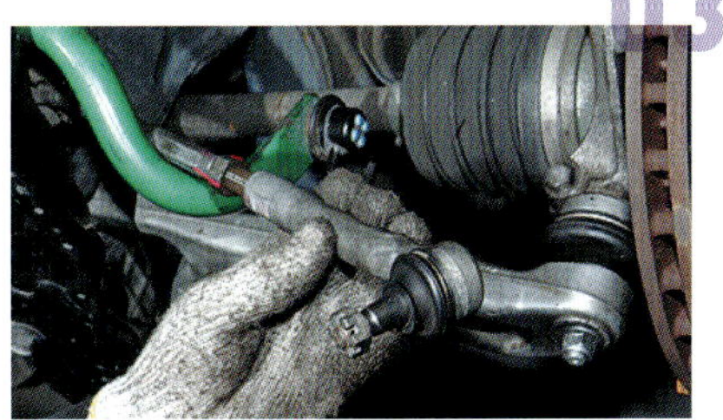

빙빙 돌려서 타이로드 엔드를 분리한다.

순정 타이로드 엔드를 돌려서 빼낸다. 이때 암 중앙의 로크 너트는 표시한 위치에서 움직이지 않도록 주의할 것.

너클 볼트를 고정한다.

너클 볼트를 밑에서 끼우고 위쪽에서 볼트로 고정한다. 이때 분할 핀의 구멍이 정면을 향하도록 한다.

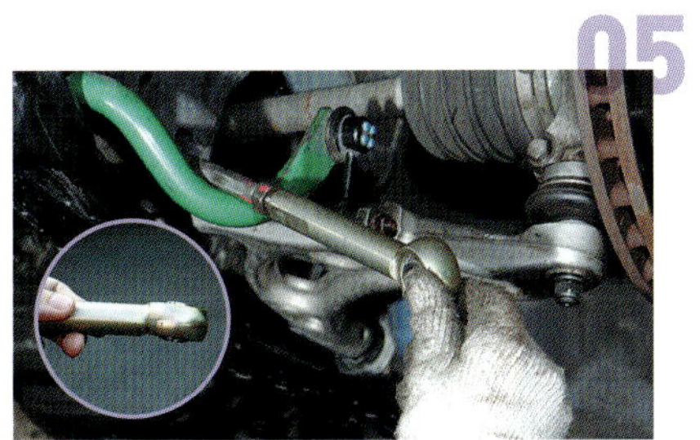

타이로드 엔드를 장착한다.

타이로드가 너트에 닿을 때까지 빙빙 돌려서 끼운다. 사진처럼 엔드 부분이 비스듬히 아래쪽을 향하도록 한다. 이 타이로드 엔드와 너클 볼트는 테이퍼 상태로 맞는 방향이 정해져 있기 때문에 반대로 조립되지 않도록 주의한다. 위치를 결정했으면 로크 너트로 고정한다.

완성!!

역삼각형의 타이로드 엔드 칼라, 타이로드 엔드 순서로 조립한 다음 볼트로 체결한 분할 핀으로 고정해 주면 완성이다.

BOOSTER
CONTROLLER 편

난 이 도	★★
작업시간	약 4시간

배선 & 배관에 무리만 주지 않으면
트러블 걱정은 필요 없다!

터보 차량의 파워를 상승시키는 튜닝으로서 가장 일반적인 것이 부스트 압력을 높이는 것이다. 터빈에 가해지는 부스트 압력의 상한 값을 끌어올려주면 노멀 터빈이라도 틀림없이 파워의 향상을 체감할 수 있다.

그렇게 부스트 업을 위한 기본 파트가 부스트 컨트롤러다. 장착은 배선과 배관 작업이 메인이다. 익숙하지 않으면 시간이 걸리는 작업도 많으므로 사전에 설명서를 잘 읽은 다음 시간의 여유를 갖고 작업에 임하는 것이 좋다. 서둘러 작업했다가 배선을 실수하는 경우가 있으므로 그러한 일이 없도록 한다. 부스트 컨트롤러가 작동하지 않을 뿐만 아니라 트러블이 크게 일어날 수도 있기 때문이다.

작업에 있어서 포인트는 배선과 배관을 어떻게 하느냐다. 단선이나 파손 등을 막기 위해 풀리 등과 같은 회전체나 열이 나는 근처는 피하도록 한다. 또한 고온으로 올라가는 부품 근처를 지나갈 때는 내열 호스 등으로 보호함으로써 손상을 방지해 주어야 한다.

밸브도 터빈이나 배기 매니폴드 등 열이 쉽게 발생하는 근처에 장착하면 오작동이나 고장의 원인이 될 수 있으므로 그러한 장소는 피해서 장착하는 것이 좋다. 또한 상·하 방향 등과 같은 것들이 정해진 것도 많으므로 주의해야 한다.

배선을 작업해야 하므로 당연히 배터리의 ⊖단자는 작업을 시작하기 전에 분리해 둔다. 부스트 압력을 높이면 컴퓨터의 세팅도 동시에 해 줄 것을 권한다. 성능을 정확하게 이끌어내면 더욱 재미있게 탈 수 있을 것이다.

그리고 고기능 부스트 컨트롤러는 설정을 해줘야 하는 것도 있는데 그만큼 작업도 복잡해진다.

배선은 열이나 부하를 피해 압착단자나 납땜으로 확실하게 접속하도록 한다.

순정 배관을 분리한다.

장착하는 차량은 S14 실비아. 순정 솔레노이드 밸브(없는 차종도 있음)는 필요가 없으므로 탈착해 놔도 상관없다. 연식에 따라 다르지만 고무 배관은 손상되어 있을 수도 있으므로 신품이 부속되어 있을 경우는 순정 호스도 교환해 주도록 한다. 이때 더 강도가 높은 실리콘 호스로 바꿔주는 것도 좋다. S14 실비아의 경우 석션 파이프에 붙어 있는 배관은 필요 없으므로 M6볼트로 막아 버렸다.

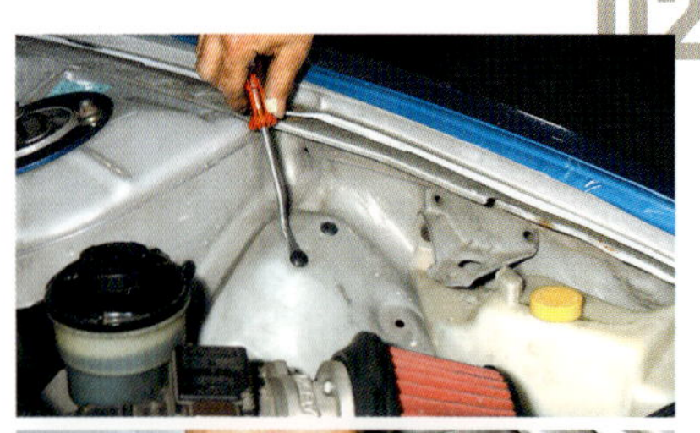

배관 작업을 한다.

설명서의 배관도를 확인해 가면서 배관을 연결한다. 순정 니플이 있을 때는 그것으로 고정하며, 없는 부분은 타이 랩으로 고정하면 된다. 배관을 너무 딱 맞는 길이로 하면 당겨졌을 때 빠질 수도 있고, 너무 길어서 남아돌아도 위험하다. 적절한 길이와 배치로 조절해가면서 이어 주도록 한다.

밸브를 장착한다.

밸브는 배선 길이까지 고려하면서 가능한 온도가 높아지지 않는 곳에 장착하도록 한다. 여기서는 에어클리너 뒤편에 있는 서비스 홀의 클립을 클립 리무버로 탈착한 다음 볼트로 고정하였다. 장착이 끝났으면 밸브 안으로 이물질이 들어가지 않도록 마스킹 테이프 등으로 감싸준다.

실내로 배선을 끌어온다.

EVC의 경우 엔진룸에서 실내로 들어가는 배선은 1개다. 컴퓨터 하니스가 지나가는 구멍(grommet)을 통해 실내로 넣으면 된다. 커플러나 배선에 부하가 걸리지 않도록 테이핑 등을 한 다음 철사에 고정시켜 통과시켰다. 커플러가 클 때는 고무 부트에 흠집을 낸 다음 통과시키면 된다. 실내에서 무리하게 당기면 배선이 끊길 수도 있으므로 주의할 것.

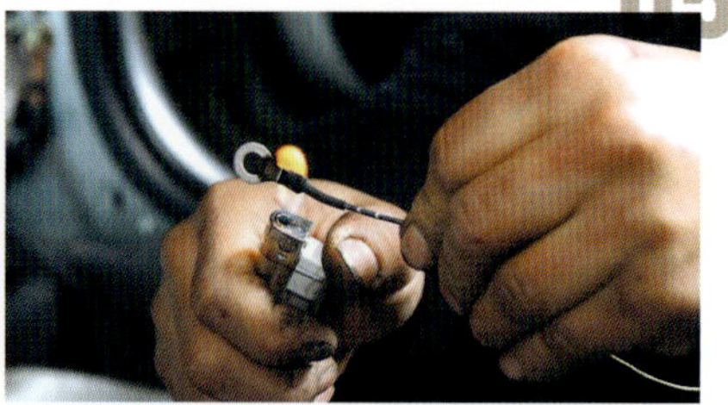

배선 작업을 한다.

실내 쪽 배선도 설명서대로 정확하게 연결하면 된다. 컴퓨터에서 차속 신호와 스로틀 신호, 키 실린더에서 전원과 어스를 접속한다. 압착단자나 납땜으로 접속하는 것이 좋다. 이어준 부분은 수축 튜브나 배선용 테이프로 감싸서 쇼트나 단선을 방지하도록 한다.

배선 정리를 한다.

배선을 깨끗하게 정리한다. 특히 운전석 다리 쪽의 배선은 운전에 방해를 줄 수 있으므로 꼼꼼하게 정리하도록 한다. 순정 배선 다발을 따라 타이 랩으로 묶어주거나 긴 배선은 하나로 정리하는 등 깔끔하게 해줘야 한다.

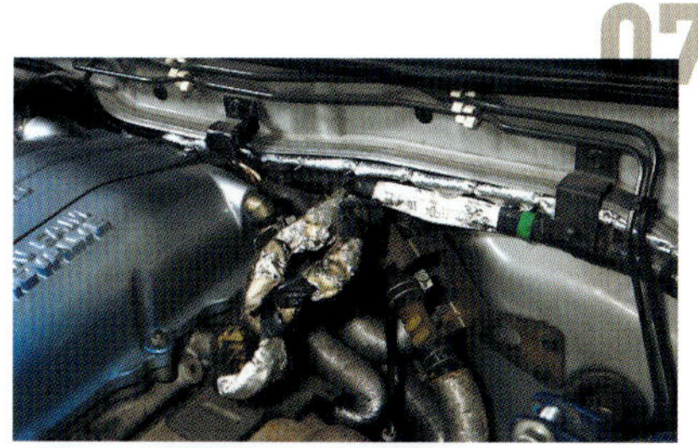

배선을 보호한다.

엔진룸이나 실내로 끌어온 배선을 내열 밴드나 주름 튜브로 보호한다. 단선이나 손상에 따른 트러블을 방지할 수 있다.

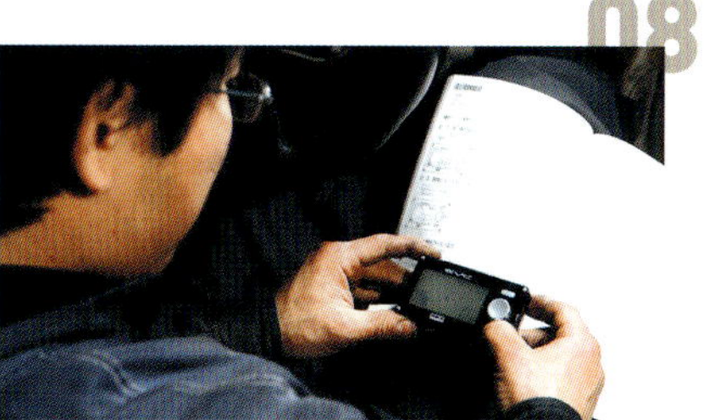

동작을 확인한다.

모든 배선작업이 끝났으면 배터리를 연결하여 전원을 공급한다. 무사히 동작하면 설정 작업을 해준다.

완성!!

설정이 끝났으면 보기 좋은 곳이나 좋은 위치에 장착하는 것으로 끝이다. 양면 테이프로 부착할 때는 부착할 곳을 브레이크 클리너 등으로 깨끗이 닦고 나서 부착해야지 잘못하면 진동 등에 의해 쉽게 떨어진다.

혼자서 할 수 있는 튜닝 파트 장착기술

엔진룸 안의 배선 &
배관 작업

부스트 컨트롤러를 엔진룸에 장착한 배선과 배관 모습이다. 차종에 따라서도 다르겠지만 장착하는데 있어서 참고로 하길 바란다. 엔진룸의 실내 쪽을 따라 길게 뻗어 있는 배선은 밸브의 중계 하니스다. 운전석 쪽의 컴퓨터 배선이 지나가고 있는 부분을 통해 실내로 집어넣었다.

사진 속에서 밸브 가장 앞쪽의 배관(6파이)은 액추에이터에 접속되어 전달되는 부스트 압력을 제어한다.

밸브에서 나온 3개의 배관 가운데 속에 있는 배관(4파이)은 서지 탱크와 레귤레이터 사이에 쓰리웨이를 끼워 연결함으로써 부스트 압력을 가하게 된다..

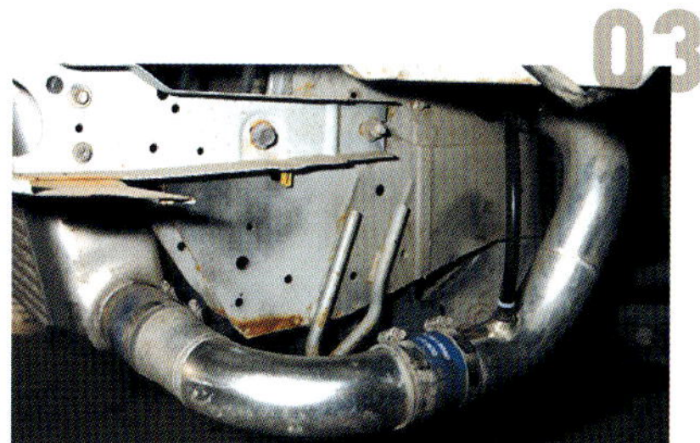

밸브의 중간 배관(6파이)은 컴프레서와 스로틀 밸브 사이에 접속한다. 이번에는 인터 쿨러의 파이핑에 장착했다. 릴리프된 부스트 압력을 흡기 경로로 되돌리고 있다.

OIL COOLERR 편

난 이 도	★★★
작업시간	약 5시간

최적의 호스와 스테이로 장착할 수 있는,

차종별 제품이 초보자에게는 최고의 선택이다!

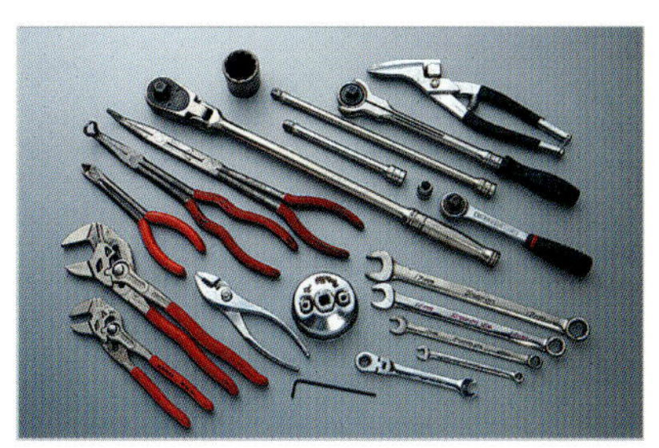

롱 앵글 노즈 플라이어, 만능 칼, 만능 가위, 플렉시블 헤드 래칫, 판 래칫, 래칫 핸들, 익스텐션 바, 콤비네이션 렌치, 오일 필터 렌치, 복스 렌치, 플라이어, 어저스터블 렌치(일명 몽키 렌치) 외

여름철에 서킷에 자주 다니는 사람이나 하드한 튜닝으로 열이 많이 발생하는 자동차에 장착하면 좋은 것이 오일 쿨러다. 수온에 신경을 쓰는 사람은 많겠지만 온도가 너무 올라가서 곤란한 것은 오일도 마찬가지다. 유온이 너무 높아지면 오일의 윤활능력이 떨어지고 유막이 끊어져 블로바이 등이 발생되기 쉽기 때문이다. 또한 오일 쿨러를 장착하여 유온을 낮추면 연동되어 수온이 저하되는 경우도 적지 않다.

차종별 전용 키트의 경우 오일 쿨러의 코어를 장착하는 위치는 라디에이터 앞이나 펜더 앞에 장착하는 경우가 많다. 라디에이터 앞에 장착하는 타입인 경우 정면 배치 인터 쿨러와의 배치가 좋지 않을 때 부품이나 배관이 간섭을 일으킬 수 있으므로 주의하여야 한다. 최악의 경우에는 레이아웃을 바꿔서 장착해야 하는데 이럴 때는 장착하는데 공정이 많이 간다.

그밖에 범용의 키트도 판매되고 있지만 DIY로 장착하려면 적절한 길이의 호스나 스테이 등이 부속되어 있는 차종별 전용제품 쪽이 초보자에게는 맞을 것이다.

작업할 때 가장 주의해야 할 것은 각 부분의 체결 상태가 느슨하거나 까먹고 체결하지 않는 것이다. 오일의 유출 원인이 되므로 체결의 재확인이나 장착 후의 바닥 점검, 오일양 점검도 반드시 하도록 한다.

차종별 오일 쿨러 키트

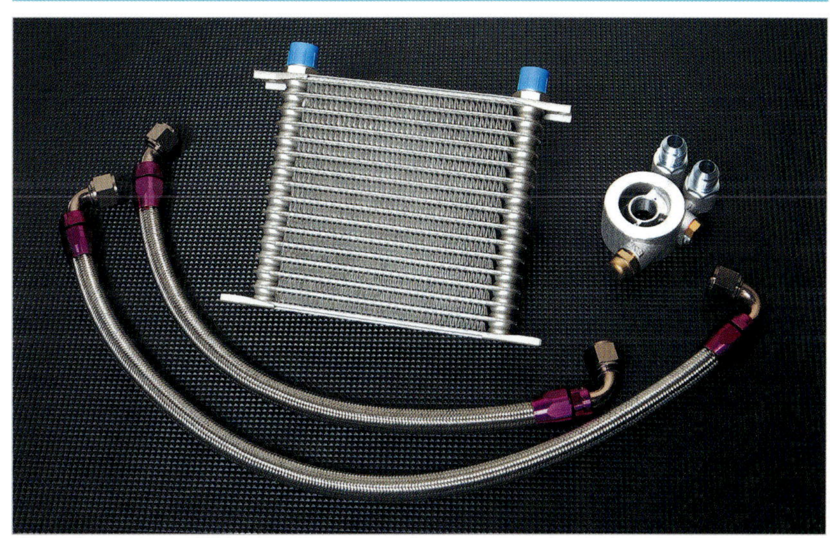

대응 차종 : 일본 스포츠카 다수

가격 : 930,000원(도요타 체이서 JZX100용)

블랙라인 모토미

오일을 빼는 편이 작업하기에 수월하다. 장착 후의 점검도 작업의 공정 가운데 하나이다.

워셔 탱크

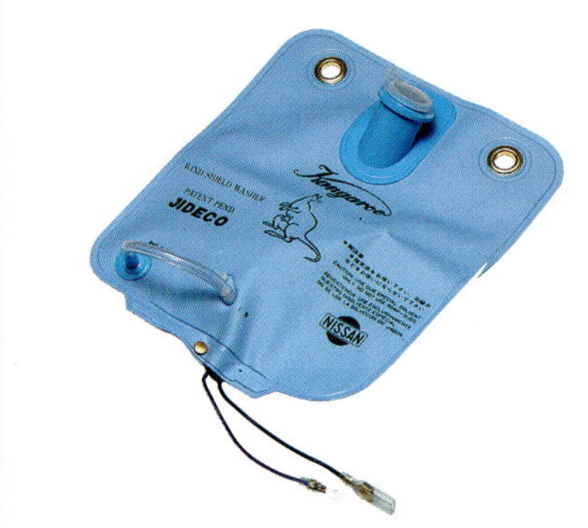

닛산 부품 공동구매로 입수한 자루 형상의 워셔 탱크(부품번호:27480-H1001). 용량 1.5 ℓ 에 장착 공간을 상관하지 않기 때문에 옮겨 설치할 때에 편리하다.

DIY 시작

01

사전 준비를 한다.

범퍼 안쪽에 오일 쿨러 코어를 장착해야 하므로 프런트 범퍼를 탈착한다. 펜더에 손상이 가지 않도록 테이핑 등을 한 다음에 작업을 하면 좋다. 그리고 오일 필터를 탈착해야 하므로 오일을 빼내는 것이 현명하다. JZX100의 경우는 순정 수냉 오일 쿨러가 장착되어 있어서 이것을 탈착하기 위해 냉각수도 빼게 되었다.

02

장착할 위치의 부품을 탈착한다.

제품에 따라 다르지만 코어를 장착할 위치에 있는 부품을 탈착해야 할 경우가 있다. 이 키트의 경우는 워셔 탱크와 차콜 캐니스터를 탈착하였다. 이러한 부품들은 나중에 다시 장착해야 할 경우도 있으므로 거칠게 탈착하다 파손되지 않도록 한다. 장착한 키트로는 별도의 자루 타입의 워셔 탱크를 장착할 것을 추천한다.

03

코어를 임시로 장착한다.

오일 쿨러 코어를 실제로 장착할 위치에 임시로 장착한다. 또한 이 키트에는 에어 가이드가 부속되어 있으므로 인터 쿨러 파이프 등과 간섭을 일으키는지도 점검한다. 언더 커버도 간섭하는 부분을 마킹한 다음 절단·가공하였다.

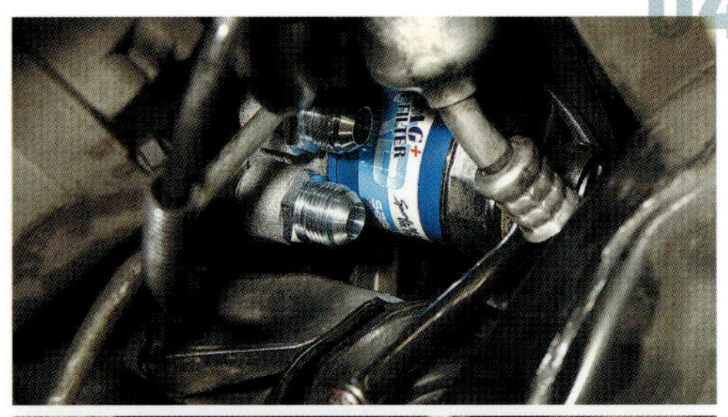

04

오일 필터를 탈착한다.

오일 필터 렌치를 사용하여 오일 필터를 탈착한다. JZX100에는 수냉 오일 쿨러가 순정으로 장착되어 있으므로 이것도 탈착한다. 오일 라인을 바로 연결하기 위한 조인트 파이프가 부속되어 있다.

어댑터를 장착한다.

어댑터 서모 어셈블리(오일 블록)를 엔진에 장착한다. O링에는 엔진 오일을 발라둔다. 유온 센서 등을 연결할 경우에는 나사부분에 실 테이프를 감고 어댑터에 연결한다. 센터의 어태치먼트 볼트(이 키트에서는 순정 수냉 오일 쿨러 장착용 볼트를 재사용했다)는 순정 수냉 오일 쿨러의 체결 토크를 참고하여 토크 렌치를 사용하여 8kg·m으로 체결하였다.

오일 필터를 끼운다.

오일 필터를 어댑터에 끼운다. 끼울 때는 마찬가지로 O링에 엔진 오일을 발라주고 나서 끼우도록 한다. 오일 필터는 한 손으로 꽉 조인 다음 공구를 사용하여 1/4회전을 더 조인다.

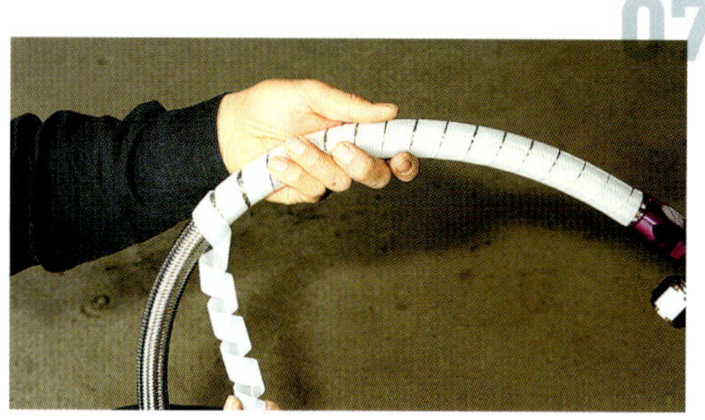

나선형 튜브를 감는다.

오일 쿨러 호스를 보호하기 위해 부속된 나선형(spiral) 튜브를 감아준다. 가능한 틈새가 생기지 않도록 감는다.

확인 작업을 한다.

처음에 엔진 오일을 모두 뺀 상태이므로 오일을 넣는다. 오일을 빼지 않고 작업했다 하더라도 오일을 넣어주는데 코어와 호스에 오일이 채워지는 만큼 보충이 필요한 것이다. 이번에는 냉각수까지 뺀 상태라 냉각수도 다시 넣었다. 모든 작업이 끝났으면 엔진의 시동을 걸어 오일을 순환시킨다. 그 다음 오일이 새는 곳은 없는지 확인한다.

호스를 장착한다.

피팅에 엔진 오일을 뿌려준 다음 어댑터 서모 어셈블리와 코어에 오일 쿨러 호스를 각각 연결해 준다. 피팅은 제각각 각도가 다른 경우도 있으므로 주의가 필요하다. 임시 조립 상태에서 호스를 잘 정리하여 고정한 다음 마지막으로 완전히 체결하도록 한다. 호스를 고정하거나 묶을 경우에는 엔진의 진동을 고려하여 여유를 두도록 한다. 팽팽한 상태에서 고정하면 절대 안 된다.

완성!!

확인이 끝났으면 장착 완료다. 범퍼 외에 탈착한 부품들을 장착한다. 이젠 여름철 서킷 주행이나 풀 가속으로 냉각 효과를 체감하는 일만 남았다.

RADIATOR &
RADIATOR PIPE 편

| 난 이 도 | ★★★ |
| 작업시간 | 약 5시간 |

장착할 때는 코어를 종이 상자 등으로 보호

핀이 손상되지 않도록 주의하자!

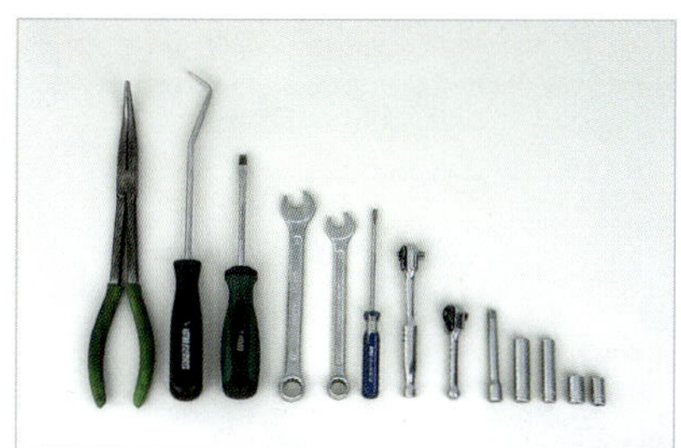

사용한 공구

롱 노즈 플라이어, 호스 리무버, 래칫,
일자 드라이버, 콤비네이션 렌치, 익스
텐션 바 등

서킷을 마구 달리다 보면 신경 쓰이는 것이 있는데 바로 수온 상승이며, 그 뜨거워진 쿨런트를
냉각시키는 것이 라디에이터의 역할이다. 엔진 안에서 뜨거워진 냉각수는 라디에이터 코어 안을
통과하면서 주행시에 받는 바람에 의해 냉각되는 구조를 하고 있다. 그렇게 차가워진 냉각수는
엔진 안을 순환하면서 엔진 열을 흡수하게 된다.

하지만 엔진을 그냥 냉각시키기만 하면 되는 것은 아니다. 온도가 너무 상승되는 것은 물론 오
버 히트할 위험성이 있지만 반대로 너무 차가워도 오버 쿨이 되면서 본래의 성능을 발휘할 수 없
게 된다. 그래서 라디에이터의 크기를 선택하는 것이 중요하다.

대용량의 라디에이터에는 2층이나 3층 구조를 하고 있다. 이것은 쿨런트를 냉각시키기 위한
코어 두께를 2층이나 3층 구조로 겹쳐서 만든 것이다. 이렇게 하면 핀 표면과 냉각수의 경로를
증가시킬 수 있어 냉각 성능을 높이게 된다. 또한 재질에 따라서도 성능이 바뀐다. 동(銅)의 재
질은 방열성이 높지만 무거운 것이 단점이다. 반면 알루미늄 재질은 가볍지만 방열성이 동보다
떨어지는 경향이 있다.

장착은 신중하게 작업하면 그다지 어려운 부분은 없다. 핀이 손상되지 않도록 주의하면서 작
업하면 된다.

여기서는 엔진과 라디에이터를 연결하는 라디에이터 호스의 교환 작업도 소개한다. 이번에 준
비한 것은 알루미늄 재질의 라디에이터 파이프다. 순정 고무 재질의 호스보다 강하기 때문에 냉
각수의 압력으로 팽창하거나 쭈그러들지 않고 원활하게 냉각수를 순환시키게 된다. 알루미늄 재
질 외에도 강도가 있는 실리콘 소재의 호스를 사용한 제품도 많이 판매되고 있으므로 형편에 맞
게 선택하면 될 것이다.

SUPER MICRO CONDITIONER(올 알루미늄제 라디에이터)

대응차종 : 일본 스포츠카 다수

가격 : 1,100,000원

ARC 가토

탈착하는 호스가 많으므로 나중에 남는 호스가 없도록 주의! 마지막에 냉각수
(coolant)가 새지 않는지도 반드시 확인할 것

DIY 시작

언더 커버를 탈착한다.

샘플은 랜서 에볼루션 X. 먼저 순정 언더 커버를 탈착
하였다. 장착한 상태로 작업할 수 있는 차종도 있지만
초보자라면 작업의 공간을 확보하기 위해 탈착하는
편이 작업하기도 쉬울 것이다.

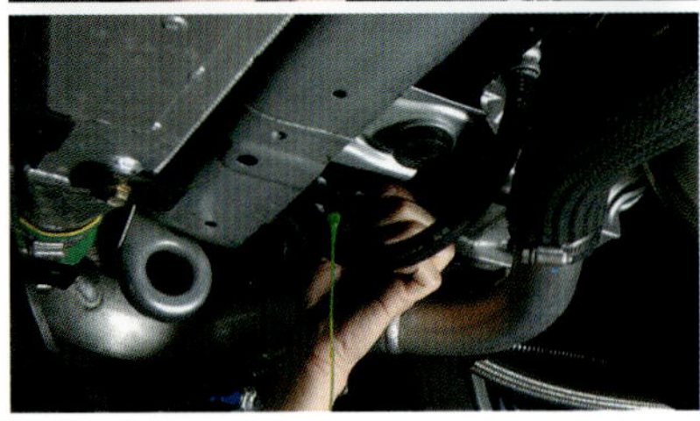

냉각수를 뺀다.

교환 작업 중에 쿨런트가 넘치지 않도록 미리 빼내도
록 한다. 라디에이터 아래쪽에 있는 드레인 볼트를 풀
면 냉각수가 흘러나오므로 양동이 같은 것을 준비해
야 한다. 라디에이터 캡을 먼저 열어 놓으면 냉각수가
세차게 흘러나와 튀게 됨으로 드레인 볼트부터 풀고
그 다음에 라디에이터 캡을 열어주는 것이 좋다. 이번
에 랜서 에볼루션의 경우는 볼트로 되어 있었지만 십
자 드라이버로 푸는 타입이나 손으로 풀 수 있는 나비
너트 타입 등도 있다.

라디에이터 캡을 탈착한다.

라디에이터 상부에 있는 라디에이터 캡을 열면 냉각
수가 세차게 흘러내린다. 모두 빠져나왔으면 드레인
볼트를 조여 놓는다.

라디에이터 호스를 분리한다.

어퍼(엔진룸 상부)와 로어(엔진룸 하부)의 라디에이
터 호스를 분리한다. 분리 순서는 나중에 설명할 라디
에이터 호스 교환시에 자세히 설명할 것이므로 그 부
분을 참조해 주길 바란다.

인테이크 파이프를 탈착한다.

라디에이터를 탈착할 때 간섭을 일으키는 인테이크
파이프를 탈착하였다. 엔진의 레이아웃에 따라서 방
해가 되는 파트가 달라지므로 확인해 둘 것.

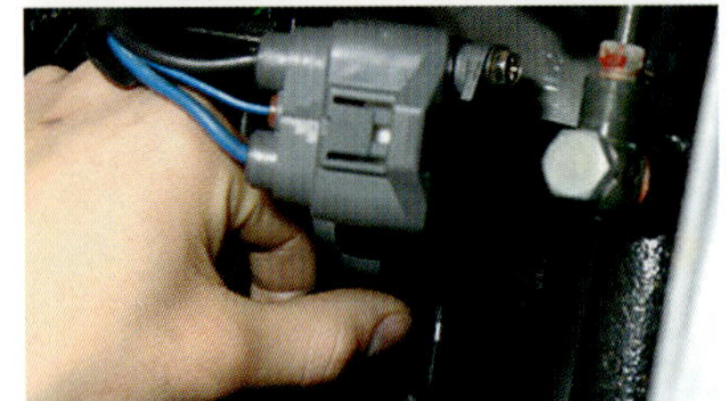

전동 팬을 탈착한다.

라디에이터에 장착되어 있는 전동 팬을 탈착한다. 장
착 볼트와 커플러를 분리하면 탈착할 수 있다. 팬 슈
라우드(fan shroud)가 있는 차종은 대용량의 라디에
이터를 사용할 것이므로 분리해 둔다.

리턴 호스를 탈착한다.

라디에이터 캡 옆에 있는 리턴 호스도 분리한다. 랜
서 에볼루션의 경우는 라디에이터를 따라 리턴 호스
를 고정해 놓고 있기 때문에 고정 장치도 분리했다.

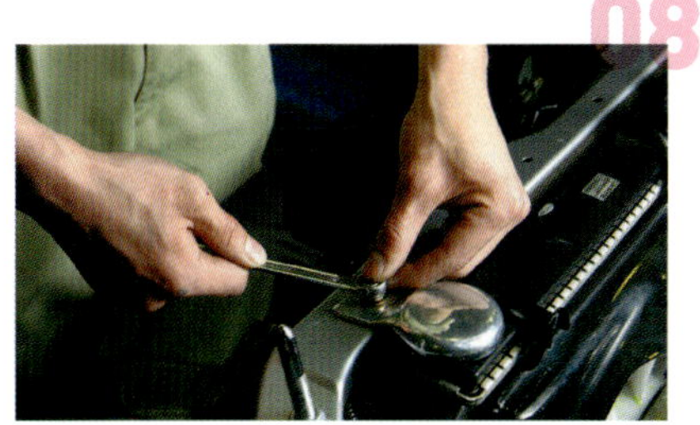

라디에이터의 고정 볼트를 분리한다.

라디에이터를 코어 서포트에 고정하고 있는 볼트를 분리한다. 이번에는 위쪽과 아래쪽에 각각 2개의 고정 볼트가 있었다.

순정 라디에이터를 분리한다.

라디에이터에 장착되어 있는 호스나 부품, 볼트를 모두 탈착했으면 위로 빼낸다. 이로서 탈착은 완료다.

코어에 보호용 골판지 등을 두른다.

장착할 때 핀이 손상되지 않도록 골판지나 두꺼운 종이로 코어 앞뒤를 둘러준다. 팬 슈라우드가 있으면 이 시점에서 대용량의 라디에이터로 옮겨 장착한다.

틈새 테이트를 붙인다.

라디에이터 상부 등의 틈새가 생긴 곳에 스펀지 재질의 틈새 테이프를 붙여두면 좋다. 이렇게 하면 바람이 헛되이 빠져나가지 않고 코어에 부딪치게 할 수 있어서 냉각 성능이 높아진다. 덧붙이자면 ARC 제품은 키트에 틈새 테이프도 포함되어 있었다.

부시를 잊지 않도록 한다.

라디에이터 아래쪽을 고정하는 브래킷 부시를 잊는 경우가 많은데 까먹지 않도록 한다. 순정 라디에이터를 탈착할 라디에이터에 붙어 있어서 못 보고 잊어버리는 경우가 많은 것 같다.

라디에이터를 차체에 고정시킨다.

드디어 대용량의 라디에이터를 차체에 장착하면 된다. 이때 코어가 부딪치지 않도록 신중하게 넣도록 한다. 핀을 찌그러트리지 않도록 주의하면서 탈착한 순서와 역순으로 라디에이터를 고정해 나간다. 전동 팬이나 인테이크 파이프, 호스 종류 등 탈착한 부품을 원래대로 장착하도록 한다.

냉각수 공급과 에어를 제거한다.

모든 장착이 끝났으면 냉각수를 넣어주고 에어를 빼준다. 덧붙이자면 알루미늄 재질의 파이프로 교환했으면 고무호스처럼 눌러서 에어를 빼지 못하기 때문에 에어를 빼기가 어렵다. 그래서 공들여 에어를 뺐다.

완성!!

각 접속부분에서 냉각수가 새지 않는지 확인한다. 확인이 됐으면 그것으로 작업완료다.

혼자서 할 수 있는 튜닝 파트 장착기술

알루미늄 재질로 호스가 찌그러지는 것도 해소, 드레스 업에도 최적의 아이템!

난 이 도	★
작업시간	약 1시간

알루미늄 라디에이터 어퍼 파이프 / 알루미늄 라디에이터 로어 파이프

대응차종 : 랜서 에볼루션 VIII/VIII MR/IX(CT9A)

가격 : 어퍼 파이프 160,000원 / 로어 파이프 105,000원

01

어퍼 쪽 교환

먼저 어퍼 쪽 라디에이터 고무호스부터 교환한다. 순정 호스를 잡아주고 있는 호스 밴드의 나사를 풀고 고무호스를 분리한다.

02

고무호스가 고착되어 있을 때

고무호스가 고착되어 있을 때에 긴요한 것이 호스 리무버다. 날카로운 끝을 호스 틈새로 끼운 다음 휙하고 돌리면 틈이 생기면서 간단하게 분리할 수 있다.

03

알루미늄 파이프를 장착한다.

준비한 알루미늄 재질의 라디에이터 파이프로 교환한다. 장착은 순정과 마찬가지로 호스 밴드로 조이면 된다. 너무 세게 조이면 밴드가 파손되거나 호스에 손상이 발생될 수 있으므로 냉각수가 새지 않을 정도로만 조인다. 수온 센서를 장착하는 구멍이 있으므로 센서를 장착하거나 부속된 볼트로 막아두도록 한다. 실리콘 재질의 호스를 사용할 경우도 작업은 동일하다.

04

완성!!

냉각수를 공급한 다음 새는 곳이 없는지 확인하면 완성이다.

01

로어 쪽 교환

로어 호스는 라디에이터 하부에 접속되어 있다. 어퍼 호스와 마찬가지로 호스 밴드를 풀어 분리한다. 로어 쪽에는 냉각수가 남아 있어서 분리하는 순간에 넘치게 되므로 주의할 것. 순정 고무호스를 분리했으면 어퍼 쪽과 마찬가지로 교환한 다음 호스 밴드로 연결하면 된다.

02

완성!!

냉각수가 새지 않는지 확인하고 문제가 없으면 완성이다.

BRAKE PAD & BRAKESHOE 편

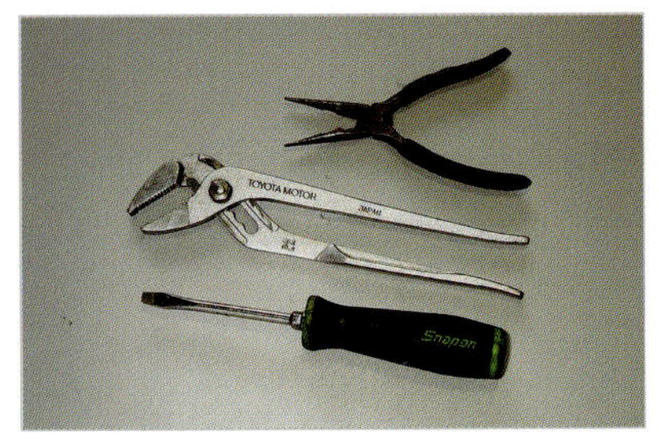

사용한 공구

롱 노스 플라이어, 워터 펌프 플라이어,
일자 드라이버

브레이크 패드는 캘리퍼의 피스톤에 의해 브레이크 디스크에 접촉하는데 이때 발생하는 마찰력에 의해 제동력을 얻게 된다. 일반적인 교환 사이클은 마찰면의 두께가 2mm 이하일 때라고 알려져 있는데 순정 패드의 경우는 사용 한계에 이르면 『끽~이익』 거리는 이상한 소리가 나기 때문에 알아차리기는 쉽다. 튜닝 카의 경우는 상황에 따라서 반 이하로 떨어지면 교환시기라고 판단하는 것이 좋을 때도 있다.

일반적으로 순정 패드는 내구성을 중시하고 튜닝용 스포츠 패드는 타입에 따라 다르겠지만 제동력을 중시하고 있다. 그러나 순정 패드는 대응하는 온도가 낮기 때문에 서킷을 주행하게 되면 열로 인해 순식간에 닳아 없어지는 경우도 있다. 대응 온도가 높은 스포츠 패드는 반대로 그렇게 쉽게 닳지는 않는다.

이너 드럼 브레이크의 슈 교환 사이클은 핸드 브레이크를 조정해도 잘 듣지 않을 때가 기준이 된다. 핸드 브레이크용 이너 슈의 경우는 사이드 턴을 많이 사용하지 않으면 마모를 걱정할 필요는 없을 것이다.

교환 작업에 있어서는 시간적인 여유를 갖고 차분히 하면 그다지 어려운 부분은 없다. 다만 브레이크와 관련해서는 생명과도 관련된 중요한 부분이므로 신중하게 작업해야 한다.

보수용 브레이크 패드

대응 차종 : 일본차 다수

텝스 이와바시

기본적인 공구만 있으면 작업 자체는 그다지 어렵지 않다. 단, 브레이크인 만큼 신중하고 확실하게 작업해야 한다.

01

휠을 탈착한다.

먼저 하체 쪽 작업이므로 자동차를 고정대에 올려놓고 휠을 탈착한다. 이때 잭에 올려서 하지 말고 고정대에 올려놓고 작업할 것을 권장한다. 힘을 주어야 하는 작업도 있어서 잭으로만 하다보면 떨어질 가능성도 있기 때문이다.

02

클립을 분리하고 패드 핀을 뺀다.

여기서 교환하는 차량은 닛산 스카이라인의 대향 4포트 캘리퍼다. 패드 핀이 빠지지 않도록 고정하고 있는 클립을 분리한 다음 롱 노스 플라이어 등으로 패드 핀을 빼낸다. 이때 크로스 스프링(패드를 눌러주고 있는 십자 모양의 판)을 눌러주면서 빼지 않으면 크로스 스프링이 튕겨 나가게 되므로 주의할 것.

03

피스톤을 벌려준다.

새 패드로 교환할 때 당연한 말이지만 새 패드의 두께가 더 두꺼우므로 새 패드가 들어갈 수 있도록 캘리퍼의 피스톤(패드를 디스크 쪽으로 밀어주기 위한 워터 펌프 플라이어)을 벌려준다. 교환할 패드가 끼여 있는 상태에서 두 개의 피스톤을 동시에 벌려주면 된다. 공구상점에 가면 피스톤 리턴 전용의 툴도 판매하고 있다.

04

패드를 빼낸다.

피스톤을 벌렸으면 브레이크 패드를 플라이어를 사용하여 빼낸다.

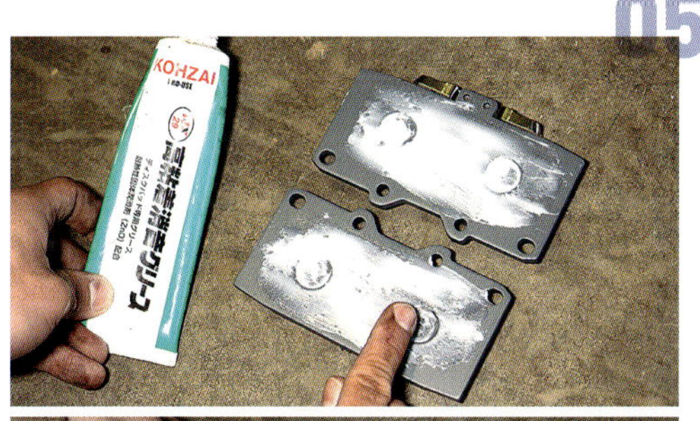

05

그리스를 바른다.

장착할 새 패드의 뒷면에 잡음을 방지하기 위해 그리스를 바른다. 사용이 끝난 패드에서 이너 심과 아우터 심을 떼어낸 다음 새 패드에 똑같이 부착한다.

06

새 패드를 끼워 넣는다.

탈착할 때의 역순으로 장착하면 된다. 먼저 패드를 넣고 크로스 스프링과 패드 핀을 끼운다. 그리고 마지막으로 클립을 끼운다. 패드 핀을 일자 드라이버로 회전시키고 클립은 패드 핀의 작은 구멍에 정확히 고정하면 완성이다.

혼자서 할 수 있는 튜닝 파트 장착기술

스프링이나 핀, 와셔 등 자잘한 부품이 많으므로 잊어먹지 않도록 주의!

난 이 도	★★★★
작업시간	약 2시간

보수용 리어 브레이크 슈

대응 차종 : 다수

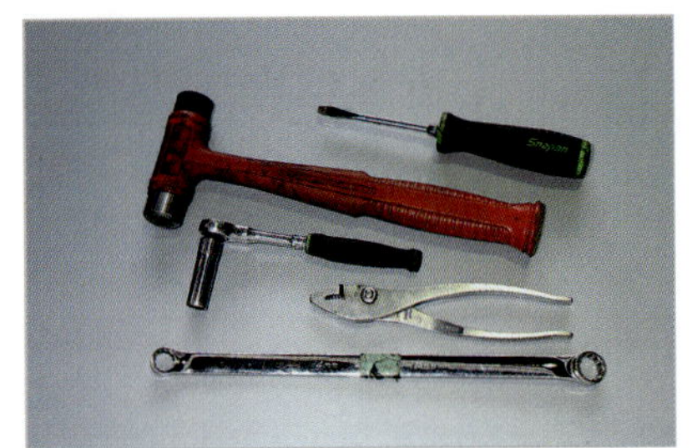

사용한 공구

일자 드라이버, 플라스틱 해머, 래칫, 플라이어, 17mm 콤비네이션 렌치, 14mm 소켓

01

핸드 브레이크 레버를 내린다.

핸드 브레이크 레버를 내려 드럼 브레이크가 자유로운 상태가 되게 한 다음 작업을 시작한다.

02

캘리퍼와 디스크를 탈착한다.

캘리퍼 안쪽에 있는 2개의 장착 볼트를 풀고 캘리퍼를 디스크에서 탈착한다. 디스크가 고착되어 잘 떨어지지 않는 경우도 많다. 그럴 때는 드럼(허브 볼트가 나와 있는 부분)의 나사 부분에 M8 볼트 2개를 번갈아 끼워서 비틀면 간단하게 탈착할 수 있을 것이다.

슈 홀드 핀을 탈착한다.

각각의 슈를 백 플레이트에 고정하고 있는 슈 홀드 핀은 일자 드라이버를 사용해 분리한다. 이로써 슈가 자유로운 상태가 되므로 탈착하면 된다.

리턴 스프링과 가이드 플레이트를 탈착한다.

위쪽에 장착되어 있는 2개의 리턴 스프링을 롱 노즈 플라이어 등을 사용하여 탈착한다. 이로써 상부를 분할할 수 있게 되면서 속에 있는 가이드 플레이트를 꺼낼 수 있다.

차체에서 브레이크 슈를 탈착한다.

상부를 넓히면서 아래로 슈 전체를 내린다. 그러면 핸드 브레이크 와이어와 연결되어 있는 토글 레버(toggle lever)가 나타나는데, 플라이어 등으로 스프링을 조이면서 탈착하면 된다.

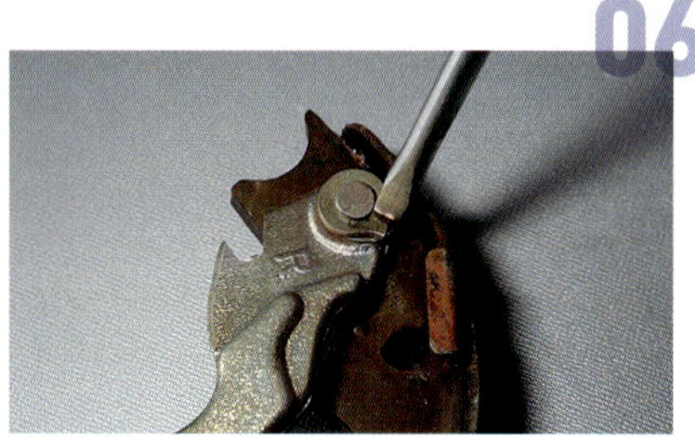

토글 레버를 새로운 슈에 옮겨 단다.

토글 레버를 재사용해야 하므로 낡은 슈에서 탈착한다. 리테이너 링이라고 불리는 한 쪽에 틈이 난 링을 일자 드라이버로 비틀어서 분리한다. 그리고 새로운 슈에 토글 레버를 장착하고 리테이너 링을 끼운다.

사이드 브레이크를 조정한다.

탈착한 순서의 역순으로 슈를 조립한 다음 핸드 브레이크 작동을 조정한다. 이번 조립 방법의 경우에는 어저스터의 요철 부분에 일자 드라이버를 걸고 아랫방향으로 돌리면 넓어진다(나사를 반대로 장착했을 경우에는 위로 돌려야 넓어진다). 이러한 방법으로 유격이 없도록 조정하면 된다. 여기서는 알기 쉽도록 디스크를 장착하지 않고 조정했지만 실제로는 디스크를 장착하고 조정 구멍을 사용하여 작업하게 된다.

캔틸 브레이크, 사이드 브레이크 일체형 리어 브레이크의 경우

캔틸 브레이크의 경우는 2개의 슬라이드 핀 가운데 아무 것이나 탈착한 다음 캘리퍼 본체를 들어올려서 패드를 교환하면 된다. 교환할 때는 슬라이드 핀을 2개 모두 탈착한 다음 세정 그리스를 발라두면 좋다. 또한 핸드 브레이크 일체식인 리어 캘리퍼의 피스톤은 홈에 롱 노스 플라이어 끝을 끼운 다음 돌려주면 피스톤을 되돌릴 수 있다.

추가 미터 편

난 이 도	★★★
작업시간	약 5시간

전원과 어스의 확실한 배선과 센서 등의 배선 레이아웃이 포인트!

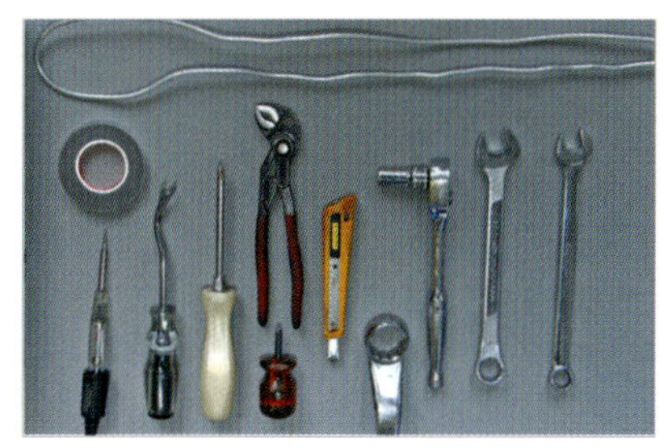

엔진 상태를 파악하기 위해 장착하는 것이 바로 추가 미터다. 더불어 패션적인 어필도 강하기 때문에 많은 튜닝 카들이 장착하고 있는 아이템이다.

그 중에서도 시동 키를 돌리면 미터의 눈금이나 바늘이 빛나면서 화려한 작동 시작을 알려주는 데피의 링크 미터BF는 가장 인기를 끄는 제품들 가운데 하나다.

성능과 비주얼을 극대화시킨 이 미터의 또 다른 특징은 컨트롤 유닛을 중심으로 집중 제어하는 데이지 체인(daisy chain, 직렬연결) 방식이라는 점이다.

하이테크 통신 제어를 통해 전원이나 유닛에서 미터까지의 배선이 단 1개로 끝나기 때문에 복수의 미터를 장착할 때 작업의 효율이 아주 뛰어나며, 미터 레이아웃을 자유롭게 가져갈 수 있다.

링크 미터BF(터보 · 수온 · 유압)

대응 차종 : 일본 스포츠 카 대다수

가격 : 180,000원~(미터 본체/컨트롤 유닛II 별매) / 120,000원(컨트롤 유닛)

데피 히로가와

가장 먼저 배선과 각 장치의 레이아웃을 계획함으로써 깨끗하고 확실하게 장착하자!

DIY 시작

01 센서를 장착한다.

먼저 센서 종류를 장착한다. 수온 센서는 어태치먼트를 준비한 다음 어퍼 호스에 연결하고 유온 센서 & 유압 센서는 샌드위치 블록을 사용하여 오일 필터와 엔진 블록 사이(수냉 오일 쿨러가 있는 경우는 탈착한다)에 장착한다. 터보 미터(부스트 미터)는 서지탱크 주변의 배관에 쓰리웨이 부품을 이용하여 장착하는 것이 일반적이다. 유온은 오일 팬의 드레인 쪽에 장착하는 경우도 있다. 터보 미터의 센서는 물에 젖지 않도록 아래쪽에 장착하도록 한다.

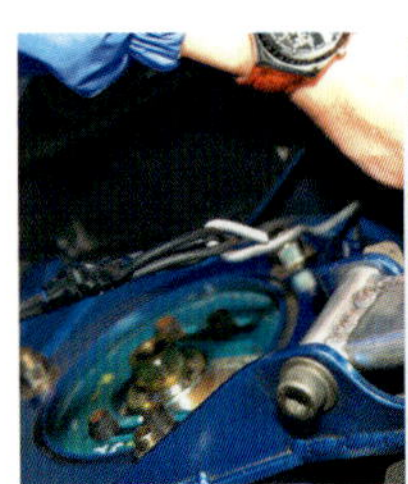

02 배선을 실내로 끌어온다.

센서와 연결된 하니스를 실내로 끌어온다. 벌크 헤드에 있는 그로밋을 통해 철사를 엔진룸에 넣은 다음 사진처럼 커플러에 부담을 주지 않으면서 당긴다. 여러 센서에서 하니스를 빼주는 그로밋까지의 배선을 깔끔하게 마무리할 수 있도록 레이아웃에 신경을 쓰는 데 길이를 너무 팽팽하게 하지 말고 약간의 여유를 두도록 한다.

03 미터와 유닛의 위치를 정한다.

전원을 분기하는 위치부터의 거리, 엔진룸부터의 하니스 길이, 유닛에서 미터까지의 길이를 감안하여 컨트롤 유닛과 미터의 배치를 결정한 다음 장착한다. 이때 하니스가 너무 길거나 부족하면 길이가 긴 하니스를 별도로 구입해서 사용하도록 한다.

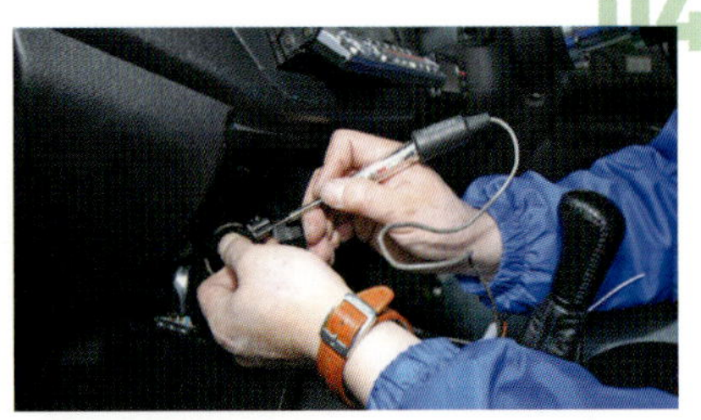

04 유닛에 전원을 연결한다.

컨트롤 유닛 II에 전원을 연결하고 어스를 보디에 연결한다. 전원은 ① 상시, ② 이그니션 온, ③ 조명 3종류로서 일반적으로 키 실린더 주변이나 오디오 주변, 에어컨 주변, ECU 주변에서 분기한다. 이상적인 것은 납땜을 하는 것이지만 부속된 일렉트로 탭을 사용할 때는 회로 불량에 주의할 것. 이 시점에서 한 번 정도 임시로 배선을 한 다음 작동 여부를 확인한다.

05 미터 본체와 유닛을 고정한다.

전원 & 센서 하니스, 미터 컨트롤 하니스를 배선했으면 미터 본체와 유닛을 고정한다. 미터에서 유닛으로 가는 하니스는 되도록 눈에 띄지 않도록 미터 패널 사이를 지나가게 했다. 미터 후드(이번에는 3열 후드를 사용했다)는 충돌 시에 떨어지면서 탑승자에게 날아오면 위험할 수 있으므로 양면 테이프 뿐만 아니라 나사로 고정하는 것이 좋다.

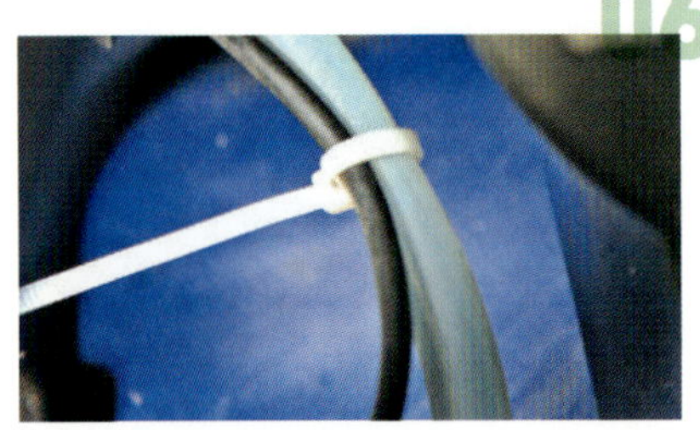

06 하니스 종류를 고정하는 방법

실내 쪽에서 남아도는 하니스는 같이 묶어서 방해가 되지 않도록 보이지 않는 곳에 고정한다. 엔진룸 쪽 하니스도 열이 나는 곳을 피해 약간의 여유를 두고 고정하도록 한다. 타이 랩이나 주름 튜브, 또는 필요에 맞춰 내열포 등을 사용하면 좋다.

07 완성!!

미터의 종류를 오랫동안 사용하면 센서가 고장 나는 경우도 적지 않다. 그럴 때를 위해 레이아웃은 심플하게 하는 것이 부품 교환이나 수리하기에 쉽다. 덧붙이자면 데피의 링크 미터는 전원의 불안정이나 어스에 불량이 있으면 오프닝/클로징 세러모니 모드로 들어가므로 그러한 증상이 있을 때는 전원계통을 점검하도록 한다.

ROLL CAGE ^편

| 난 이 도 | ★★★ |
| 작업시간 | 약 8시간 |

안전 확보와 강성을 향상시키기 위해
텐션을 걸어 장착하는 것이 핵심이다!

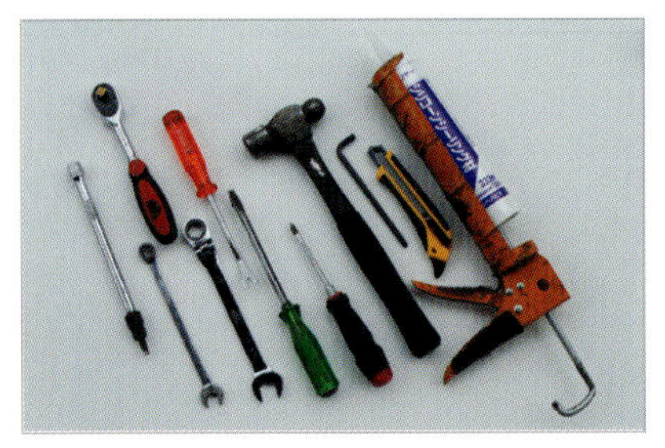

사용한 공구

드라이버, 해머, 클립 리무버, 래칫,
6각 렌치, 칼, 드릴, 펀치, 코킹 재료 외

사고가 났을 때 신체를 보호해 주는 롤 케이지는 서킷 주행을 하지 않더라도 장착해 두면 좋은 아이템이다. 캐빈이 찌그러지는 것을 막아주고 보디의 강성을 향상시킬 뿐만 아니라 밖에서 보기에 레이싱 카 느낌을 풍기기 때문이다.

작업도 별로 어렵지 않아서 롤 바를 조립한 다음 볼트로 고정하면 될 정도로 간단하다. 다만 보디를 수리한 적이 있거나 주행거리가 많은 자동차는 차체 자체가 뒤틀려 있을 수 있어서 쉽게 장착하지 못하는 경우도 있다.

또한 좌우 바를 헷갈려서 잘못 조립하는 사람도 있다고 하므로 임시 조립 과정을 반드시 거치도록 한다. 플로어에 구멍을 뚫고 나서야 잘못된 것을 알아차려서는 때늦은 것이기 때문이다.

크로몰리 롤 케이지(7점식 · 트렁크스루 타입)

대응 차종 : 일본 스포츠 차종

가격 : 80만원 닛산 마치 K12용의 경우)

사이토 롤 케이지 사이토
튼튼히 장착하기 위해서는 두 명 이상이 작업하는 것이 효율적이다.

01 장착에 방해가 되는 것들을 탈착한다.

먼저 작업을 진행하는데 있어서 방해가 되는 내장을 탈착한다. 이번에는 시트와 도어 부근의 내장, 선바이저, 필러 쪽의 시트 벨트 연결 부위를 탈착했다. 그리고 바닥 카펫은 가운데로 모아둔다.

롤 케이지를 임시 조립한다.

사진처럼 메인 아치→앞쪽→뒤쪽 순서로 임시 조립한다. 앞쪽은 최대한 A필러에 밀착하도록 좌우로 당기면서 위치를 결정하는 것이 요령이다. 내장과 간섭을 일으키면 그 부분을 원통 톱으로 잘라준다. 또한 보디가 뒤틀려 있는 등의 이유로 조립이 잘 안 될 때는 우격다짐으로 하다보면 어떻게든 맞춰지는 수가 있다. 그래도 안 되면 해머로 바닥을 두드려 틈을 만들어 주는 등의 조정도 필요하다.

03 마킹 처리를 한다.

장착 위치가 정해졌으면 롤 케이지를 연결할 바닥 부위를 유성 매직으로 표시해 둔다. 그리고 임시 조립한 롤 케이지를 분해하여 일단 자동차 밖으로 빼낸다.

04 언더 코트를 벗긴다.

마킹한 부분의 언더 코트나 코킹 재질을 벗긴다. 일자 드라이버를 대고 해머로 두들기면 잘 벗겨질 것이다.

05 롤 바에 패드를 감는다.

이번에는 작업 시간을 단축하기 위해 처음부터 롤 바에 패드를 감아두었지만 여러분은 임시 조립으로 장착을 확인하고 나서 패드를 감기 바란다. 패드 안에 베이비 파우더를 넣어두면 부드럽게 바를 삽입할 수 있다. 조인트 부분이 있는 바는 그 끝 부분의 패드를 칼로 찢어놓고 나서 삽입한다. 삽입한 다음에 순간 접착제로 합체시키면 깨끗하게 마무리된다.

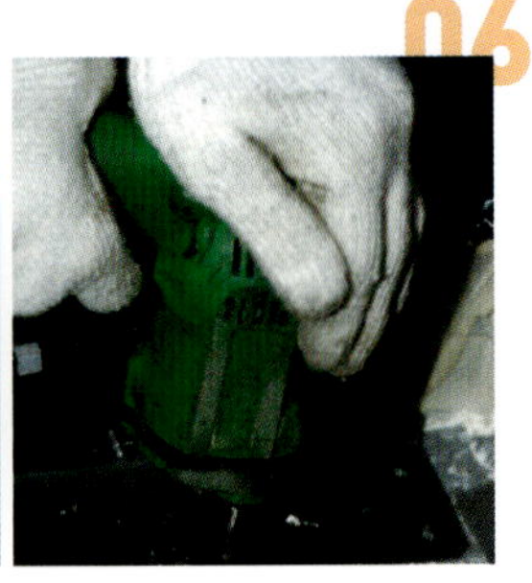

06

바닥에 구멍 뚫기 & 완전 조립

드디어 완전 조립 순간이다. 임시 조립과 동일한 요령으로 자동차 안에 롤 케이지를 조립한다. 바닥에 연결할 부분은 반대편에 연료 파이프나 배선이 없는지 확인하고 나서 전동 드릴로 구멍을 뚫는다. 바가 방해를 해서 작업이 잘 진행되지 않을 때는 마킹을 해 둔 다음 일단 탈착하고 나서 구멍을 뚫도록 한다.

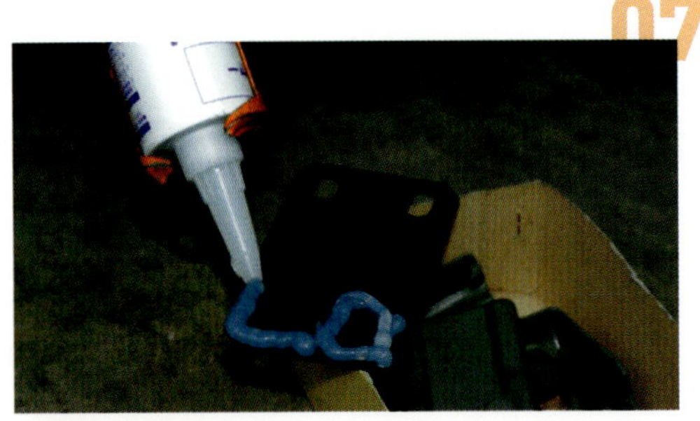

07

보강판을 실링한다.

바닥 반대편에 부속된 보강판을 대주는데 이것을 장착하기 전에 방수를 위해 실링 처리를 먼저 해준다. 조금씩 바르지 말고 듬뿍 바르도록 한다.

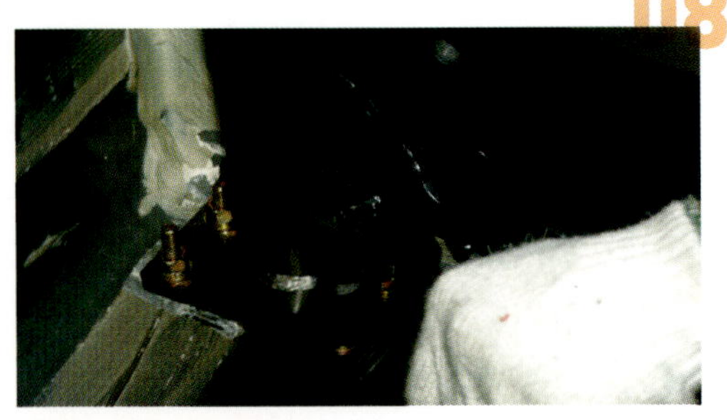

08

볼트로 완전히 조립한다.

사진처럼 볼트는 바깥쪽부터 실내를 향해 끼우는 것이 기본이다. 바깥쪽에 긴 볼트가 튀어나오면 지면과 간섭할 우려가 있기 때문이다. 전체적인 균형을 봐가면서 바닥의 연결 부분, 롤 케이지 접속부분의 순서대로 완전 조립한다.

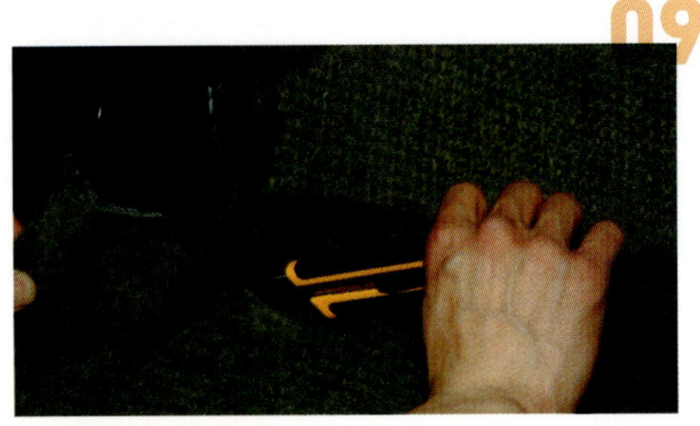

09

바닥 매트의 처리방법

롤 케이지를 접속한 부분의 바닥 카펫은 칼로 잘라내면 깔끔하게 원래대로 되돌릴 수 있다.

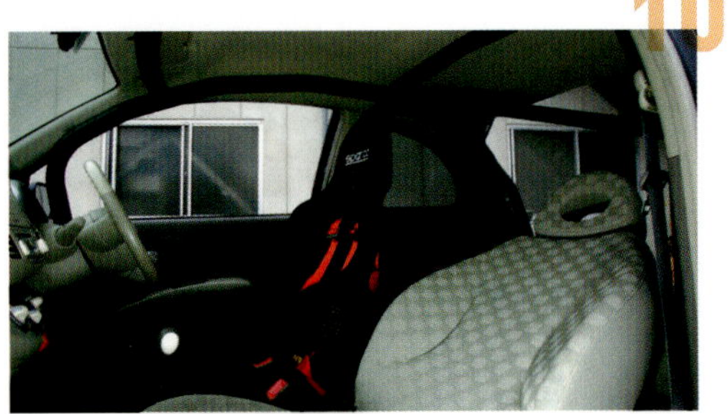

10

완성!!

내장이나 시트를 원래대로 장착하면 작업 끝이다! 보기에도 레이싱 카 같은 분위기를 풍긴다.

보디 보강 파트_편

간편한 장착으로 효과도 만점
다만 프레임이 휘어진 차량은 주의를 요함!!

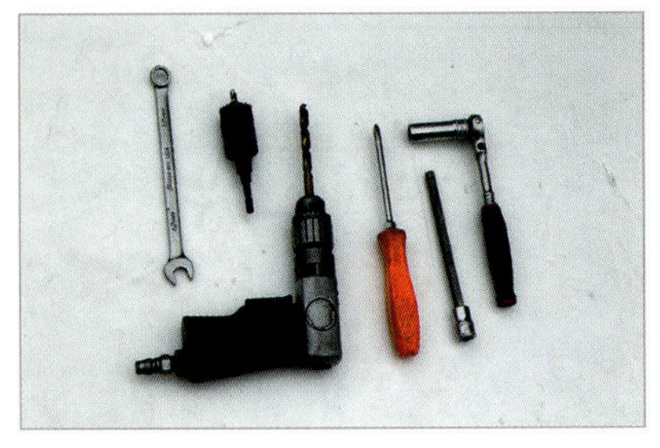

사용한 공구

콤비네이션 렌치, 래칫, 드릴, 원통 톱,
드라이버, 헥사곤 렌치 외

최근 몇 년 동안 왜건 차에까지 효과를 인정받으면서 인기를 끌고 있는 보디 보강 파트. 그 효과에 대한 체감도가 높아서 보강에 대한 매력에 빠진 사용자도 적지 않을 정도다.

요컨대 고속으로 주행할 때나 울퉁불퉁한 곳을 넘을 때에도 효과를 확실히 느끼는 경우가 많다. 느낌상으로는 차체의 골격이 1단계 이상 상승한 것 같은 안정감과 안심감을 준다. 물론 서킷이나 언덕길에서는 더 직접적으로 중요성을 느낄 수 있다.

여기서 소개할 MSG 액티브의 슈퍼 갓즈 봉 시리즈는 기본적으로 볼트 온(bolt-on)이면서, 사용자가 DIY로 장착할 수 있는 수준의 부분적 보디 가공까지 시야에 넣고 설계했다. 이렇게 함으로써 제품이 더 효과적인 형상이 된다고 보기 때문이다.

장착이 가능한 차종이 약 400종이나 될 정도로 폭넓은 한편 설정이 없는 차종이라도 군마현의 MSG 액티브로 갖고 가면 맞춤형 제작이 가능하다. 홈페이지에도 모든 라인업이 게재되어 있지는 않으므로 흥미가 있는 사람은 직접 문의하면 된다.

한편 사고 경력이 있어서 프레임이 비틀어진 차량 등은 볼트 구멍의 위치를 수정하는 등의 가공이 필요한 경우도 있다. 이것은 볼트 온을 내세우는 보강 파트 제품들에게서 공통적으로 볼 수 있는 주의점이다.

슈퍼 갓즈 봉(플로어 바)

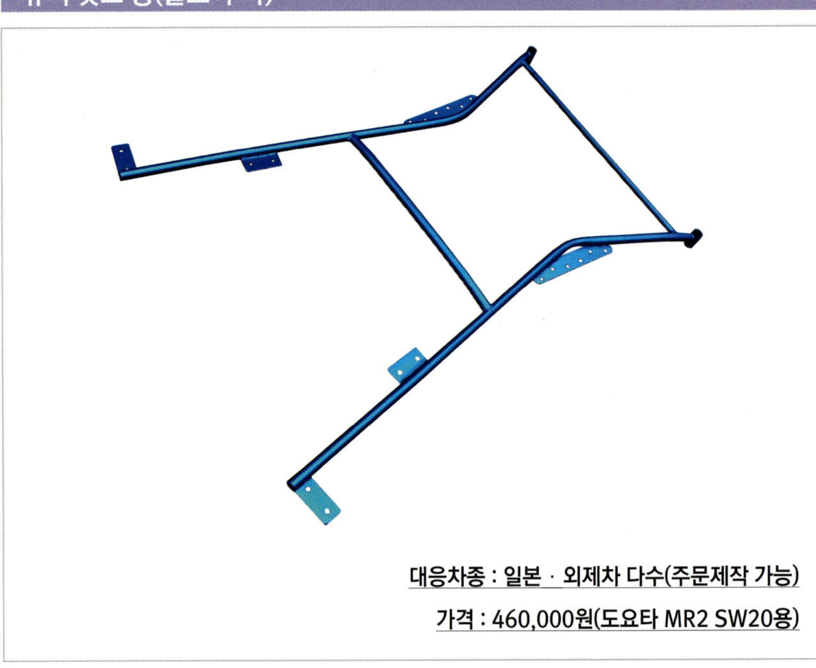

MSG액티브 나카무라
작업은 간단하다. 구멍을 뚫은 곳에 방수 처리하는 것도 잊지 말도록!!

DIY 시작

01

시트를 탈착하고 바닥재를 벗긴다.

플로어 바를 장착하기 위해서는 바닥에 구멍을 뚫어야 하는 차종도 많다. 그런 경우에는 시트와 바닥재 등의 내장을 탈착할 필요가 있다.

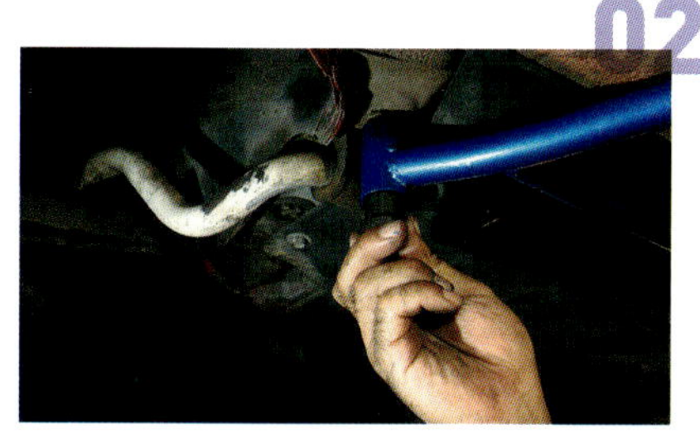

02

장착 위치를 확인한 다음 볼트를 함께 체결한다.

이어서 차체 밑쪽에서 플로어 바 장착에 들어간다. 먼저 함께 체결하게 될 스태빌라이저 장착 볼트를 좌우 1개씩 푼 다음 플로어 바를 그 사이게 끼우고 임시로 체결해 둔다.

03

커버 플레이트에 맞추어 바닥에 볼트 구멍을 뚫는다.

뒤쪽 방향은 좌우 각각 3군데의 커버 플레이트를 플로어와 같이 체결하는데, 그 부분에는 드릴로 구멍을 뚫을 필요가 있다. 부속된 M8 볼트보다 조금 더 굵은 드릴로 구멍을 뚫도록 한다.

04

볼트 구멍에 코킹 한다.

뚫린 볼트 구멍 주위에 녹 방지를 위해 터치펜을 한 다음 코킹으로 방수처리를 해 주는 것이 이상적이다.

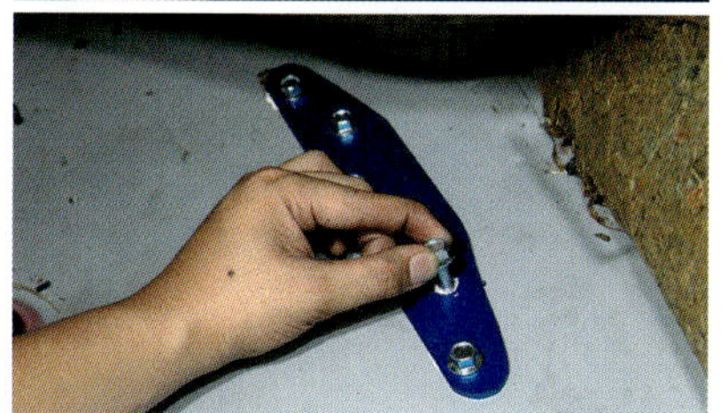

05

플로어를 사이에 두고 위아래에서 고정한다.

플로어의 위아래를 커버 플레이트와 플로어 바를 볼트로 체결한다. 이때 약간의 위치를 조정할 수 있도록 일단 임시로 고정해 둔다. 일반적으로 나사를 보디 안쪽을 향하도록 하는 것이 정석이지만 실내쪽의 요철을 최소한으로 하기 위해 실내에서 실외 쪽을 향해 볼트를 체결하는 방법도 있다.

06

각 볼트를 완전히 조인다.

뒤쪽까지 총 6곳의 볼트를 다 장착했으면 모두 완전히 조이도록 한다. 진동에 의해 너트가 풀리지 않도록 로크 타이트를 발라 두는 것도 좋을지 모른다.

07

완성!!

내장을 원래 상태로 해 놓으면 장착완료. 도요타 MR2(SW20)의 경우는 플로어에 강고(強固)한 프레임이 없기 때문에 앞부터 뒤까지 넓은 면적에 걸쳐 일체화시킬 수 있다. 그만큼 플로어 면의 보강 효과가 높다고 할 수 있다.

응력 분산을 위한, 문짝 주변의 가벼운 보강 파트

난 이 도	★★
작업시간	약 2시간

수퍼 갓즈 봉(A필러 바)

대응 차종 : 다수(주문제작 가능)

가격 : 20만원(SW20용)

A필러의 내장을 벗긴다.

이름 그대로 A필러에 보강 바를 볼트 온으로 장착하기 위해 먼저 내장을 벗기고 고정 볼트 위치를 확인한다. MR2의 경우 동승석은 상단 손잡이 볼트 구멍, 운전석은 같은 위치에 있어서 사용하지 않는 볼트 구멍을 사용하게 된다.

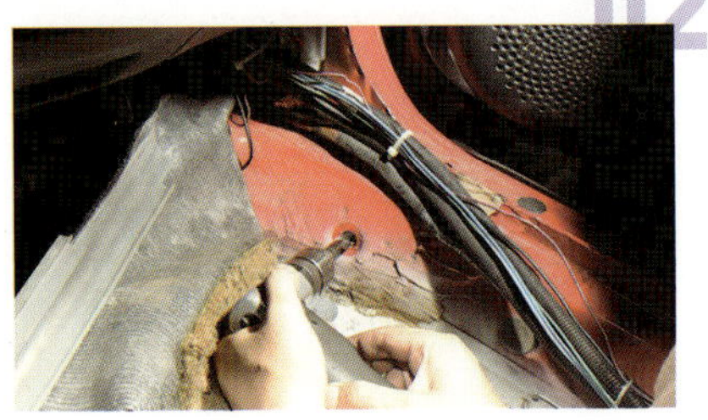

드릴로 서비스 홀을 넓힌다.

아래쪽은 융단을 젖혀 나타나는 발 근처의 서비스 홀을 드릴로 확대하여 장착할 위치를 만든다. 장착 위치에 관해서는 차종에 따라 볼트 온으로 가능한 것도 있지만 별도로 구멍을 뚫어야 하는 것도 있다.

A필러 내장에 구멍을 뚫는다.

떼어낸 내장의 바 고정 위치에 원통 톱으로 구멍을 뚫는다. 동승석 쪽은 손잡이 장착용 구멍이 있었기 때문에 가공할 필요가 없었다.

내장을 장착하고 위쪽 볼트를 임시로 조인다.

A필러용 내장을 원래대로 장착하고 A필러 바의 위쪽을 임시로 조인다. 아래쪽 위치를 맞추는 등의 작업이 필요하므로 아직 완전히 조이지 않도록 한다.

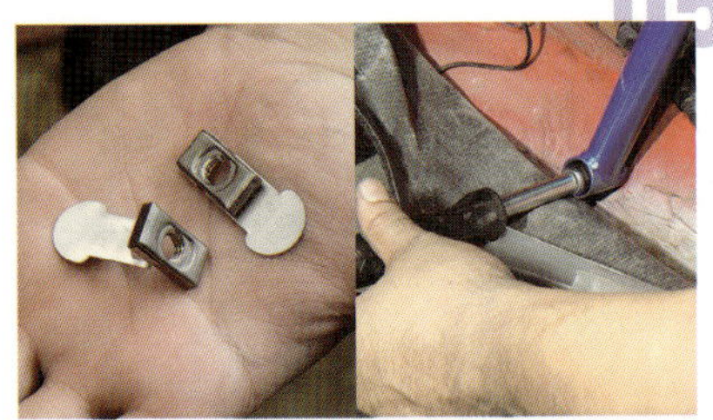

중공 너트를 사용해 아래쪽 볼트를 고정한다.

아래쪽은 넓혀 놓은 서비스 홀에 중공 너트라고 부르는 너트를 대고 볼트를 장착할 수 있게 한다. 이 너트가 꽤나 유용해서 자루 모양을 한 부분 안쪽에 간단하게 너트를 끼울 수 있다. 융단을 원래대로 해 놓을 때 이 바가 튀어나오는 부분을 칼로 잘라 내도록 한다.

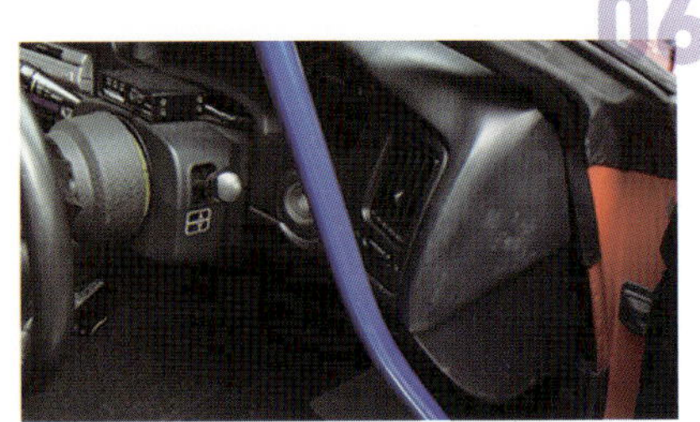

완성!!

마지막으로 모든 볼트를 완전히 체결하면 작업 끝이다. 이 바는 스티어링 핸들을 돌렸을 때의 응답성 향상 효과 등을 기대해 볼 수 있다..

앞뒤 끝 쪽의 보강은 트랙션 성능을 향상시킨다.

난 이 도	★
작업시간	약 1시간

대응 차종 : 다수(주문제작 가능)

가격 : 160,000원(SW20용)

01

트렁크 룸의 내장을 탈착한다.

숨겨진 볼트나 내장 고정용 핀을 찾으면서 내장을 탈착한다. 덧붙이자면 이 당시 도요타 자동차의 내장 고정 핀은 센터 부분을 드라이버 등으로 누르면 빠지는 구조가 많다. 그 밖에도 당기기만 하면 되는 것이나 십자 드라이버로 센터 부분을 빼면 삽입 & 분리가 자유로워지는 타입 등이 있다.

02

보강 볼트를 푼다.

SW20의 리어 엔드 바는 범퍼 레인포스먼트와 같이 체결하기 때문에 이 너트를 풀어야 한다. 좌우 프레임에 고무 재질의 그로밋이 4군데 있으므로 탈착하고 작업하면 된다.

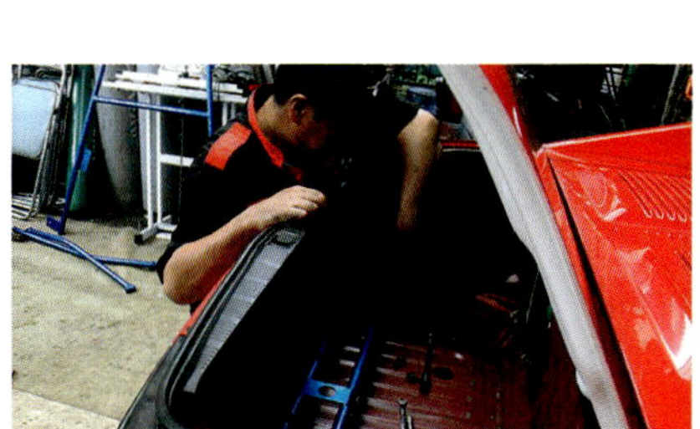

03

부속된 볼트로 같이 체결한다.

레인포스먼트와 더불어 리어 쪽 패널에도 고정 볼트가 있다. 레인포스먼트는 부속된 헥사곤 볼트로, 리어 쪽은 일반 볼트 & 너트로 고정한다. 일단은 모든 볼트를 임시로 체결하고 마지막으로 완전히 체결한다.

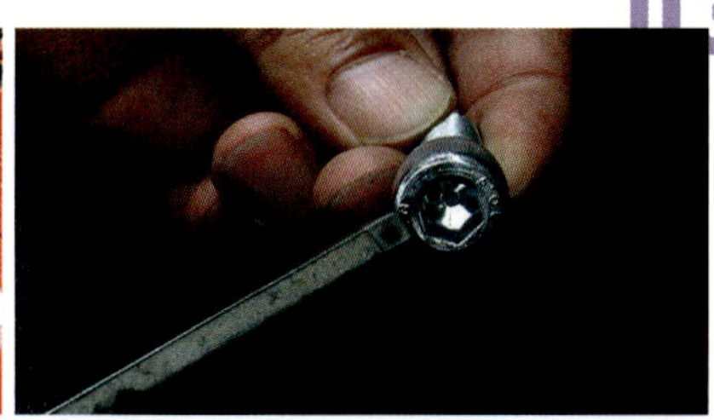

04

완성!!

볼트를 완전히 체결하면 작업은 끝이지만 이대로는 내장을 깔끔하게 장착하지 못 한다. 내장을 장착할 때는 내장을 고정하는 위치에 구멍을 뚫은 다음 리어 엔드 바를 장착하기 전에 내장을 장착하도록 한다.

카본 내장 편

| 난 이 도 | ★ |
| 작업시간 | 약 2시간 |

클립이나 볼트 정도의 간단한 시공으로 레이싱 카 느낌의 내장을 연출!

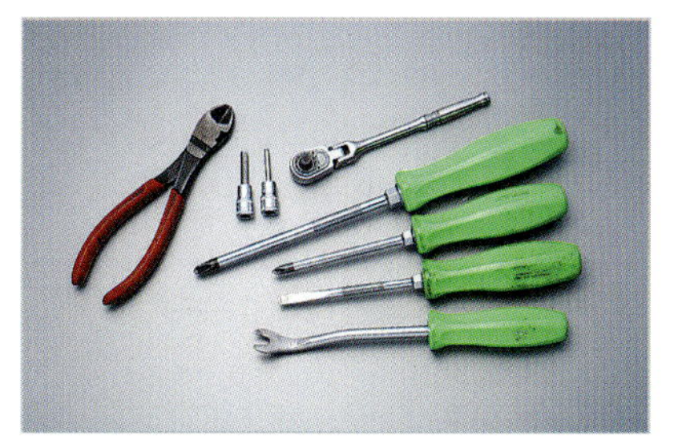

사용한 공구

드라이버, 클립 리무버, 래칫, 헥스 소켓,
컷팅 플라이어 외

경량화와 함께 보기에도 레이싱 카 스타일의 느낌을 연출해주는 카본 내장 도어. 순정 내장을 탈착하고 교환만 하면 될 정도로 간단해서 경량화를 어렵다고 생각하는 사람이나 내장에 변화를 주고 싶은 사람에게 제격인 아이템이다.

순정 내장은 클립과 볼트로 고정되어 있으므로 기본적으로 그것을 탈착한 다음 교환하면 끝이다.

다만 제품에 따라서는 파워 윈도우의 스위치를 옮겨달아야 하거나 별도의 손잡이를 장착하는 작업이 필요하다. 작업 자체는 그다지 어렵지 않으므로 초보자도 DIY로 충분히 가능하다.

대응 차종 : 닛산 스카이라인 R32, R33, R34 / 실비아 S13, S14, S15 / 도요타 AE86

※스카이라인용은 2도어 차량용. 동승석 쪽은 개발 중

가격 : 430,000원(한 쪽)

비 레이싱 히로가와
플라스틱 파트가 많기 때문에 깨지지 않도록 조심스럽게 작업하는 것이 중요하다.

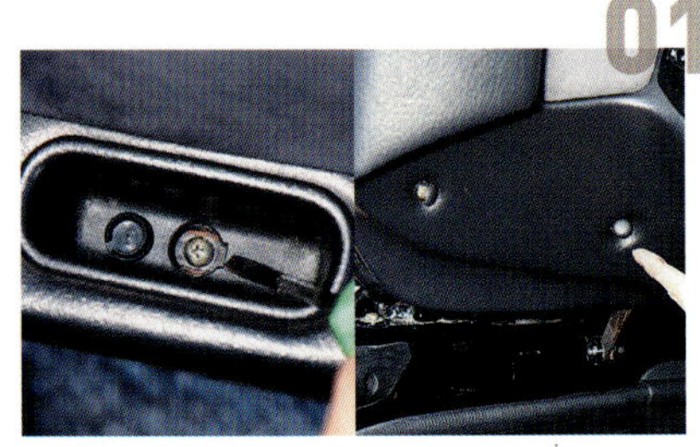

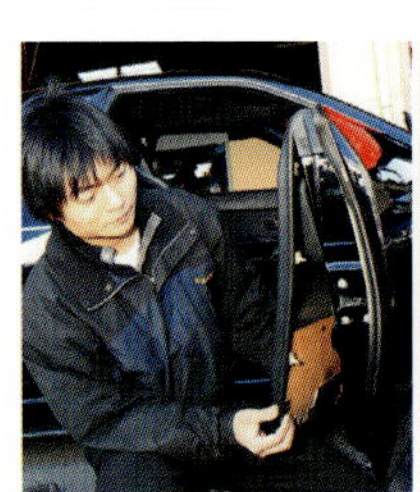

고정 볼트를 푼다.

도어 내장을 고정하는 볼트는 보이는 곳뿐만 아니라 안 보이는 곳에 있는 경우도 많다. 캐치를 분리하면 보이기도 하므로 도어 노브 주변 등을 꼼꼼히 살피도록 한다.

도어 노브 커버를 분리한다.

클립 리무버나 일자 드라이버를 사용하여 도어 노브 커버를 탈착한다. 오래 된 자동차는 플라스틱이 노화되어 쉽게 파손되는 경우도 있기 때문에 조심스러운 작업으로 부품을 너무 세게 탈착하지 않는 것이 요령이다.

클립을 분리한다.

내장을 손으로 당기면 클립이 떨어져서 분리할 수 있다. 분리하기가 쉽지 않으면 클립 리무버를 클립에 꽉 대고 지렛대 요령으로 분리한다. 이때 리무버가 닿는 부분을 검 테이프 등으로 붙여 놓으면 상처가 나지 않는다.

내장을 분리한다.

고정 볼트 및 클립을 빼내면 도어 상부에 끼우는 부분이 있어 위로 슬라이드 되는 느낌으로 추켜 올리면서 벗겨낸다. 또 파워 윈도우 스위치 등 커플러를 빼내면 완전히 분리할 수 있다.

부속품을 떼어낸다.

도어에는 스피커나 손잡이 프레임 등이 붙어 있다. 비 레이싱의 내장은 이것들이 있으면 장착이 안 되기 때문에 모두 탈착해야 하며, 패널 안쪽에 윈드 레귤레이터 릴레이가 숨어 있을 수도 있다.

스위치를 옮겨 단다.

프레임에서 일체를 이루었던 파워 윈도와 전동 미러 스위치를 탈착한 다음 분리하여 카본 내장에 옮겨 단다. 내장에는 장착을 위한 구멍에 기준선이 표시되어 있으므로 그 선을 따라 드릴이나 철사를 사용하여 구멍을 뚫는다. 볼트나 너트는 별도로 준비해야 한다.

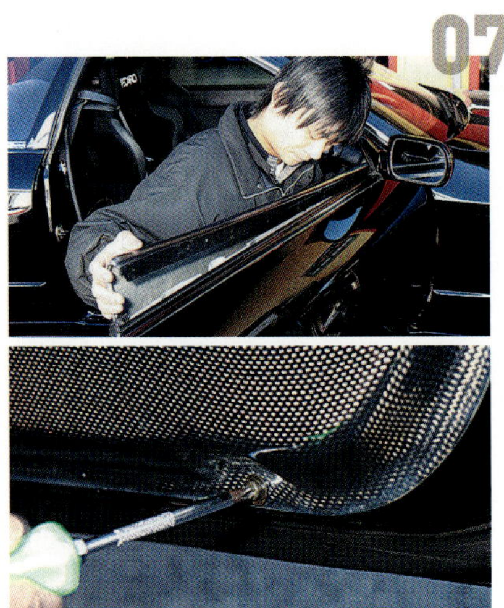

조립한다.

탈착한 순서의 역순으로 상부 패널을 끼우고 나서 하부의 볼트를 체결하면 된다. 클립 등은 없으므로 장착은 아주 간단하다.

고리를 장착한다.

순정 고리 프레임 구멍은 태핑 나사로 고정되어 있다. 이 내장을 장착할 때는 프레임 두께 만큼의 간격이 생기므로 긴 볼트를 사용해야 한다(비 레이싱에서는 알루미늄 파이프로 스페서를 만들어 장착). 긴 태핑 나사는 쉽게 구하지 못하므로 문짝 쪽에 너트 리벳을 박아 긴 볼트로 고정했다.

완성!!

시판되는 손잡이나 벨트 등을 준비한 다음 도어를 당길 수 있도록 하면 완성이다. 화려하지 않지만 보기에 멋진 내장으로 바뀌지 않았는가!

LEAR SHEET COVER _편

난 이 도　　★★
작업시간　　약 2시간

뒷좌석 시트를 없애는 대신
패널 커버로 멋지게 마무리!

플라스틱 모델 감각으로 장착 가능!

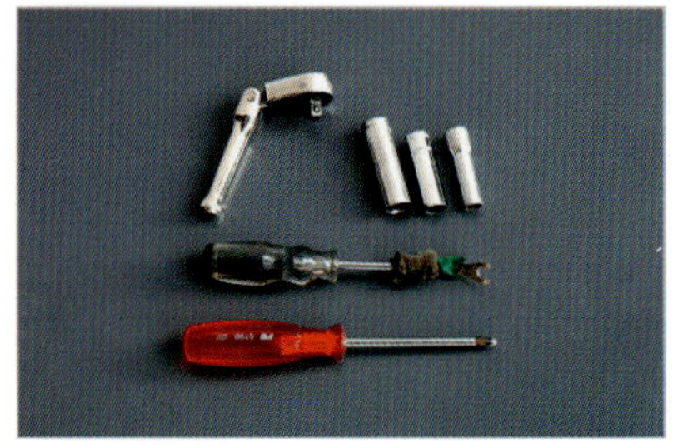

사용한 공구

드라이버, 클립 리무버, 래칫 렌치,
헥스 소켓 외

실비아 & 180SX를 튜닝하는 사람들 중에는 롤 케이지를 장착하거나 경량화를 목적으로 2시트로 만드는 사람들이 적지 않다. 더구나 강판이 드러날 정도로 바닥 카펫까지 벗겨내 경량화를 꾀하는 것도 마찬가지다.

깔끔하게 처리하지 않으면 연료 펌프를 장착하는 부분이나 언더 코트가 훤히 들여다 보여 딱딱한 분위기라기보다 약간 너저분한 느낌을 줄 수도 있다.

그래서 이 리어 커버로 뒷좌석 부분을 덮어 주면 전체가 카본(FRP도 있음)으로 바뀌면서 산뜻하고 깔끔하게 마무리할 수 있다. 인테리어 전체가 스포티한 느낌을 주면서 업그레이된 느낌이랄까.

좁은 실내에서 리어 시트를 탈착하거나 커다란 패널을 장착해야 하므로 작업이 조금 까다롭긴 하지만 어려운 작업은 아니므로 서두르지 말고 천천히 해나가면 된다.

리어 시트커버 세트

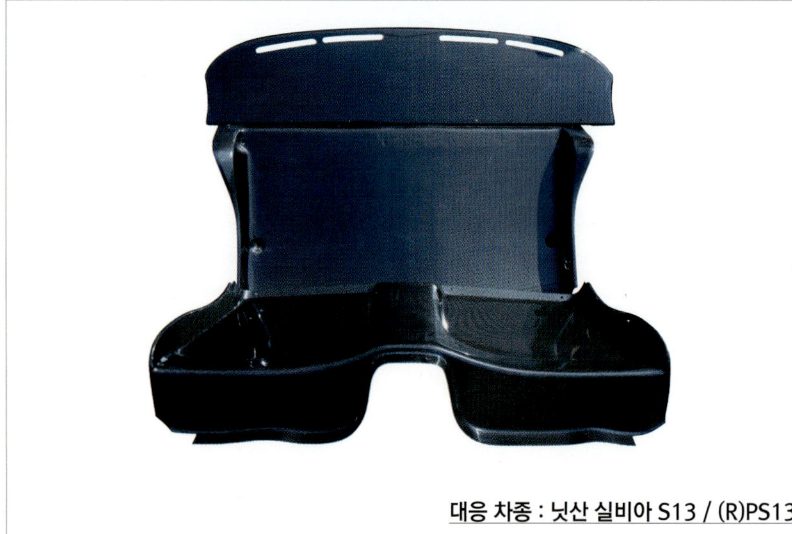

대응 차종 : 닛산 실비아 S13 / (R)PS13

가격 : 260,000원~740,000원

웨이스트 고바야시

두 명이서 장착하면 재미있다. 마치 시트 같은 느낌이지만 앉을 수는 없으므로 슬퍼하지 말기를...

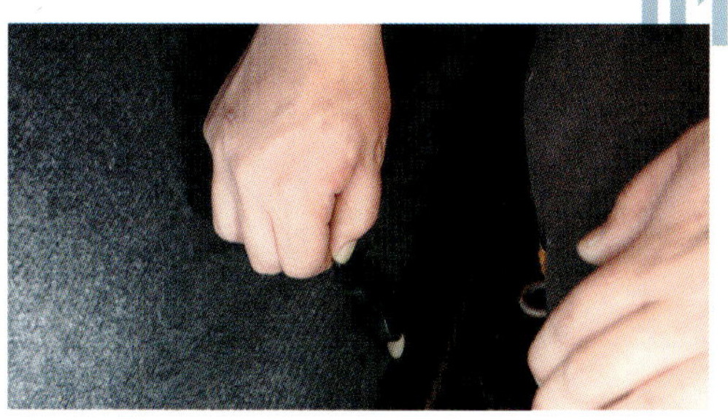

리어 시트 앉는 부분을 탈착한다.

작업 공간을 만들기 위해 앞 시트를 양쪽 모두 탈착한 다음 리어 시트를 탈착한다. 먼저 리어 시트는 앉는 부분부터 탈착한다. 시트와 플로어의 경계면에 있는 후크를 당긴 다음 앉는 부분을 위로 들어올리기만 하면 된다. 실비아 계열의 경우 후크가 좌우로 하나씩 있다.

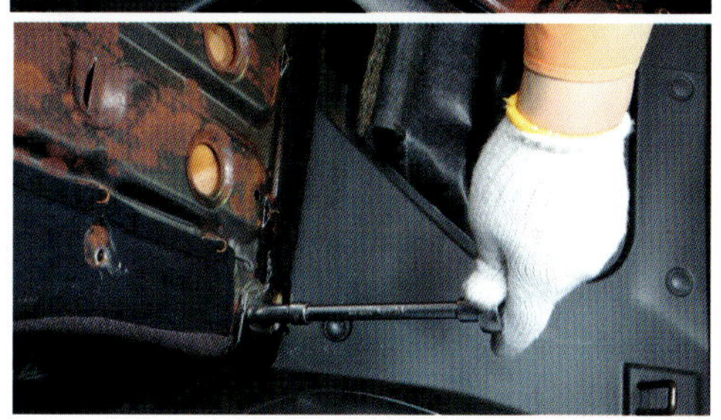

등받이도 탈착한다.

등받이 상부의 후크를 당겨서 등받이를 앞으로 쓰러뜨린 다음 트렁크의 카펫 커버를 고정하고 있는 6개의 나사를 십자 드라이버로 풀고, 6군데의 후크를 클립 리무버로 탈착해서 분리한다. 등받이를 조인트에 고정시키는 좌우 10mm의 볼트를 풀면 분리할 수 있는 상태가 된다.

스피커 커버를 탈착한다.

스피커 보드는 클립으로 14군데가 고정되어 있다. 클립 리무버를 틈새에 끼워 넣고 보드를 들어 올리면 분리된다. 안쪽 클립은 손을 넣어 들어 올리면 쉽게 빠진다.

커버를 장착한다.

리어 시트 커버 세트는 앉는 부분과 등받이, 스피커 보드 3가지 패널로 구성되어 있다. 먼저 스피커 보드 부분을 세팅한 다음 앉는 부분 & 등받이를 실내에서 맞추면 된다. 앉는 부분과 등받이 부분을 미리 연결한 다음 실내로 넣는다. 접합부는 스피커 보드 부분을 포함하여 8군데다. 고정은 순정 후크를 사용하거나 볼트와 너트를 사용해도 된다. 다만 볼트와 너트로 고정할 때는 깨지면 안 되므로 너무 세게 조이지 않도록 주의할 것.

후크와 커버 등을 탈착한다.

시트와 스피커 보드를 분리했으면 등받이를 고정하고 있던 조인트를 14mm 소켓을 사용해 푼 다음 리어 시트 벨트와 등받이 후크, 수지 재질의 커버를 모두 떼어낸다. 바닥 카펫도 떼어낸다.

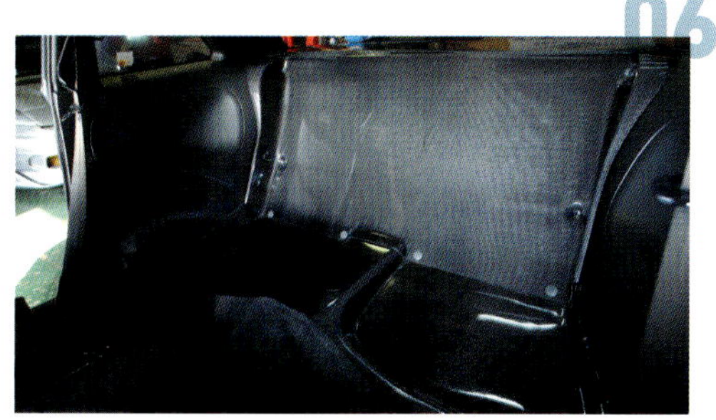

완성!!

카본 면적이 크기 때문에 레이싱 카 느낌을 많이 준다. 조그만 물건이라면 놓을 수 있지만 수지 재질이기 때문에 사람은 앉을 수 없다.

"모터팬은 계속 진화하고 있습니다."

친환경자동차
120P/23,000원

F1 머신
하이테크의 비밀
108P/23,000원

엔진 테크놀로지
112P/23,000원

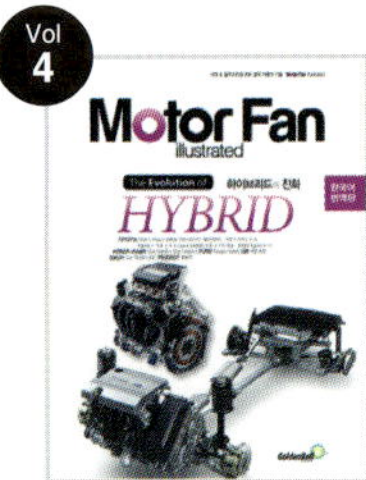

하이브리드의 진화
104P/23,000원

트랜스미션
오늘과 내일
104P/23,000원

가솔린 · 디젤
엔진의 기술과 전략
104P/23,000원

튜닝 F1 머신
공력의 기술
108P/23,000원

드라이브 라인
4WD & 종감속기어
108P/23,000원

자동차 디자인
140P/25,000원

조향 · 제동 쇽업소버
104P/23,000원

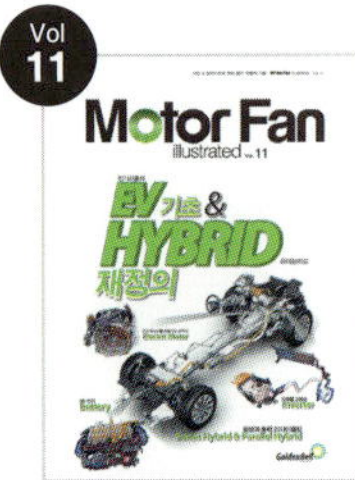

**전기 자동차 기초 &
하이브리드 재정의**
96P/23,000원

신소재 자동차 보디
116P/23,000원

타이어 테크놀로지
108P/23,000원

- Vol 14 　자동변속기 · CVT
- Vol 15 　디젤 엔진의 테크놀로지
- Vol 16 　조향 · 현가장치
- Vol 17 　브레이크 테크놀로지, 안정성
- Vol 18 　밸브 트레인 · 압축비
- Vol 19 　수동변속기 · 4WD
- Vol 20 　차체 기술 및 용접
- Vol 21 　현가장치 Ⅰ

「EVENT!」

모터팬 10종 출간 케이스 入

세트 정가
232,000원

구입처(온라인 서점)

교보문고 www.kyobobook.co.kr　　인터파크 http://book.interpark.com
예스24 http://www.yes24.com　　도서출판 골든벨 http://gbbook.co.kr

최강 튜닝 IQ 향상 위원회

IQ

메커니즘 해석을 곁들인 튜닝 지식 테스트

이 책의 목적은 DIY로 파트를 장착하는데 있어서 그 파트가 어떤 역할을 하는지 확실하게 알고 있을까 하는 의구심에서 시작되었다. DIY 이므로 파트를 장착하는 것은 당연한 일이며, 한편으로 자동차의 성능 향상을 목적으로 하는 것인 만큼 메커니즘과 파트를 모두 이해하는 것은 필요 불가결하다고 할 수 있다. 여기서는 각 부분의 명칭이나 기능을 테스트 형식과 해설 방식으로 정리했으므로 잘 이해한 상태에서 당신의 애마에 어울리는 아이템을 장착하길 바란다.

학습 항목

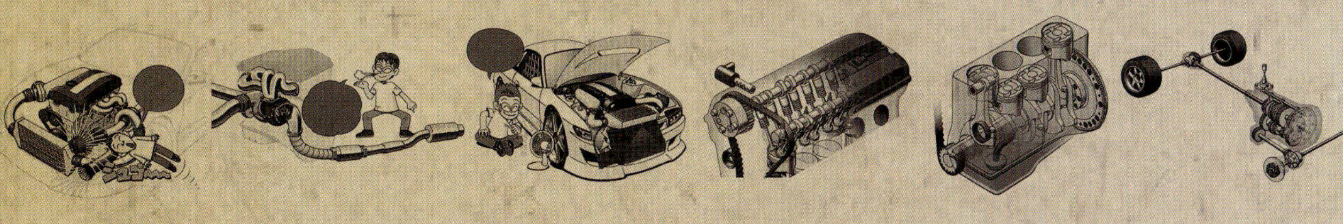

[흡·배기 편]　[배기 계통 편]　[쿨링 계통 편]　[실린더 헤드 편]　[실린더 블록 편]　[구동 계통 편]

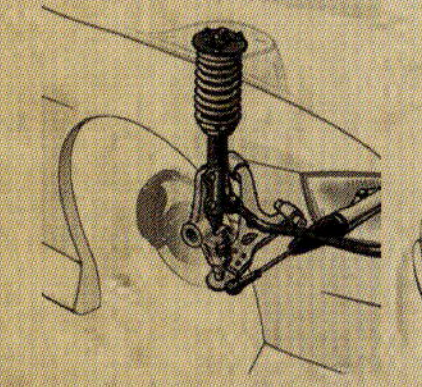
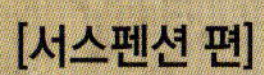

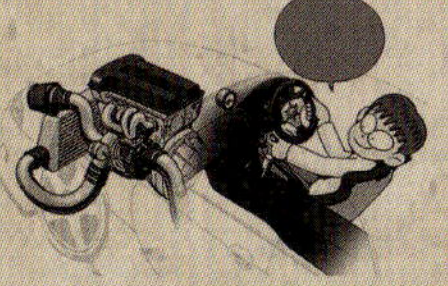
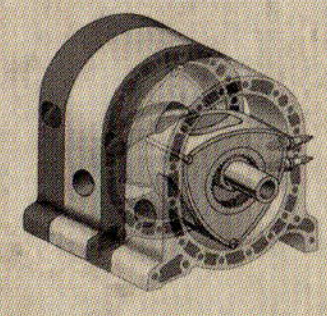

[서스펜션 편]　[브레이크 계통 편]　[타이어 & 휠 계통 편]　라이트 편]　[터보차저]　[로터리 엔진 편]

Question!

Q1 [　　]를 노출 타입으로 변경하면 흡기저항이 줄어든다.

Q2 알루미늄 재질의 [　　]로 교환함으로써 흡기 통로를 확실히 확보할 수 있다.

Q3 [　　]로 바꿈으로써 공기 유량이 증가하고 응답성도 향상된다.

Q4 실린더 개수만큼 스로틀이 있는 것을 [　　]이라고 한다.

Q5 흡입 공기량을 계측하는 것이 [　　]다.

Q6 전면배치 타입의 [　　]로 교환하면 흡기온도가 낮아진다.

Q7 차가운 주행 바람을 빨아들이기 위해 주름 튜브 형태의 [　　]를 설치하는 방법이 있다.

Q8 흡입한 공기를 실린더 앞에서 한번 모아두는 것을 [　　]라고 한다.

정상적인 엔진의 작동에 있어서 반드시 필요한 "공기"의 흐름을 알아두자

Q9 정식 명칭은 소음기지만 엔진에서 나온 각 배기관을 집합시킨 이후의 배기 파이프를 [　　]라고 한다.

Q10 각 실린더에서 나온 배기가스를 집합시키는 관을 [　　]라고 한다.

Q11 [　　]는 배기가스 압력으로 컴프레서를 회전시킴으로써 압축공기를 엔진으로 보내주는 장치다.

Q12 액추에이터로 인해 바이패스(배기)되어 터빈에서 나온 배기가스가 합류하는 터빈 바로 다음의 파이프를 [　　]라고 한다.

Q13 배기 파이프의 집합부 바로 다음 부분을 [　　]라고 부른다.

Q14 배기가스의 정화성능을 확보하면서 배기저항을 줄이는 튜닝용 촉매를 [　　]라고 한다.

Q15 배기음을 줄이는 [　　]에는 타원 타입과 원통 타입 등이 있다.

Q16 배기관에 [　　]를 감으면 열로 인한 손상을 방지할 뿐만 아니라 배기의 유속을 유지함으로써 효율을 향상시키는 효과가 있다.

배기를 효율화하는 것은 튜닝의 기본

문장 안의 괄호에 답하시오!

Q17 [   ]는 뜨거워진 냉각수를 방열시키기 위한 열 교환기다.

Q18 [   ]이 열리거나 닫힘으로써 냉각수 유량을 조절하여 수온을 일정한 폭으로 유지해 준다.

Q19 유온 상승을 억제하기 위해 서킷 주행 등에서는 [   ]를 장착하는 것이 좋다.

Q20 터보로 압축한 고열의 흡기를 냉각시키는 장치가 [   ]다.

Q21 [   ]는 냉각 파트인 코어 등에 물을 뿌려 온도를 낮추는 장치다.

Q22 [   ]가 나 있는 보닛은 엔진룸의 열기를 밖으로 빠지게 해 준다.

Q23 주행 바람이 라디에이터나 인터쿨러에 제각각 따로 부딪치도록 만든 레이아웃을 [   ] 등으로 부른다.

Q24 서킷을 주행할 때 운전석 쪽 윈드를 여는 것은 엄금이지만 [   ]를 장착하면 창을 다 열어도 괜찮다.

냉각수나 흡기 온도를 낮추면 차량 성능이 향상된다.

Q25 캠에 눌려 [   ]가 열리고 닫힘으로써 실린더의 흡기나 배기가 이루어진다.

Q26 밸브를 개폐하기 위해 헤드에 장착된 샤프트를 [   ]라고 한다.

Q27 [   ] 시스템을 탑재한 차종은 회전영역에 따라 밸브의 개폐 타이밍을 전환한다.

Q28 실린더로 흡기나 배기가 향하는 경로의 헤드 내부 부분을 [   ]라고 한다.

Q29 밸브가 캠에 의해 눌리지 않을 때는 포트가 항상 닫혀 있도록 [   ]이 밸브를 닫아주고 있다.

Q30 피스톤과 엔진 헤드 사이의 밀폐된 공간을 [   ]이라고 하며, 여기서 압축된 혼합기에 불꽃을 튀겨 점화한다.

Q31 압축된 혼합기에 불꽃을 튀기는 것은 [   ]의 역할이다.

Q32 실린더 헤드와 엔진 블록 사이에는 [   ]을 끼워 밀폐도를 높임으로써 틈새에서 가스나 물이 새는 것을 방지하고 있다.

최적의 연소공정에 있어서 키를 쥐고 있는 엔진 튜닝의 중요 파트

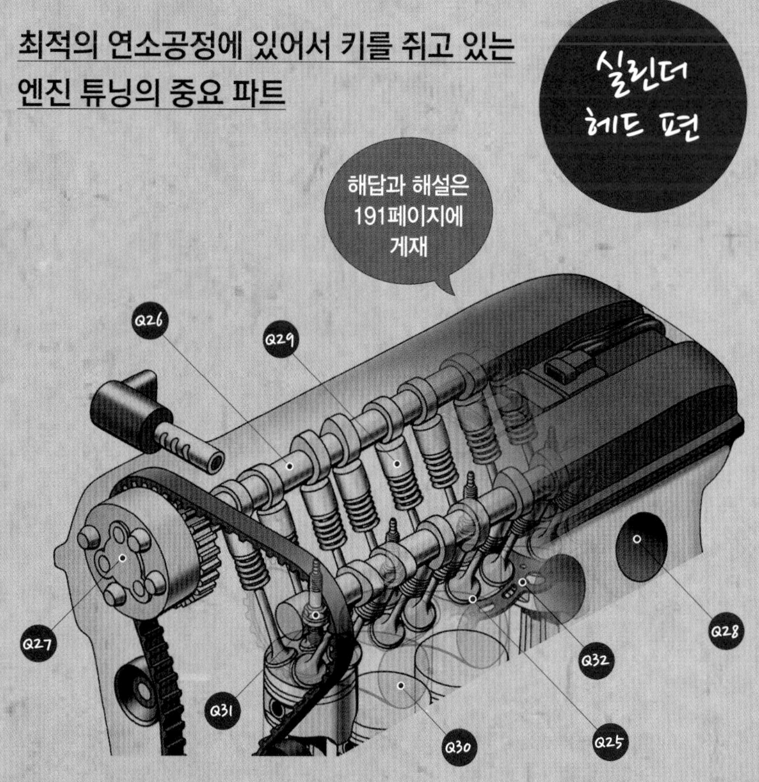

Question!

Q33 연소실을 형성하는 파트의 하나로서 폭발력을 받으면서 왕복운동을 하는 것이 [   ]이다.

Q34 [   ]은 피스톤 외주의 머리에 수건을 두르듯이 장착되어 있다.

Q35 [   ]는 왕복 엔진의 구성부품으로서 가장 큰 파트면서 엔진형식을 결정하는 존재다.

Q36 왕복 엔진에서 왕복운동을 회전운동으로 바꾸는 것은 [   ]의 역할이다.

Q37 [   ]는 연결봉이라는 의미로서 피스톤과 크랭크샤프트를 연결하고 있다.

Q38 크랭크샤프트에 장착되어 있으면서 회전을 안정시키기 위한 휠을 [   ]이라고 부른다.

Q39 미끄러짐 축받이 라고도 불리는 [   ]은 접합 부분의 시저(seizure)를 방지해 주는 파트다.

Q40 엔진 가장 아래쪽에 장착되어 엔진 오일을 담아두는 그릇을 [   ]이라고 한다.

파트 하나로 차량의 성격을 바꿀 만큼의 파워를 만들어내는 엔진의 핵심

Q41 엔진 회전은 [   ]에서 회전수가 바뀐 다음 구동 계통의 파트로 전달된다.

Q42 스포츠 주행을 하려면 코너링을 할 때 안쪽 바퀴의 공전을 막아주는 [   ]가 필수품이다.

Q43 구동 바퀴에는 디퍼렌셜에서 뻗어 나온 [   ]가 연결되어 있어서 이것을 통해 구동력이 전달된다.

Q44 FR차나 4WD차에서 뒤쪽 디퍼렌셜로 구동력을 전달하기 위한 축을 [   ]라고 한다.

Q45 엔진이 회전하고 있어도 [   ]를 끊으면 미션에는 회전이 전달되지 않는다.

Q46 [   ]에는 4개나 5개의 볼트가 나와 있어서 거기에 휠을 장착한다.

Q47 4WD차량에는 전륜과 후륜의 회전차를 흡수하는 [   ]이 장착되어 있다.

Q48 랜서 에볼루션의 AYC는 [   ]에 장착되어 있으면서 좌우 바퀴로의 구동력 배분을 전자제어로 변화시킨다.

자동차의 동작에 영향을 미치는 구동방식을 정확히 이해하자

문장 안의 괄호에 답하시오!

Q49 [　　]을 장착하면 차고를 간단하게 올리고 내릴 수 있다.

Q50 [　　]이 늘어났다 줄어들었다 하면서 노면으로부터의 충격을 흡수해 준다.

Q51 스프링의 진동을 억제함으로써 차체가 흔들리는 것을 막아주는 역할을 하는 것이 [　　]다.

Q52 쇽업소버는 [　　]를 매개로 보디에 장착되어 있다.

Q53 [　　]를 장착하면 차고 다운 차량이라도 롤 센터를 보정할 수 있다.

Q54 좌우 서스펜션을 연결해 주는 [　　]를 강화하면 롤링을 줄일 수 있다.

Q55 고무 부시의 비틀림을 막기 위해서는 단단하게 조여 주는 [　　]로 바꾸는 방법도 있다.

Q56 [　　]을 장착하면 순정 암 종류의 조정범위를 능가하는 휠 얼라인먼트 조정이 가능해진다.

다양한 파트와 세팅이 최고의 서스펜션을 만들어낸다

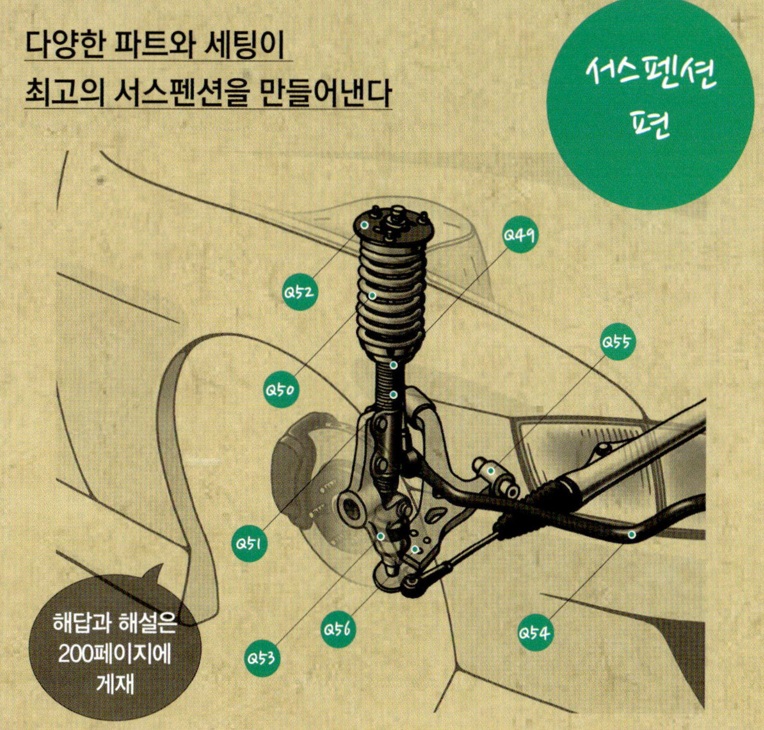

Q57 서킷을 주행할 때 외에도 성능과 내페이드성이 뛰어난 브레이크 [　　]를 선택하자.

Q58 브레이크 [　　]에는 한쪽에만 피스톤이 배치된 부동식과 양쪽에 피스톤이 배치된 대향 피스톤식이 있다.

Q59 슬릿이 들어간 브레이크 [　　]는 패드의 찌꺼기를 제거하거나 페이드 현상를 방지하는 기능을 갖고 있다.

Q60 페이퍼 록을 방지하기 위해서는 비등점이 높은 브레이크 [　　]을 선택하는 것이 좋다.

Q61 브레이크 페달을 밟았을 때 유압을 발생시키는 것이 [　　]다.

Q62 스테인리스 메시의 [　　]로 교환하면 페달 터치가 직접적으로 가해진다.

Q63 브레이크를 냉각하기 위해 바람 유도판이나 주름 튜브 형상의 [　　]를 사용하여 브레이크로 바람을 쏘이는 방법이 있다.

Q64 드럼식 브레이크의 경우 브레이크 패드가 아니라 브레이크 [　　]로 제동한다.

제동력의 향상을 위한 튜닝과 꼼꼼한 점검으로 안전을 확보하는 것은 필수

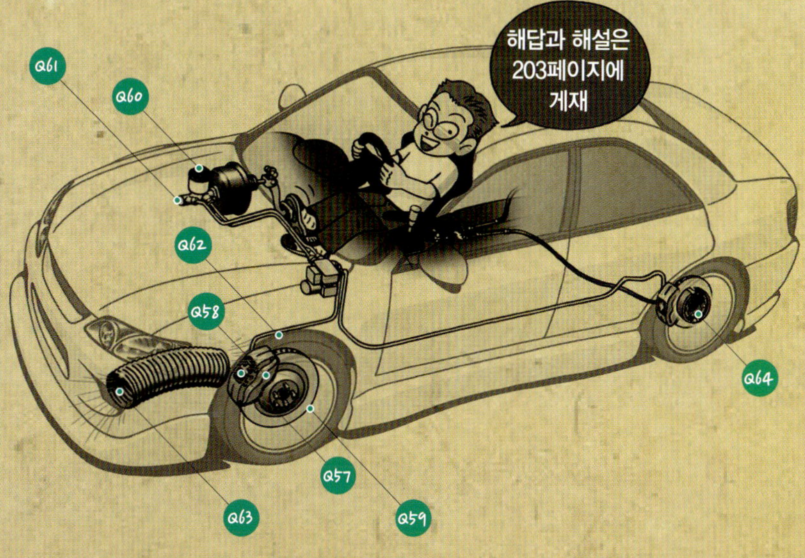

Question!

Q65 타이어가 노면에 접촉하는 부분을 [   ]라고 한다.

Q66 [   ]에는 타이어 사이즈나 회전방향 등이 기록되어 있다.

Q67 타이어 사이즈에 딱 맞는 휠보다 폭이 넓은 휠과 조합한 타이어를 [   ]라고 한다.

Q68 강력한 그립력을 발휘하는 [   ]는 서킷 주행에 최적의 타이어다.

Q69 통상보다 [   ]을 높게 하면 드리프트를 했을 때 연기가 쉽게 발생한다.

Q70 인치 수나 옵셋, PCD 등 [   ]에는 다양한 항목이 있다.

Q71 압력이나 펴서 늘리는 방법으로 알루미늄 강도 또는 밀도를 높이는 제법의 휠을 [   ] 휠이라고 한다.

Q72 디스크 부분이 쑥 들어가고 림 폭이 넓은 휠을 [   ]이라고 한다.

Q73 순정보다 지름이 큰 휠을 장착하는 것을 [   ]이라고 한다.

안전한 주행에 있어서 빼놓을 수 없는 것이 타이어 & 휠의 메인터넌스

Q74 순정으로 많이 장착되고 있는 [   ]라이트는 방전에 의한 발광방식이기 때문에 전구가 끊어질 염려도 적다.

Q75 스포츠 콤팩트 사양의 정석이 되고 있는, 튜닝용 테일 램프는 [   ]이라고 불리고 있다.

Q76 벤츠나 BMW 등의 순정 미러 처럼 도어 미러에 윙커가 들어간 제품을 [   ]라고 한다.

Q77 노랗게 점등하는 [   ]램프는 안개가 끼었을 때 사용하면 빛이 잘 확산되지 않아 노면이 잘 비쳐진다.

Q78 사고방지를 위해 프런트 등에 장착하는 상시 점등의 시인등을 [   ]라고 부르는데, 드레스업 아이템으로도 주목 받고 있다.

Q79 플로어 아래를 선명하게 비추는 [   ]은 밤에 확실한 존재감을 어필하는 드레스 업 파트의 대표격이다.

Q80 강한 빛이 점멸하는 [   ]는 어필 정도가 뛰어나 D1 머신도 많이 장착하고 있다.

Q81 테일 램프나 번호판 라이트 등을 [   ](발광 다이오드)로 교환하는 것도 최근에 유행하는 손쉬운 드레스 업이다.

드레스 업에 있어서 No.1 아이템 라이트 튜닝으로 애마의 주목도는 쑥쑥!

문장 안의 괄호에 답하시오!

정기적인 메인터넌스와 관리를 통해 터빈의 트러블을 사전에 방지하자

Q82 배기가스 압력을 사용해 터빈을 회전시킴으로써 압축 공기를 흡입시키는 파트를 [   ]라고 한다.

Q83 더 많은 공기를 엔진에 보내기 위해 흡입공기를 압축하는 부분을 [   ]라고 한다.

Q84 [   ]는 일정한 부스트 압력이 걸리면 로드를 누르게 되는데, 이때 로드 끝에 연결된 스윙 밸브가 열리면서 배기 압력을 배출시킨다.

Q85 컴프레서 휠과 터빈 휠을 이어주는 샤프트에 베어링이 들어 있는 부분을 [   ]이라고 한다.

Q86 가공 등을 통해 흡기나 배기 유량을 높인 터빈을 [   ]터빈이라고 한다.

Q87 순정 배기 매니폴드에도 장착할 수 있는 튜닝용 터빈을 일반적으로 [   ]라고 한다.

Q88 [   ]를 장착하면 부스트 압력이 어느 정도 걸리고 있는지를 알 수 있다.

Q89 부스트 압력을 조정(세팅)하는 파트를 [   ]라고 한다.

왕복 엔진과 달라서 독자적인 구조를 알아두어도 좋을 것이다

Q90 로터리 엔진 가운데는 삼각 김밥 같은 모양의 [   ]가 편심(偏心)된 상태로 회전한다.

Q91 로터가 들어 있는 주변 파트를 [   ]이라고 한다.

Q92 왕복 엔진의 크랭크샤프트에 해당하는 파트는 [   ]샤프트다.

Q93 로터의 회전을 익센트릭(eccentric) 샤프트로 전달하는 [   ]기어는 익센트릭 샤프트의 저널도 겸하고 있다.

Q94 로터의 삼각형 꼭지점 부분에는 [   ]이라고 하는 판 모양의 실이 장착되어 있다.

Q95 하우징에 설치된 흡배기 통로인 [   ]의 형상은 파워 특성에 큰 영향을 끼친다.

Q96 [   ]라고 하는 펌프가 흡기에 소량의 오일을 분사시켜 엔진 내의 실 등을 윤활하고 있다.

Q97 로터리 엔진에서는 로터 하나에 점화[   ]가 2개 사용된다.

튜닝 IQ 향상위원회
[해답 & 해설]

초보 튜닝 마니아를 위한
메커니즘 강좌

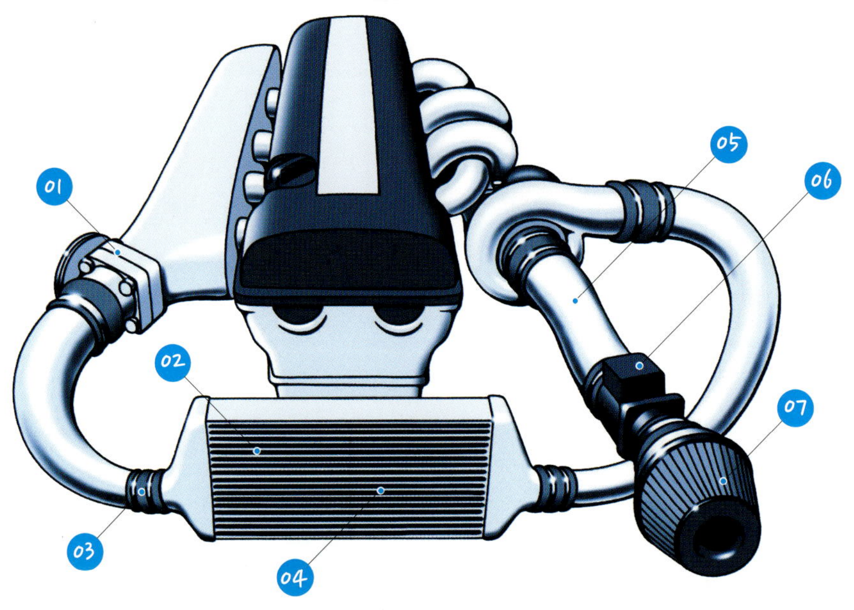

⬇ 이러한 방식으로 체크하면 된다.

☑ 점검 / ☒ 균열 있음 / ◎ 더러워져 있음 / ◩ 교환 / ⊠ 세정

- **01** 스로틀이 더러움 ☐
- **02** 인터쿨러 내부가 더러움 ☐
- **03** 파이핑이 빠짐 ☐
- **04** 인터쿨러 핀이 찌그러짐 ☐
- **05** 석션 파이프의 균열 ☐
- **06** 에어 플로가 더러움 ☐
- **07** 에어필터가 더러움 ☐

흡기 계통의 메인터넌스 가이드

흡기계통의 메인터넌스에서 주의해야 할 점은 노화에 따른 파이핑과 호스 종류의 균열이나 파이핑이 빠지는 것이다. 에어 플로 이후의 과정에서 흡입 공기가 새거나 그 반대로 공기를 흡입하게 되면 컴퓨터가 정상적으로 제어하지 못하게 되면서 엔진 부조화의 원인이 될 수 있으며 최악의 경우는 엔진 블로(engine blow)를 일으킬 가능성도 있다.

아이들링이 이상해지거나 고속회전 영역에서 고속회전으로 진행되지 못하는 증상이 나타난다. 파이프와 파이프를 연결해 주는 고무호스가 너무 경화되었을 때는 균열이 일어날 가능성도 있으므로 새 호스나 실리콘 호스 등으로 교환하는 편이 좋다.

그밖에 에어 플로나 에어 필터가 더러워져서 엔진의 부조화를 일으키거나, 파이핑이나 인터 쿨러 내부에 블로바이 오일이 고여서 부조화를 일으키는 경우도 있으므로 정기적인 점검을 게을리 해서는 안 된다!!

Q1 에어 클리너 Air Cleaner

HKS의 슈퍼 파워 플로 리로디드. 신개발의 슈퍼 립 퍼넬(super lip funnel)로 인해 주변의 공기까지 빨아들여 흡입시키는 구조를 하고 있다. 또한 아우터 프레임 부분은 흡기 저항을 최대한으로 억제시키도록 설계되어 있다.

엔진에 이물질이 들어가지 않도록 필터로 이물질을 걸러주는 것이 에어 클리너의 역할이다. 순정 에어 클리너는 집진 성능을 중시하고 있어 필터가 두텁기 때문에 흡기 저항이 크다. 또한 순정 에어 클리너의 필터가 두터운 이유는 교환 주기가 길고 흡기음을 작게 하기 위함이기도 하다.

이것을 반대로 뒤집으면, 흡기 저항을 최대한 줄이고 흡기음이 다소 크더라도 파워를 제대로 이끌어내는 것이 튜닝용 에어 클리너가 되는 것이다. 그런 튜닝용 에어 클리너는 크게 2종류가 있는데 노출 타입의 소위 말하는 "버섯돌이" 타입과 순정 교환 타입이며, 노출 타입은 흡기 면적이 크기 때문에 많은 공기를 빨아들일 수 있다. 한편 순정 교환 타입은 노출 타입에 비하여 성능은 떨어지지만 가격이 싼 것이 장점이다.

Q2 석션 파이프 Suction Pipe

HKS의 레이싱 석션. 흡기 저항을 줄일 수 있다는 것이 최대의 상섬이시만 알루미늄 재질의 파이프는 엔진룸의 드레스 업에도 효과적이다.

NA 자동차에서는 스로틀 밸브 앞에, 터보 자동차에서는 에어 클리너부터 터빈(컴프레서)까지의 파이프를 석션 파이프라고 한다.

이 석션 파이프는 차종에 따라 아주 부드러운 수지 재질로 만들어진 것이 있다. 터보 자동차의 경우는 고속 회전할 때 수지 석션 파이프가 부압으로 인해 찌그러지는 경우가 생긴다. 찌그러지게 되면 그만큼 흡기 통로가 좁아져서 흡기 저항을 일으킴으로써 출력의 저하로 이어지며, 흡기 통로를 완전히 막아버리면 엔진 블로의 원인이 될 수도 있다.

그래서 석션 파이프를 알루미늄 재질로 교환하면 그것만으로도 찌그러질 염려가 없는 등의 효과가 있다. 흡기 통로를 제대로 확보하는 것이 중요한 이유다.

Q3 빅 스로틀 Big Throttle

엔진은 액셀러레이터 페달과 와이어로 연결된 스로틀 밸브가 열리면서(전자 스로틀도 있음) 흡입 공기량이 정해진다.

그 스로틀 밸브의 버터플라이 지름을 크게 한 것이 빅 스로틀이다. 빅 스로틀로 만들면 버터플라이가 열리기 시작하면서부터 더 많은 공기가 부드럽게 흡입된다. 또한 완전히 열었을 때는 흡입량이 증가하는 등 파워나 응답성의 향상까지 이어지는 튜닝인 것이다.

다른 차종의 스로틀을 유용해서 사용하거나 순정 파트를 가공하는 방식으로 튜닝하는 경우가 많다.

Q4 다중 스로틀 Multi Throttle

대부분의 차종은 스로틀이 흡기관 중간에 1개만 장착되어 있다. 하지만 RB26DETT나 AE101 엔진 이후의 4A-G와 같은 엔진에는 순정 상태에서도 각 실린더마다 하나씩 스로틀이 장착되어 있어 고성능을 입증하고 있다. 이러한 스로틀을 멀티 스로틀이라고 한다(6중 스로틀이나 4중 스로틀 등으로도 부른다).

멀티 스로틀의 최대 장점은 스로틀 밸브와 엔진의 거리가 가깝기 때문에 응답성이 좋다는 것이다. 그밖에도 빅 스로틀과 마찬가지로 흡기 저항이 줄어들기 때문에 파워 향상으로도 이어진다. 이것은 서킷 주행 등에서 장점을 발휘하는 튜닝이다.

또한 인젝션뿐만 아니라 웨버 등의 카브레터도 멀티 스로틀의 일종이다.

Q5 에어플로 미터 Airflow Meter

엔진이 어느 정도의 공기량을 흡입하고 있는지를 계측하는 센서가 에어플로 미터(에어플로)의 역할이다. 에어플로 미터를 통과한 공기량은 전압으로 변환되어 컴퓨터로 입력된다. 컴퓨터는 그 정보를 토대로 분사할 연료량을 계산하는 것이다.

그러나 에어플로 미터는 흡기관 중간에 장착되어 있는 파트이기 때문에 어떻게든 공기 저항을 일으키게 된다. 그래서 에어플로 미터를 제거하고 D제트로닉 방식으로 변경하는 튜닝 방법도 있다. 극한까지 파워를 내고 싶을 때는 유효하지만 환경 변화 등으로 인해 세팅이 틀려지는 경우도 생긴다.

Q6 인터쿨러 Intercooler

터보차저는 흡기를 압축하여 엔진으로 보낸다. 공기가 압축되면 온도가 올라가므로 터보차저에서 엔진으로 보내지는 공기의 온도가 뜨거워지는 경향이 있다.

흡기 온도가 올라가면 공기의 밀도가 떨어지게 되어 데토네이션(detonation) 등과 같은 이상연소가 쉽게 일어날 수 있기 때문에 터보 자동차에서는 일반적으로 인터 쿨러를 사용하여 흡기 온도를 낮춰준다.

특히 전면 배치 인터 쿨러는 용량이 크고 주행 바람이 잘 부딪치기 때문에 냉각의 효과가 좋아서 출력 향상에 효과적이다. 때문에 노멀에서는 프런트 타이어 앞이나 엔진룸 위에 인터 쿨러를 장착한 차종이라도 튜닝을 할 때는 전면 배치 인터 쿨러로 바꿔 주는 경우가 많다.

Q7 덕트 Duct

에어 클리너를 노출 타입으로 교환하면 순정으로 장착되어 있는 에어 클리너 박스를 제거하게 되므로 엔진룸의 열기를 빨아들이기가 쉬워진다.

그런 대책의 일환으로 범퍼 쪽부터 덕트를 끌어와 에어 클리너로 주행의 바람이 들어가도록 해주면 차가운 온도의 공기를 엔진에 보낼 수 있게 된다. 범용 덕트를 사용하면 저렴한 금액으로도 할 수 있는 튜닝이다.

미놀 인터내셔널의 슈퍼 레이싱 에어 덕트 & 슈퍼 레이싱 에어 퍼넬. 에어 덕트는 50, 75, 100파이가 준비되어 있으며, 에어 퍼넬은 알루미늄 재질과 카본 재질이 있다.

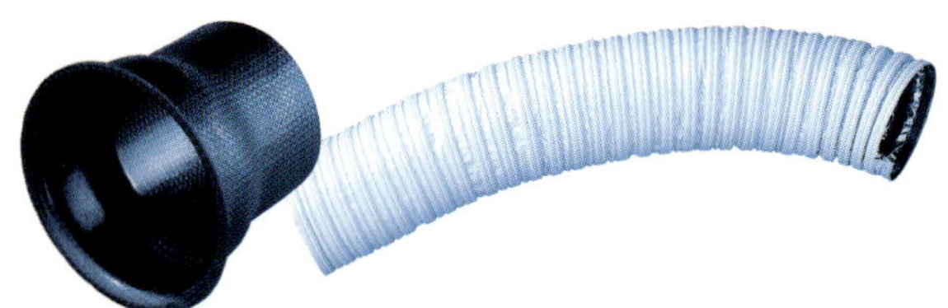

Q8 서지 탱크 Surge Tank

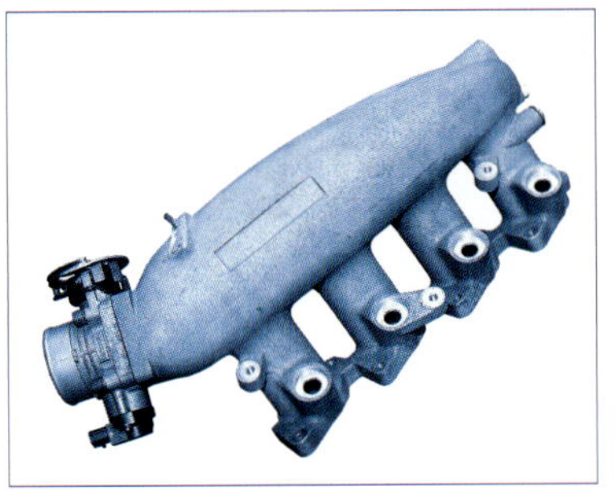

➡ 트러스트의 SR20용 서지 탱크. 순정에 비해 약 2배나 용량이 크기 때문에 하이 파워 차량에 장착하고 있다. 인테이크 매니폴드 부분이 10cm 정도로 짧아서 흡기 저항이 적기 때문에 응답성도 향상된다.

흡기관은 보통 1개지만 엔진 실린더는 몇 개나 된다. 따라서 각 실린더로 흡기를 배분할 필요가 생긴다. 그러기 위해서 일단 공기를 담아놨다가 각 실린더로 공기를 배분하기 위한 파트를 서지 탱크라고 한다.

NA 엔진에서 고속회전 특성의 엔진을 만들 때는 떼어내는 경우도 있지만 터보 자동차에서는 필수 파트라고 할 수 있다.

터보 자동차인 경우에 빅 터빈을 장착하여 출력을 높이다 보면 순정 서지 탱크로는 용량이 부족한 경우가 있다. 그럴 때는 대용량 서지 탱크로 교환하는 것이 장착 파트이며, 목표 출력에 걸맞은 흡입 공기량을 확보할 수 있는 방법이 된다.

IQ를 더 높이자!! 흡기계통의 용어 지식

D-제트로닉 D-Jetronic

전자제어 연료분사 방식의 하나. 에어플로 미터가 아니라 압력 센서로부터의 정보를 토대로 엔진의 컴퓨터가 흡입 공기량을 추정하여 연료 분사량을 계산한다. 에어플로 미터 방식에서 D-제트로닉 방식으로 변환하는 것을 「에어플로리스」라고 부르기도 한다. 이런 경우에는 엔진 컴퓨터도 풀 컴퓨터 등으로 교환할 필요가 있다.

인테이크 매니폴드 Intake Manifold

서지 탱크와 각 실린더 헤드를 이어주는 관을 말한다. 공기는 이곳을 통과하여 서지 탱크에서 각 실린더로 들어간다. 인젝터는 일반적으로 이 매니폴드에 장착되어 있다.

인테이크 체임버 Intake Chamber

서지 탱크 앞에서 공기를 더 모아두는 파트. 액셀러레이터 페달을 밟았을 때 거기에 모여 있던 공기가 한꺼번에 엔진 안으로 보내지므로 응답성이 좋아진다. 「파워 체임버」가 대표적인 파트다.

인덕션 박스 Induction Box

노출 타입 에어 클리너로 교환하면 엔진룸의 열기까지 흡입된다. 그것을 막아주는 것이 인덕션 박스의 역할이다. 에어 클리너를 덮어씌움으로써 열기를 차단시켜 준다.

[해답 & 해설]

초보 튜닝 마니아를 위한
메커니즘 강좌

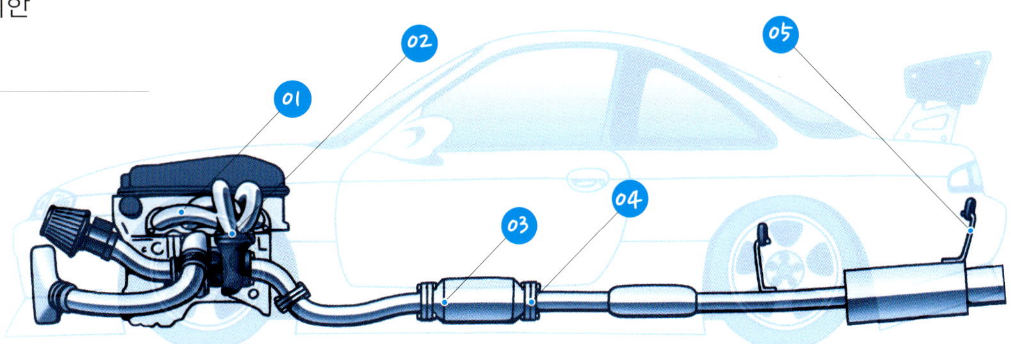

⬇ 이러한 방식으로 체크하면 된다.

☑ 점검 / ◎ 수리 / ⊠ 교환 / ⊠ 배기가 샘

01 배기 매니폴드에 균열이 생김 ☐
02 터빈 개스킷이 손상됨 ☐
03 촉매 노화 ☐
04 배기가 샘 ☐
05 머플러 밴드의 노화 ☐

배기계통의 메인터넌스 가이드

배기계통의 튜닝은 배기를 얼마나 원활하게 시키느냐가 포인트다. 머플러 등의 지름을 크게 하거나 직선 타입으로 만드는 것은 물론이고 배기관 내에서의 난류를 일으키는 배기 누설 등도 배기효율을 저하시키는 원인이 되기 때문에 메인터넌스에도 신경을 써야 한다.

특히 배기관과 배기관을 이어주는 플랜지 부분은 개스킷이 빠지는 것이 원인으로 작용하여 배기가 새기 쉽다. 배기가 새면 그 부분에 검은 검댕이가 달라붙거나 평소와는 다른 배기음이 들리므로 주의해서 보거나 들으면 바로 알 수 있을 것이다.

또한 차고(車高)를 낮춘 차량은 지면에 배기관이 부딪쳐 구멍이 나면서 배기가 새거나 녹이 슬어 파이프와 머플러의 이음새가 노화되면서 배기가 새는 경우도 있다.

그밖에 메인터넌스에 신경 써야 할 것으로는 머플러 밴드의 노화 등으로 인해 머플러가 대롱대롱 흔들리는 것이다. 이러한 흔들림이나 진동이 원인이 되어 배기 매니폴드 등이 깨지거나 터빈 전후의 플랜지에서 배기가 새는 원인이 되는 경우도 있다.

기타 사일런서 부분이나 촉매 등도 긴 시각으로 보면 소모품이므로 연식이 오래된 자동차는 각 부분이 노화되어 있을 가능성이 많다.

Q9 머플러 Muffler

머플러는 원래 소음기를 가리키는 것으로서 튜닝 용어로는 배기 매니폴드 이후의 배기관을 가리키는 경우가 많다.

순정 머플러의 경우는 파이프 지름이 가늘기 때문에 배기가 잘 빠지지 않는다. 때문에 파이프 지름을 크게 하고 직선으로 뽑는 경우가 일반적이다.

다만 파이프 지름을 너무 크게 하면 배기의 유속이 쉽게 느려지기 때문에 엔진으로 빨아들이는 흡기의 힘이 발생하지 않게 되므로 저속회전 영역에서 파워의 부족을 일으키는 경우도 있다. 파워가 올라가면 배기 유량은 증가하게 되므로 튜닝 정도에 따라 파이프의 지름이나 파이프의 레이아웃을 선택하는 편이 좋다.

그런데 성능 이외에 머플러를 선택하는 기준을 외관에 두는 사람도 많다. 이런 사람들의 취향을 위해 사일런서의 형태나 테일 소재, 테일 개수가 1개인지 2개인지 여부 등등 사일런서 종류는 다양하게 판매되고 있다.

Q10 배기 매니폴드 Exhaust Manifold

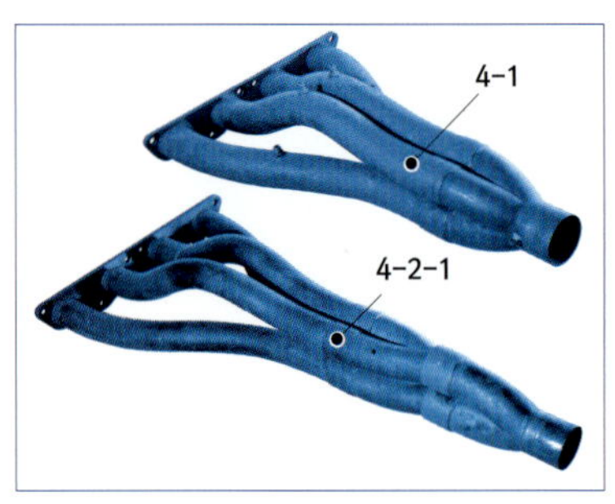

➡ 예를 들어 4기통 엔진인 경우 4개의 파이프를 1개로 집합시키는 "4-1"타입과 일단 4개의 파이프를 2개로 집합시킨 다음 다시 1개로 집합시키는 "4-2-1"타입으로 나누어진다. 일반적으로는 "4-1"타입이 고속회전을 지향한 것이고 "4-2-1"이 토크를 지향한 것으로 간주된다. 사진은 개발용 배기 매니폴드로서 집합 방식이나 길이를 변경하기 위한 것이다.

배기 매니폴드는 엔진에 가장 가까운 곳에 장착되어 있는 배기 파트다. 각 실린더에서 나온 배기가스를 집합시키는 역할을 맡고 있다.

순정 배기 매니폴드는 일반적으로 철을 주조로 만든 것이다. 이에 반해 튜닝용 파트나 일부 순정에서 채택하고 있는 스테인리스 재질의 배기 매니폴드는 배기효율에 초점을 맞췄을 뿐만 아니라 중량의 감축이나 배기음 향상 등의 효과까지 있다.

그러나 역시 배기 매니폴드는 원활하게 배기가 이루어지도록 하는 것이 최고의 튜닝이다. 예를 들면 각 배기 포트에서 집합부까지의 길이를 똑같이 하는 것도 최고의 튜닝 방법 가운데 하나다. 흔히 "길이가 똑같은 배기 매니폴드"라는 말은 이것을 가리키는 것이다.

또한 집합부까지의 길이나 흡기관 체적 등도 성능을 크게 좌우한다. 터보 차량용에서는 일부러 배기관 길이를 짧게 하고 길이를 다르게 한 것을 특징으로 삼은 제품도 있다. 배기가스의 배압이 떨어지지 않는 동안 터빈에 배기가스를 보내는 것이 효율적으로 파워를 높인다는 생각해서다.

Q11 터보차저 Turbocharger

터보차저는 배기가스의 압력을 이용하여 공기를 압축시킨 다음 그 공기를 강제적으로 엔진에 보내는 장치를 말한다. 이것은 배기량을 높인 것과 동일한 효과를 얻을 수 있다.

다만 실제로 배기량을 높인 것은 아니기 때문에 부스트 압력이 걸리지 않을 때는 NA 엔진에 비해 압축비가 낮게 설정되어 있는 만큼 출력이나 응답성이 떨어지는 경우가 많다. 한편 터보차저는 크게 액추에이터 방식과 웨이스트 게이트 방식으로 나눌 수 있다. 이것은 부스트 압력을 조정해 주는 기구의 차이로서 소형의 터빈인 경우는 터빈 내에 바이패스 밸브가 장착된 액추에이터 방식을 사용하는 경우가 많다.

대형 터빈인 경우는 흡배기 유량이 많아져 터빈 내에 장착된 밸브로는 부스트 압력을 제어하기 어렵기 때문에 밸브를 배기 매니폴드에 설치하는 웨이스트 게이트 방식을 사용하는 경우가 많다.

Q12 아웃렛 Outlet

➡ 이처럼 터빈 블레이드에서 나온 배기와 바이패스 밸브에서 나온 배기를 완전히 구분한 다음 합류시키는 아웃렛도 있다. 바로 도메이 파워드 제품이 그렇다.

터빈 출구에 장착되어 있으면서 프런트 파이프나 머플러에 연결되는 짧은 배기관을 아웃렛 또는 익스텐션이라고 부른다.

액추에이터 방식을 사용하는 터빈의 경우 터빈 블레이드를 통과한 배기와 부스트 압력을 조정하기 위한 바이패스 밸브를 통과한 배기가 여기서 합류하게 되어 있다. 다만 각각의 배기 속도가 다르기 때문에 합류하면서 배기의 간섭을 일으켜 원활하게 흘러가지 않는다.

그래서 시판품의 경우는 합류하는 부분을 구분하여 제작하거나 최대한 완만한 각도로 합류하게끔 제작되어 있다.

Q13 프런트 파이프 Front Pipe

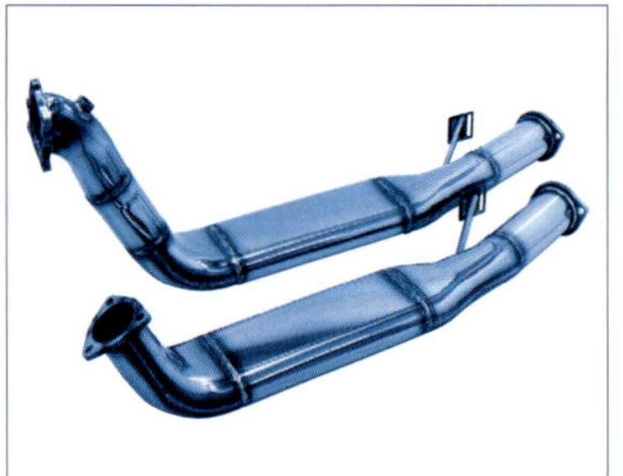

➡ 파이프 부분이 오벌 타입으로 되어 있는 프런트 파이프. 일반적인 파이프와 비교하여 단면적이 크면서 노면과의 거리를 확보할 수 있는 장점이 있다. 이 프런트 파이프는 문페이스 제품이다. 위쪽 제품은 아웃렛 일체형이다.

배기 매니폴드와 머플러 중간에 있는 배기관 전반부분을 프런트 파이프라고 한다.

터보 자동차인 경우 터빈 다음의 2차 배압을 얼마나 낮춰 배출시키는가가 엔진의 성능을 크게 좌우하기 때문에 지름이 굵은 프런트 파이프로 바꿔줌으로써 큰 효과를 끌어낼 수 있다.

같은 배기계통의 튜닝이라도 머플러보다 부스트 압력의 슈팅 효과를 개선하는데 효과가 크다.

Q14 스포츠 캐털라이저 Sports Catalyzer

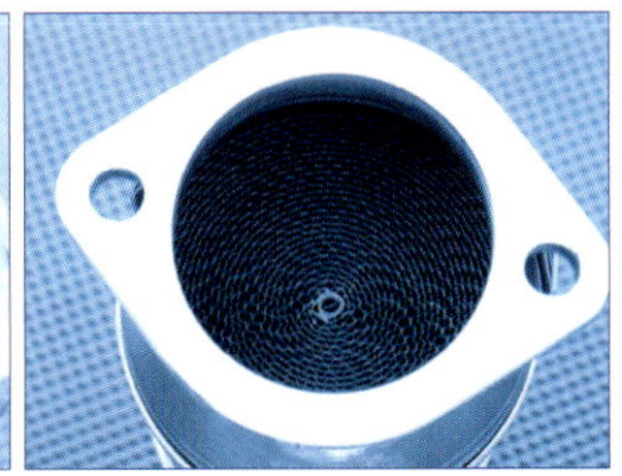

순정 촉매 / 스포츠 캐털라이저

사진에서 보면 틈새의 촘촘한 차이를 바로 알 수 있는데 순정 촉매의 틈새가 훨씬 촘촘하다. 덧붙이자면 순정품의 셀 수는 약 400cpsi 정도인데, 아펙스 제품의 스포츠 캐털라이저는 130cpsi일 정도로 틈새가 크면서도 세정 기능이 뛰어나며 더불어 배기의 저항도 줄이고 있다.

촉매(catalyzer)는 배기가스에 화학변화를 일으켜 유해성분을 줄여주는 장치다. 촉매가 없는 편이 배기효율을 높일 수는 있지만 차량의 검사는 NG다. 또한 환경에 대한 사회적 의식의 변화 차원에서도 효율을 높인 스포츠 촉매의 수요가 증가하고 있다.

덧붙이자면, 차량의 검사시 배기가스 규정(일본)은 자동차 연식에 따라 다른데 예를 들면, 형식이 "GF-"로 시작하는 차종인 경우는 CO 1%/HC 300ppm 이하, 형식이 "E"로 시작하는 경우는 CO 4.5%/HC1200ppm 이하 등이라는 식으로 정해져 있는데 이런 규제는 단계적으로 엄격해지고 있다.

Q15 사일런서 Silencer

사일런서는 포탄형과 타원형 등이 있다. 사일런서의 용적이 클수록 음이 잘 줄어들기 때문에 포탄형보다 타원형이 소음 효과를 높이기 쉽다. 다만 포탄형이 중량이 가볍다는 장점도 있으므로 목적에 맞춰 선택하면 된다.

극단적으로 말해 머플러가 단지 파이프였다면 상당한 폭음을 일으킬 것이다. 그래서 머플러 중간에 사일런서를 집어넣어 음을 줄이는 것이다(消音).

순정 머플러의 경우는 이 사일런서 안에서 배기를 꼬불꼬불 구부러지게 함으로써 작은 통을 지나가게 하거나 복잡한 소음의 기능을 갖춰 놓았다. 하지만 그렇게 하면 배기의 저항이 커지기 때문에 스포츠 머플러의 경우는 배기를 직선적으로 만들어 놓고 그 주변을 빡빡한 흡음재로 채워서 음을 흡수시키는 것이 많다.

사일런서는 머플러 메이커 각 사의 노하우를 집약시켜 만들게 되는데 얼마나 성능을 희생시키지 않고 음을 줄일 수 있느냐에 많은 노력을 쏟고 있다.

Q16 서모 밴티지 Thermo Vantage

배기 매니폴드나 프런트 파이프에 헝겊 띠 같은 것(단열 테이프)을 두른 자동차를 볼 수 있는데 그것이 서모 밴티지다. 내열 밴티지 등으로도 불린다.

서모 밴티지에는 열을 차단하는 효과가 있기 때문에 배기 매니폴드나 프런트 파이프에 감아두면 엔진룸의 다른 파트에 열이 잘 전달되지 않기 때문에 열로 인한 트러블을 줄일 수 있다.

또한 배기 열을 머물게 하는 효과도 있다. 열이 떨어지면 배기의 유속이 떨어지는데 배기관에 서모 밴티지를 감아두면 배기의 유속을 유지해 줌으로써 배기의 효과를 향상시킬 수 있다.

IQ를 더 높이자!! 배기계통의 용어 지식

부스트/부스트 압력 Boost Pressure

터보차저나 슈퍼차저에서 압축된 공기의 압력을 말한다. 과급 압력으로도 불린다. 기본적으로는 이 압력이 높을수록 출력을 낼 수 있다. 단지 터빈이나 엔진에도 한계는 있기 때문에 일정 수준 이상의 부스트 압력이 걸리면 효율이 떨어지며, 파손되는 경우도 많다. 그래서 터보 엔진에서는 설정한 부스트 압력에 도달하면 그 이상 터빈이 돌아가지 않도록 제어되고 있다.

1차 배압 / 2차 배압 Exhaust Pressure

터빈 앞의 배압을 1차 배압, 터빈 후의 배압을 2차 배압이라고 한다. 터보 자동차의 경우 2차 배압을 낮춰서 1차 배압과의 차이를 크게 하면 터빈을 많이 회전시킬 수 있기 때문에 프런트 파이프나 머플러의 지름을 큰 것으로 교환함으로써 효과를 높이고 있다.

촉매 스트레이트 Catalyzer Straight

촉매는 배기계통 가운데서도 저항이 큰 파트다. 출력의 측면뿐만 아니라 엔진의 응답성에도 많은 영향을 끼친다. 그래서 촉매를 제거하여 스트레이트 형상의 배기관으로 교환하는 것이다. 그러나 촉매를 직선으로 만들면 배기가스의 정화성능이 없어지기 때문에 일반도로에서의 사용은 금지되어 있다.

플랜지 Flange

배기관과 배기관을 이어주는 접속 부품. 플랜지 사이에는 개스킷을 넣은 다음 볼트로 고정한다. 3각형 모양이나 타원형 모양, 엔진의 진동을 흡수하기 위한 반구형 모양 등 다양한 종류가 있다.

이너 사일런서 Inner Silencer

머플러 사일런서만으로 음을 모두 줄일 수 없을 때 테일 부분에 끼우는 소음장치. 그러나 이너 사일런서를 장착한 상태에서 풀 액셀러레이터로 주행하게 되면 배기 저항이 너무 커져서 설정한 부스트 압력까지 과급되지 않거나 엔진 또는 터빈에 부담이 너무 많이 걸려 블로 현상의 가능성도 있으므로 주의해야 한다.

튜닝 IQ 향상위원회
[해답 & 해설]

초보 튜닝 마니아를 위한
메커니즘 강좌

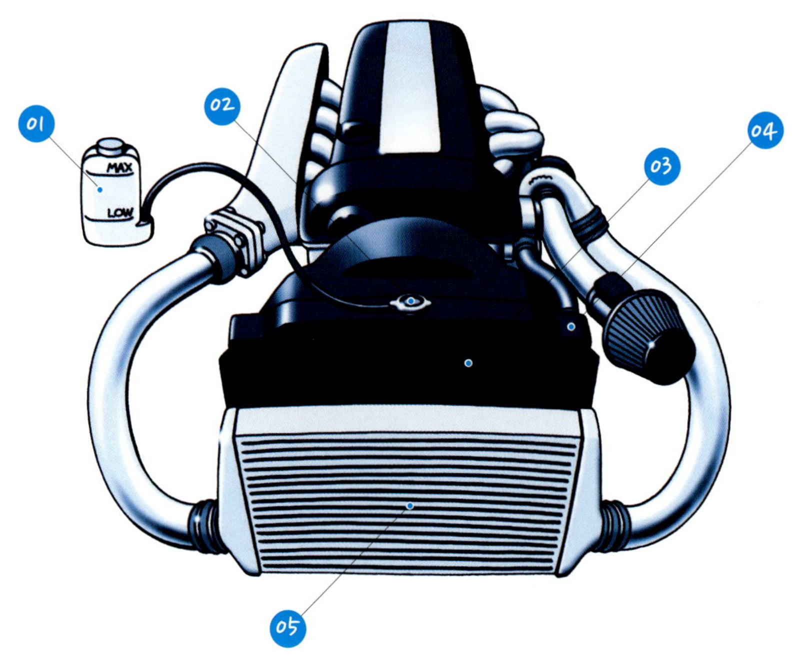

⬇ 이러한 방식으로 체크하면 된다.

☑ 점검 / ⊠ 수리 / ◎ 교환 / ⊠ 오염

01 리저버 탱크 안의 냉각수 잔량 □
02 라디에이터 캡 노화 □
03 냉각수 오염 □
04 냉각수 누수 □
05 핀 찌그러짐 □

냉각 계통의 메인터넌스 가이드

튜닝 카는 냉각(cooling)과 관련된 메인터넌스가 중요사항 가운데 하나다. 냉각수(coolant)는 충분히 들어 있는지 등 기본적인 사항부터 제대로 관리하겠다는 생각을 가져야 한다. 어떤 원인으로 인해 냉각수가 새기라도 하면 엔진룸에서 냄새가 나기도 하므로 의외로 쉽게 알 수 있을 것이다.

또한 냉각수를 교환할 때는 에어를 잘 빼내야 한다. 그 다음에는 리저버 탱크 안의 잔량을 자주 점검하는 것이 좋다. 만약 잔량이 줄었으면 리저버 탱크에 있는 "MAX" 부분까지 냉각수를 보충하도록 한다.

인터 쿨러나 라디에이터의 코어 핀이 찌그러져 있을 때는 핀을 바로 잡아주어야 냉각 성능이 향상된다.

Q17 라디에이터 Radiator

➡ 이 사진은 뒤쪽으로 라디에이터를 이동시킨 차량의 모습이다. 라디에이터와 인터 쿨러 등에 개별적으로 주행의 바람을 통과시킴으로써 냉각 효율을 크게 향상시킬 뿐만 아니라 중량의 밸런스도 개선된다.

쿨런트(LLC ; Long Life Coolant, 냉각수 등으로도 불림)는 엔진올 냉각시키는 역할을 맡고 있지만 쿨런트 자체도 냉각시키지 않으면 끓어오르게 된다. 그래서 쿨런트를 냉각시키기 위한 장치가 필요한데 그것이 바로 라디에이터이다. 라디에이터로 쿨런트를 통과시키면 거기서 대기 중으로 열이 방출되면서 쿨런트의 온도가 떨어지게 되는 것이다.

하지만 순정 라디에이터로 서킷을 풀 액셀러레이터로 달리는 것까지는 감안하지 않는 경우가 많다. 따라서 풀 액셀러레이터로 계속해서 달리게 되면 라디에이터의 용량 부족으로 인해 냉각수 온도(쿨런트 온도)가 상승하면서 오버히트를 일으키는 경우가 있다.

튜닝으로 출력을 높인 차량은 발생하는 열량도 많아지기 때문에 오버히트 가능성이 더 높다.

그래서 튜닝 차량은 라디에이터를 용량이 큰 것으로 교환해 주는 것이 좋다. 더불어 구멍이 크게 뚫린 범퍼로 교환하거나 덕트가 달린 보닛으로 바꿔주면 더 큰 효과를 볼 수 있다.

Q18 서모스탯 Thermostat

➡ 저온 서모스탯은 수온이 상승했을 때 조금 일찍 밸브가 열리기 때문에 오버히트 할 때까지 걸리는 시간이 길다.

서모스탯은 쿨런트 온도에 맞추어 밸브를 열거나 닫는 파트다. 냉각수 온도가 올라가면 밸브를 열어 라디에이터로 흘러가게 하며, 냉각수 온도가 떨어졌을 때는 밸브를 닫아 라디에이터로 흘러가지 못하도록 함으로써 냉각수 온도가 일정한 폭으로 유지되도록 조절해 준다.

하지만 순정 서모스탯은 배기가스 정화나 히터의 기능 등을 안정시키기 위해 웬만큼 냉각수 온도가 올라가지 않으면 열리지 않도록 되어 있다. 순정품은 80℃ 정도에 설정되어 있는 것이 많다.

그래서 순정보다 낮은 온도에서 열리도록 설정되어 있는 것이 저온 서모스탯이라고 하는 파트다.

Q19 오일 쿨러 Oil cooler

풀 액셀러레이터로 주행하거나 튜닝을 하다보면 냉각수 온도뿐만 아니라 오일의 온도(유온)도 올라가게 된다.

하지만 노멀 차량은 서킷을 풀 액셀러레이터로 달리는 상황 등을 고려하지 않았기 때문에 대부분의 차량에 오일을 냉각시키기 위한 장치가 없다. 그래서 서킷 주행 등을 할 경우에는 오일 쿨러를 장착하는 것이다.

유온이 너무 올라가면 오일이 유막을 유지하지 못하면서 엔진 파트가 눌러 붙게 된다. 때문에 유온의 상승은 엔진 블로를 일으킬 수도 있다.

덧붙이자면 트랜스미션이나 디퍼렌셜 오일을 냉각시키는 오일 쿨러나 가솔린을 냉각시키는 연료 쿨러도 있다.

Q20 인터쿨러 Intercooler

터보는 배기 에너지를 이용하여 공기를 압축함으로써 출력을 향상시키는 장치다. 그런데 공기는 압축이 되면 고온이 된다. 온도가 올라가면 산소의 밀도는 떨어지고 연소의 온도는 상승하게 된다. 그 결과 출력이 나오지 않는 경향을 보이는 것이다.

그래서 흡기 온도를 낮춰주는 파트를 장착하는데 그것이 인터쿨러다. 공기가 인터쿨러를 통과하면 열이 대기 중으로 방출되면서 흡기의 온도가 내려간다.

흡기의 온도가 내려가면 산소의 밀도가 올라가게 되고 그에 따라 점화시기 등의 설정 폭도 넓어지기 때문에 출력의 향상으로 이어진다.

다만 인터쿨러가 크다고만 해서 좋은 것은 아니다. 코어 용량이 극단적으로 크면 충진효율이 떨어지는 등의 단점도 있기 때문이다.

Q21 워터 스프레이 Water Spray

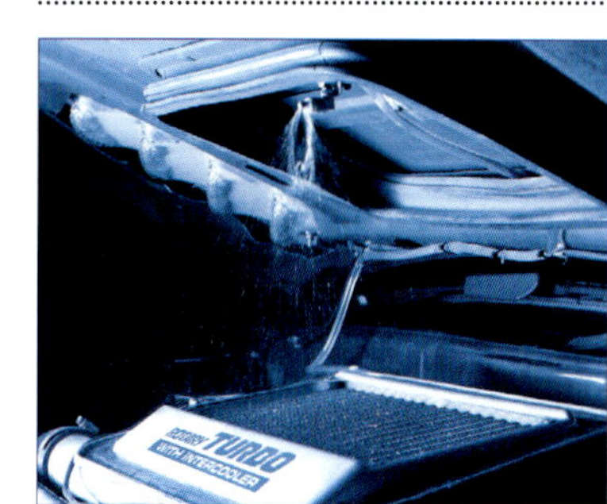

➡ 흡기 온도를 낮추면 출력이 향상된다는 것은 인터쿨러에서 해설한 바와 같다. 그래서 쿠스코 제품의 워터 스프레이인 『I.W.D』를 사용하여 인터쿨러에 워셔를 뿌려가면서 출력을 체크했더니 FC3S에서 약 11ps이나 출력이 향상되었다.

라디에이터나 인터쿨러의 코어에 물을 뿌려줌으로써 냉각수나 흡기의 온도를 낮추는 파트가 워터 스프레이다.

물은 증발할 때 기화열이라고 해서 주위의 열을 빼앗아가는 작용이 있는데 그 작용을 이용한 냉각 파트인 것이다. 스바루 임프레자나 미쓰비시 랜서 에볼루션 일부에 순정으로 장착되어 있다.

워터 스프레이는 일반적으로 워셔 탱크에서 배관을 끌어오고 탱크의 모터를 이용한다. 분사의 간격을 임의로 설정하거나 엔진 회전수 등에 맞추어 자동으로 분사하는 등의 다양한 기능을 갖춘 모델도 많이 있다.

철의 내구 레이스 등과 같은 대회에서는 창문을 열수 있기 때문에 사람을 냉각해 주는 데에도 최고다.

Q22 덕트 Duct

엔진룸의 열기를 적절하게 빼낼 수 있다면 냉각수 온도가 잘 올라가지 않고 고무호스의 노화 등 열로 인해 발생하는 여러 트러블을 방지할 수 있다. 그런 면에서 효과적인 것이 보닛에 덕트를 설치하는 것이다.

노멀 보닛에 구멍을 뚫거나, 덕트가 뚫려 있는 에어로 보닛으로 교환함으로써 엔진룸의 열기를 빼내는 것이다.

다만 비가 내릴 때 젖어서는 안 될 파트가 빗물에 젖지 않도록 주의해야 한다. 그밖에 덕트가 장착된 범퍼로 교환하면 브레이크 주변의 냉각에 효과적이다.

Q23 V 마운트 V Mount

인터쿨러를 차량의 전면에 장착하면 수직으로 설치된 인터쿨러 뒤쪽으로 라디에이터가 배치된다. 이렇게 되면 라디에이터로 바람이 잘 흐르지 않게 되면서 냉각효율이 나빠지게 된다. 그래서 옆에서 봤을 때 " 〉"모양이 되도록 인터쿨러와 라디에이터를 배치하는 방법이 있다(보통은 인터쿨러가 위에 오고 라디에이터가 밑에 장착된다). 이것을 V 마운트 또는 수평 마운트 등으로 부른다.

인터쿨러나 라디에이터에 직접 바람이 부딪치기 때문에 어쨌든 냉각이 잘되는 것이 특징이다. 다만 공간적인 문제로 인해 직렬 6기통 자동차 등에는 장착하기가 어렵다는 애로 사항이 있다. 이러한 사항과 레이아웃을 크게 변경해야 하기 때문에 비용이 많이 든다는 것도 어려운 점이다.

Q24 윈드 넷 Wind Net

➡ 주행 바람에 의해 윈드 넷이 떨어져 나가서는 의미가 없으므로 롤 바나 창틀에 레일을 단단히 고정시켜 떨어지지 않도록 해야 한다.

뜨거운 여름이라도 서킷을 주행할 때는 운전석 쪽 창문을 여는 것은 금물이다. 창문을 열어 두면 만에 하나 옆으로 굴렀을 때 신체의 일부가 창밖으로 노출될 위험이 있기 때문이다.

그러나 윈드 넷을 장착하면 괜찮다. 윈드 넷은 창문을 열어도 신체가 밖으로 나가지 못하도록 사이드 윈드 부분에 붙이는 망을 말한다. 여름

IQ를 더 높이자!! 배기계통의 용어 지식

쿨런트 Coolant / LLC

LLC란 롱 라이프 쿨런트의 약자로서 냉각수를 말한다. 물에 섞어 사용하거나 희석이 된 냉각수도 있다. 방청효과가 있으며, 잘 얼지 않는 성질을 갖고 있다. 냉각 효과만을 추구한 튜닝용 냉각수에는 동결방지 효과가 없는 것도 있으므로 추운 곳의 튜닝 마니아는 주의해야 한다.

라디에이터 캡 Radiator Cap

라디에이터 상부에 있는 쿨런트의 주입구에 장착되어 있다. 라디에이터 캡에는 압력 밸브가 내장되어 있어서 라디에이터 내의 쿨런트에 압력을 가함으로써 비점을 높이는 효과를 갖고 있다.

오버 히트 Over Heat

쿨런트의 온도가 올라가 끓어오르는 것. 심할 경우는 열에 의해 실린더 헤드가 뒤틀리거나 개스킷이 손상되는 경우도 있다.

열 손상

엔진룸의 온도가 올라가거나 냉각수 온도가 올라가 출력이 하락하는 것. 그 결과 흡기 온도가 상승하고 산소의 밀도가 떨어지므로 출력도 떨어지게 된다. 이렇게 온도가 원인이 되어 출력이 떨어지는 현상을 열 손상이라고 한다.

수온 보정

엔진의 온도가 올라가면 노킹 등과 같은 이상연소가 일어나기 쉬워진다. 그래서 냉각수 온도가 어느 정도 이상이 되면 컴퓨터가 연료를 증가시킴으로써 연료를 냉각시키거나 점화시기를 늦춰서 이상연소가 잘 일어나지 않도록 한다. 이러한 보정을 수온 보정이라고 한다. 덧붙이자면 냉각수 온도가 적절 온도보다 낮은 상태일 때도 마찬가지로 별도의 수온 보정이 이루어진다.

[해답 & 해설]

초보 튜닝 마니아를 위한
메커니즘 강좌

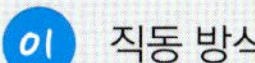
01 직동 방식

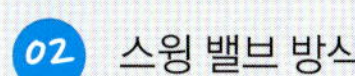
02 스윙 밸브 방식

⬇ 포트 개폐 시스템의 차이

직동식인 경우 이름처럼 캠이 밸브를 직접 누른다. 부품의 수량이 적고 손실 없이 캠의 동작을 밸브에 전달할 수 있다. 오늘날은 많은 엔진이 이 방식을 사용하고 있다. 한편 스윙 암 방식(로커암 방식)은 피벗 등을 지지점으로 삼아 암이 회전하는 형식으로 밸브를 누른다. 스윙 암 방식은 지렛대 원리를 이용한 것으로서 실제의 캠보다도 리프트 양을 더 크게 하여 밸브를 움직일 수 있다는 장점이 있다. 4G63이나 SR20 엔진 등에서 이용되고 있다.

실린더 헤드의 메커니즘

4행정 왕복 엔진에서는 실린더 헤드와 실린더 블록(피스톤) 사이에 연소실이 형성되면서 헤드 쪽에 흡배기 밸브나 점화 장치가 장착되어 있다.

이번 테마인 실린더 헤드는 대부분이 알루미늄 재질로 만들어지는데 밸브를 구동시켜 흡배기를 제어하기 위한 파트가 많이 장착되어 있다.

엔진의 성능을 이끌어내는데 있어서 중요한 역할을 하는 밸브 구동의 메커니즘 구조는 스포츠 타입 자동차에 탑재되어 있는 엔진인 경우 캠이 직접 밸브에 구동을 전달하는 직동식과 스윙 암으로 구동을 전달하는 스윙 암 방식을 많이 사용하고 있다.

이 밖에도 흡배기 경로인 포트나 점화 플러그를 포함하여 엔진의 성능에 큰 영향을 미치는 부분이 많기 때문에 튜닝할 여지가 많은 부분이기도 하다.

다만 기구나 구조가 복잡하고 튜닝을 하려면 많은 노하우가 요구되는 부분이기도 하기 때문에 아마추어가 DIY로 튜닝하기에는 조금 어렵다고도 할 수 있다.

그래도 각 파트의 명칭이나 작동 등을 이해해 둠으로써 어디를 튜닝하면 무엇이 어떻게 변하는지 눈에 보이게 될 것이므로 참고가 되기에는 충분할 것이다.

Q25 밸브 Valve

연소실에 연결되어 있는 흡기포트나 배기포트와 연소실 사이에 장착된 밸브. 흡기 밸브는 엔진이 흡입행정을 할 때, 배기 밸브는 배기행정을 할 때 캠 샤프트에 의해 열리도록 제어되고 있다.

이 밸브에는 엄밀한 밀폐가 요구되는데 사용 기간이 길어지면서 밸브에 카본이 부착하거나 밸브를 닫았을 때 닫히는 면이 닳아서 손상이라도 나 있거나하면 엔진의 성능을 유지할 수 없게 된다. 그래서 오버홀을 할 때는 부착된 카본을 떼어내거나 밸브가 닫는 면을 연마하는 방식으로 밀폐성이 유지되도록 작업해주는 경우가 많다.

또한 출력을 크게 내고 싶을 때는 포트 구멍의 지름을 크게 하거나 밸브 헤드의 지름이 큰 빅 밸브로 교환하는 방식의 튜닝 방법을 사용하고 있다.

Q26 캠 샤프트 Camshaft

캠 샤프트의 회전에 맞춰 캠이 밸브를 누름으로써 밸브를 개폐한다. 캠의 작용 각도에 의해 밸브의 개폐 시간이 바뀌며, 캠의 높이에 의해 밸브의 열리는 양이 바뀌게 되는데 이 수치는 엔진의 성능을 크게 좌우하는 요소를 이룬다.

순정 상태에서는 저속영역에서의 사용 편리성이나 배기가스의 절감을 고려한 캠의 형상을 사용하는 경우가 많은데 이는 출력이나 토크 측면에서는 엔진 본래의 성능을 다 이끌어내지 못하는 경우가 많다.

그래서 작용하는 각도나 리프트의 양을 변화시킨 즉, 튜닝용 캠으로 교환하는 것이 효과적이다. 또한 흡기와 배기의 캠이 작용하는 타이밍(밸브 타이밍)으로도 엔진의 성격이 크게 바뀐다.

너무 극단적인 캠 프로파일은 아이들링을 안정되지 못하게 하거나 파워 밴드를 좁혀놓는 등 폐해가 나타나는 경우도 있으므로 목적에 맞게 프로파일을 선택하는 것도 중요하다.

Q27 가변 밸브 타이밍 Variable Valve Timing

➡ HKS에서 발매되고 있는 RB26용 가변 밸브 타이밍 시스템. 캠 풀리에 오일 체임버를 설치한 다음 유압제어로 밸브 타이밍을 변화시킨다.

밸브가 언제 열리고 언제 닫히는지를 밸브 타이밍이라고 하는데 최적의 밸브 타이밍은 목적이나 회전영역에 따라 달라진다. 일반적인 엔진은 어떤 회전영역에서 최상의 밸브 타이밍을 취하고 전체적인 영역에서는 타협점을 취하는 방식으로 세팅되어있다고 말할 수 있다.

그러나 발전된 엔진 시스템에서는 회전수에 따라 캠의 설정각도에 변화가 일어나도록 만듦으로써 모든 영역에서 성능이 향상되도록 겨냥하고 있다.

그런 구조를 통틀어서 가변 밸브 타이밍이라고 하는데 자동차 메이커가 개발에 기술을 쏟고 있는 부분이기도 하다. 닛산의 VVEL이나 도요타의 VVT-i, 혼다의 I-VTEC 등이 그런 밸브에 해당한다.

또한 튜닝 파트로서 RB26 엔진용으로 HKS에서 V캠 시스템이라는 파트도 발매되고 있다. 혼다의 VTEC 등은 캠은 리프트 양까지 바꿔주는 기구가 들어가 있다.

최근에는 컴퓨터 제어를 통해 직접적으로 밸브 타이밍을 변화시켜 주는 방식이 주류를 이루면서 저속회전부터 고속회전 영역까지 모든 영역에서 최고의 밸브 타이밍을 실현할 수 있게 되었다. 더 진화된 시스템에서는 가변 리프트 양을 크게 하여 스로틀 밸브를 없앤 엔진 등도 등장하고 있다.

Q28 포트 Port

➡ 포트를 연마하거나 확대하여 주는 튜닝은 세심한 노하우나 테크닉이 요구된다. 예를 들면, 혼합기의 유속을 높이고 싶을 때는 흡기 매니폴드 쪽에서 연소실 쪽을 향해 서서히 지름을 작게 하는 등의 방법이 있다.

흡기나 배기를 지나가게 하기 위해 헤드에 설치한 통로를 포트라고 한다. 흡기 쪽은 흡기 매니폴드와 연소실을, 배기 쪽은 연소실부터 배기 매니폴드를 연결하고 있으면서 흡배기의 흐름에 큰 영향을 미치고 있다.

흡기 매니폴드나 배기 매니폴드의 구멍과 포트 구멍에는 단차가 있는 것이 있는데 이 단차가 흡기나 배기의 저항을 일으키기 때문에 「포트 단차 수정」 이라고 해서 단차 부분을 깎아 구멍을 매끈하게 해주는 튜닝을 하는 것이다. 또한 포트의 내벽은 대부분 껄끄럽게 되어 있는데 그것도 흡배기의 저항을 일으키므로 내벽을 연마해서 매끄럽게 해주는 「포트 연마」 라고 하는 작업을 해주는 경우도 있다. 나아가 포트의 내벽을 연마하여 포트의 안쪽 지름을 크게 하는 「포트 확대」 라고 하는 튜닝도 있다.

Q29 밸브 스프링 Valve Spring

밸브가 열릴 때는 캠이 눌러서 열리는 것이고 닫히는 것은 스프링 힘의 반동(이하 스프링 장력)에 의해 닫히는 것이다. 이 스프링을 밸브 스프링이라고 하며, 밸브를 캠에 밀어냄으로써 캠 형상을 따라 충실하게 개폐시키는 작용도 하고 있다.

튜닝으로 엔진의 최고 회전수를 높이거나 캠을 교환하거나 할 경우 노멀 밸브 스프링의 상태로는 스프링의 장력이 캠의 상하운동을 따라가지 못하는 현상(서징)이 일어남으로써 밸브의 점프가 일어나는 경우가 있다. 그것을 막기 위해 강도가 높은 재질을 사용한 강화 밸브 스프링이나 스프링 장력이 중간부터 달라지게 하는 부등 피치 스프링으로 바꾸는 방법도 있다.

다만 스프링을 너무 강하게 하면 캠의 구동저항이 커지면서 엔진의 출력에 손실을 발생시키므로 균형이나 엔진의 회전수를 검토한 다음 강화할 필요가 있다.

Q30 연소실 Combustion Champer

실린더 헤드와 피스톤 사이에 있는 밀폐된 공간을 연소실이라고 한다. 여기서 압축된 혼합기에 불을 붙여 연소시키는 것이다.

이 연소실은 내벽이 까칠까칠 하거나 부분적으로 각이 나 있는 부분이 있기도 한다. 그런 부분에는 열이 축척되기 쉬워서 엔진을 튜닝하면 노킹 등의 트러블을 일으키는 원인이 되기 쉽다. 그래서 그러한 부분의 요철을 깎아내는 튜닝을 하는 것이다. 또한 밸브의 주변을 조금 넓혀주거나 스퀴시 에어리어를 가공하기도 하고 실린더마다 미묘하게 오차가 있는 연소실 용적을 똑바로 맞춰 주는 등으로 가공하는 경우도 있다. 이러한 작업을 총괄해서 연소실 가공이라고 부르는 것이다.

Q31 점화 플러그 Spark Plug

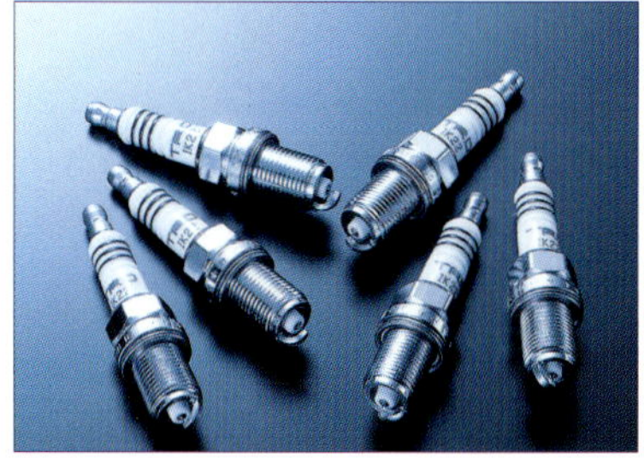

➡️ 점화 플러그 끝은 항상 연소실에 노출되어 있기 때문에 연소가스(슬러지)가 부착하지 않도록 일정한 온도 영역에서 이물질이 부착되지 않게(자기 청정 온도) 설정된 상태로 만들어진다.

압축한 혼합기를 연소시키기 위해 연소실에 불꽃을 튀겨 주는 파트가 점화 플러그로 스파크 플러그라고도 한다. 점화 플러그에도 여러 가지 종류가 있는데 열가나 재질 등에 차이가 있다.

열가라는 것은 점화 플러그의 방열성 차이를 나타낸 것으로서 숫자가 클수록 방열성이 높은 것이다. 엔진을 튜닝하면 발생하는 열량도 많아지기 때문에 열가가 큰 점화 플러그로 교환하는 것이 보통이다. 다만 열가가 높은 점화 플러그를 장착하고 저속회전 영역을 많이 이용하면 쉽게 실화가 일어나는 단점이 있는 등 엔진 성능과의 균형을 고려하여 선택할 필요가 있다.

또한 내구성을 높이거나 착화 성능을 높이기 위해 점화 플러그 전극에 백금이나 이리듐 등과 같은 고가의 금속을 사용한 것도 있다.

Q32 실린더 헤드 개스킷 Cylinder Head Gasket

➡️ 개스킷은 석면(asbest) 등의 섬유를 금속판에 끼우거나 금속 시트를 2, 3장 겹쳐놓은 것이 일반적이다. 고온에 노출되는 파트이므로 튜닝을 한 차량에는 특히나 열전도율이 얼마나 좋은지 여부도 중요하다.

실린더 블록과 실린더 헤드 사이에 끼우는 네모진 얇은 판 모양의 파트를 실린더 헤드 개스킷이라고 한다. 이 개스킷이 약간씩 찌그러들면서 틈새를 단단히 메워주는 역할을 하는 것이다. 그 덕분에 실린더 블록과 헤드 사이에서 냉각수나 오일, 가스가 새지 않는다.

다만 터보 차량의 경우 부스트를 올리려고 할 때 노멀 개스킷을 사용해서는 강도가 부족할 때가 있다. 그런 경우에는 강화 개스킷으로 교환하게 된다. 그리고 개스킷 두께를 바꾸면 압축비를 변화시킬 수 있다. 요컨대 고압축으로 세팅하고 싶을 때는 얇은 개스킷으로 교환하면 되는 것이다.

IQ를 더 높이자!! 실린더 헤드 계통의 용어 지식

스쿼시 에어리어 Squish Area

연소실 가장자리 가까운 부근에 있는 연소실 천장을 낮추었을 때 피스톤과의 거리를 좁게 한 부분을 말한다. 압축행정에서는 이 부분에서 혼합기가 연소실 중심방향을 향해 강하게 밀려나면서 점화 플러그 근처로 더 많은 흡기가 모이도록 해주며, 연소행정에서는 연소실 전체로 기류가 퍼져나가도록 하는 작용을 한다.

노킹 Knocking

엔진에서 일어나는 이상연소의 하나. 연소실 내의 열이나 압력 등에 의해 점화 플러그에서 착화된 불꽃이 전달되기 전에 연소실의 다른 장소에서 제멋대로 불꽃이 튀기는 현상. 엔진에서는 「찌~짓」 거리는 소리가 난다. 출력은 떨어지고 밸브에는 충격이 가해지며, 피스톤은 눌러 붙는 등의 트러블을 일으키는 원인도 된다.

밸브 점프 Valve Jump

밸브가 열렸을 때 캠을 떠나 튀어나가는 현상을 말한다. 리프트 양이 커졌거나 급격하게 밸브가 열리도록 설계된 캠을 장착하면 쉽게 발생된다. 점프를 하게 되면 밸브와 피스톤이 부딪치거나 너무 세게 닫히면서 밸브가 파손될 우려가 있다.

서징 Surging

스프링은 한번 힘을 받으면 얼마동안 신축을 되풀이하는 성질을 갖고 있다. 엔진의 회전수를 노멀보다 올렸을 때 이 밸브 스프링의 진동이 엔진의 진동 등과 공진(共振)하게 되면 밸브 스프링이 캠의 움직임과 관계없이 진동하는 경우가 있다. 이것을 밸브 서징이라고 하는데 밸브의 개폐가 정확하게 이루어지지 않게 된다.

공연비 Air Fuel Ratio

엔진으로 보내는 공기와 연료의 비율(중량비). A/F(공기÷가솔린)로 나타내는 경우가 많다. 가솔린이 완전 연소하는 공연비를 「이론 공연비」라고 해서 14.7 : 1 정도로 이야기하지만 실제로 가장 출력이 나오는 공연비는 13.0 : 1 정도이다. 또한 터보 차량의 경우 고부하일 때는 연료를 약간 많이 연소실로 보내서 연소실의 온도를 낮추는 연료의 냉각을 하는 경우가 많은데 가속할 때의 공연비를 11 : 1정도까지 짙게(농후) 하는 경우도 있다.

압축비 Compression Ratio

가솔린을 효율적으로 연소(폭발)시키기 위해서 흡입한 공기는 피스톤에 의해 연소실을 향해 압축된다. 이 압축 정도는 엔진의 성능을 크게 좌우하는 요소로서 압축비라는 수치로 표현하는 경우가 많다. (실린더 용적＋연소실 용적)÷연소실 용적으로 나타내며, 컴프레션 레이쇼라고도 한다. NA에서는 10~13 : 1 정도의 압축비를 보이며, 압축된 공기가 연소실로 보내지는 터보 엔진에서는 그보다 약간 낮게 설정되는 경우가 많다.

튜닝 IQ 향상위원회
[해답 & 해설]

초보 튜닝 마니아를 위한
메커니즘 강좌

01　V형 6기통
02　수평 대향 4기통
03　직렬 4기통

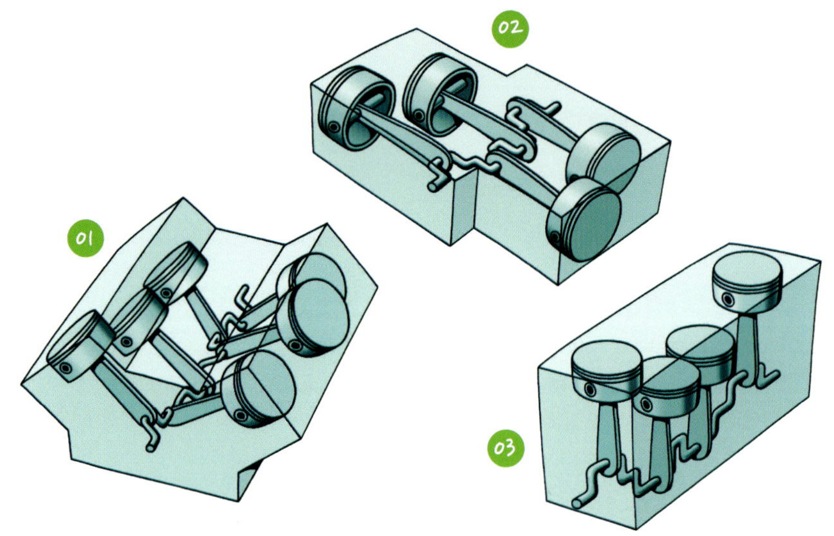

실린더 블록 메커니즘

실린더 블록은 피스톤이나 크랭크샤프트 등이 장착되어 있어서 배기량 등 엔진의 기본 특성을 결정하는 중요한 파트다. 요컨대 이 부분의 파트 전체를 "숏 블록" 또는 "허리 이하"라고도 말한다. 이 부분에 엔진의 형식이 갖추어져 있다는 것을 보더라도 그 중요성을 알 수 있다. 그리고 기통 수나 배치 방법에 따라 "직렬", "V형", "수평 대향"등의 설계가 있으며, 제각각의 특성이 있다.

예를 들면, 직렬로 실린더 4개가 나란히 배치된 것을 직렬 4기통 엔진이라고 한다. 랜서 에볼루션의 4G63이나 실비아 등에 탑재된 SR20 등이 직렬 4기통 엔진이다. 실린더를 직렬로 2개 더 배치한 것이 1JZ나 RB26 등과 같은 직렬 6기통 엔진이다. 배기량을 높이기 쉽고 진동이 줄어드는 등의 장점이 있는 반면 세로(또는 가로)로 길어지기 때문에 블록이나 크랭크샤프트까지를 포함한 강성이 떨어지는 단점도 있다.

계속해서 실린더가 V자로 만들어진 것이 VQ35 등의 V형 엔진이다. 실린더 배치를 2군데로 나눔으로써 전체의 길이를 줄이고 기통수를 늘릴 수 있게 한 것이다. 페라리 등의 V12 엔진이 이러한 형태의 레이아웃을 갖춘 것이다.

그리고 피스톤의 움직임을 수평방향으로 배치한 것이 EJ20 등과 같은 수평 대향 엔진이다. 포르쉐의 플랫6 등이 수평 대향이다. 피스톤의 작동이 정확히 180도 상태에서 움직이기 때문에 진동을 억제시키고 전체적인 중심이 낮아지는 등의 장점이 있다. 다만 실린더 헤드를 2개나 사용해야 하므로 메커니즘이 복잡하다는 점과 자동차 폭이 늘어나야 하는 만큼 스트로크 양을 늘리기 쉽지 않다는 점이 단점으로 지적된다.

이와 같이 일률적으로 어느 것이 좋다고는 말할 수 없지만 장점과 단점을 파악해 두면 자동차를 선택할 때나 엔진을 선택하는 기준을 가질 수 있으므로 자신의 기호에 맞는 것을 선택할 수 있을 것이다.

Q33 피스톤 Piston

피스톤은 혼합기가 폭발했을 때의 힘을 직접 받아 그 힘을 커넥팅로드로 전달하는 파트다. 대부분의 경우 경량화를 위해 알루미늄 합금으로 만들어진다.

노멀 피스톤은 주조가 많은데 엔진의 파워가 올라가면 피스톤이 받는 충격도 커지기 때문에 튜닝을 진행하는데 있어서는 단조 피스톤으로 교환하는 경우가 많다.

또한 동시에 피스톤 윗부분의 형상을 바꿈으로써 압축비나 연소실의 형싱을 바꿀 수도 있다.

NA 자동차에서는 압축비를 높임으로써 순발력을 높이기 위해 피스톤을 바꾸며, 터보 자동차에서는 하이 부스트를 걸었을 때에도 노킹이 잘 일어나지 않도록 압축비를 낮추려는 목적으로 피스톤을 바꾸는 경우가 많다.

Q34 피스톤 링 Piston Ring

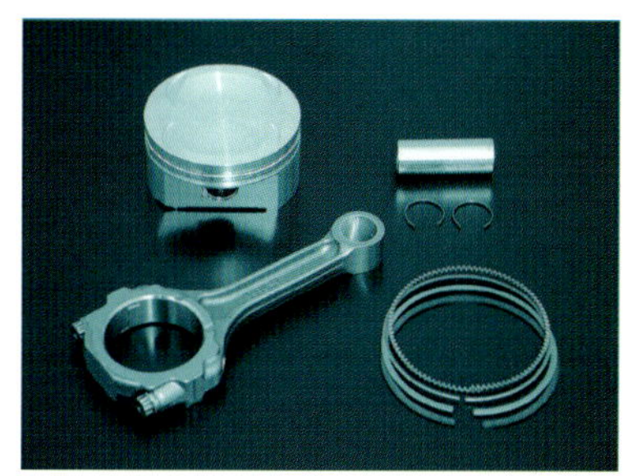

⬅ 이것은 피스톤 링, 피스톤, 피스톤 핀, 커넥팅 로드 세트의 사진이다. 피스톤 링이 3개 있는데 모양이 다르다는 것을 알 수 있다. 링을 3개 사용하는 경우 피스톤 가장 위에서부터 순서대로 톱 링, 세컨드 링, 오일 링이라고 부른다. 위쪽 2개를 압축 링이라고 해서 기밀유지와 방열 역할을 하다. 오일 링은 오일량을 적절하게 유지시키는 역할을 맡는다.

피스톤 링의 역할은 주로 3가지다. ① 피스톤과 실린더 간격을 메꿈으로써 연소가스가 블록 안으로 들어가지 못하도록 하는 것. ② 피스톤의 열을 실린더 블록으로 전달하여 빼내는 것. ③ 실린더 내벽에 붙은 오일을 긁어내려 유막을 조절하는 것이다.

시판되는 차량은 3개의 피스톤 링을 사용하는 경우가 많은데 위쪽 2개는 주로 밀폐성을 유지하기 위한 압축 링이고 아래 1개는 주로 오일을 긁어내리기 위한 오일 링을 장착한다.

보어를 넓히기 위해 큰 피스톤으로 바꾸었을 때는 피스톤 링도 거기에 맞춰 바꿔주는 것이 일반적인데 피스톤 링을 교환하려는 목적으로만 하는 튜닝은 그다지 하지 않는 것 같다.

Q35 실린더 블록 Cylinder Block

실린더 블록에는 기통 수만큼 원통형의 구멍(실린더)이 뚫려 있으며, 그 속에서 피스톤이 왕복운동을 한다. 재질은 가격이 낮고 튼튼한 주철제 또는 알루미늄제 이다. 알루미늄의 경우에는 실린더 내측에 마찰에

강한 실린더 라이너라는 원통을 삽입할 필요가 있기 때문에 가격이 높아지는 것이 단점이다.

이 실린더의 구멍을 넓히고 순정보다 큰 피스톤을 넣어주면 엔진의 배기량이 커진다. 그것이 "보어업"의 튜닝 메뉴이다.

Q36 크랭크샤프트 Crankshaft

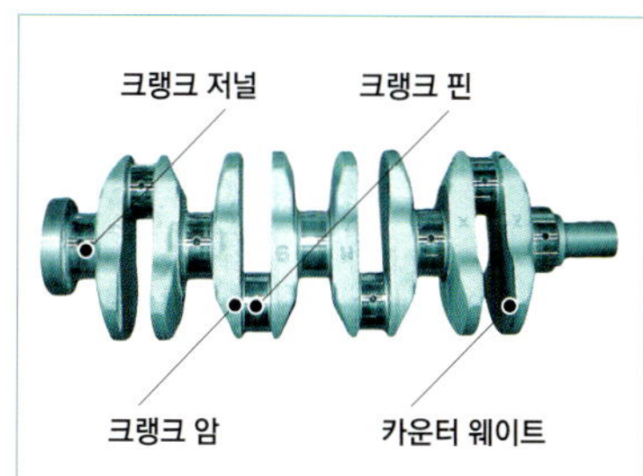

➡ 사진은 S2000용 크랭크샤프트. 크랭크 저널과 크랭크 핀의 거리가 길수록 피스톤이 상하로 움직이는 거리가 길어져 배기량이 커진다. 이것이 "스트로크 업(Stroke-up)"이라고 하는 튜닝이다.

크랭크샤프트의 회전축이 되는 부분을 크랭크 저널이라고 하며, 커넥팅 로드와 접속하는 부분을 크랭크 핀이라고 부른다. 크랭크 핀은 크랭크 암 끝에 장착되어 있는데 피스톤이 왕복운동을 하면 커넥팅 로드가 크랭크 핀을 누르면서 크랭크샤프트를 회전시키는 구조다.

크랭크 핀 반대쪽에는 카운터 웨이트라는 추가 있어서 원심력의 균형을 잡는다. 하지만 6기통 엔진 등에서는 크랭크 핀 몇 개 분량만큼을 하나의 카운터 웨이트로 보충하는 세미 카운터 크랭크라든가 싱글 카운터 크랭크도 있다.

튜닝으로 고출력이나 고속회전을 내고 싶을 때는 크랭크 핀 1개마다 카운터 웨이트가 달린 풀 카운터 크랭크샤프트로 바꿔주면 좋다. 순정 상태에서 풀 카운터 타입을 사용하는 스포츠 엔진도 있다.

Q37 커넥팅 로드 Connecting Rod

피스톤과 크랭크샤프트를 연결하는 막대(커넥팅 로드)를 말하는데 여러 방향에서 힘이 가해지기 때문에 확실한 강도가 요구되는 파트다. 튜닝으로 출력이 올라감으로써 노멀 커넥팅 로드로는 견디지 못할 때 등은 강화 제품으로 교환해주는 것이 좋다.

일반적으로는 특수강으로 만들어지지만 레이스용이나 튜닝용 커넥팅 로드 중에는 경량의 티타늄 합금을 사용한 것도 있다. 또한 단면이 「H」 형상을 한 타입과 「I」 형상을 한 타입이 있다. 어느 쪽이 뛰어나다고는 할 수 없지만 노멀은 일반적으로 「I」 단면을 하고 있다.

Q38 플라이 휠 Fly Wheel

➡ 경량화에 따른 응답성의 향상은 매력적이다. 그러나 무게를 줄이는 가공이나 구멍 뚫기 등으로 과도하게 경량화한 플라이 휠은 중·저속에서 토크가 적어지거나 발진할 때 엔진 스톨(engine stall)이 쉽게 일어나는 단점도 있다. 크랭크샤프트 반대쪽에는 크랭크 풀리가 장착되어 있어서 타이밍 벨트를 매개로 커플링 팬 등을 회전시킨다.

엔진은 폭발했을 때 회전력이 강해지기 때문에 그대로 두면 회전속도가 미세하게 빨라지거나 늦어져서 부드럽게 움직이질 않는다. 그래서 크랭크샤프트에 무거운 물체를 달아 회전을 부드럽게 해주는 것이다. 그 무거운 물체를 플라이 휠이라고 한다.

플라이 휠이 무거우면 그만큼 응답성이 나빠지기 때문에 튜닝 카에서는 응답성의 향상을 위해 가벼운 플라이 휠로 교환하는 경우도 많다.

Q39 베어링 Bearing

크랭크샤프트와 크랭크 케이스 접합부분에 끼워져 있는 베어링을 메인 베어링이라 하고 커넥팅 로드가 크랭크 핀과 연결된 부분의 베어링을 커넥팅 로드 베어링이라고 한다.

베어링에는 구멍이 나 있어서 오일이 공급된다. 베어링과 크랭크샤프트 사이에 오일이 들어가 아주 조금이나마 크랭크샤프트를 띄운 상태에서 부드럽게 회전시키는 것이다.

엔진의 튜닝을 하다보면 온도가 올라가거나 걸리는 힘이 강해지면 베어링이 유막을 유지하지 못하게 되면서 금속끼리 직접 접촉됨으로써 베어링이 손상된다. 엔진 블로의 대표적 예인 것이다. 「달그락」 거리거나 이상한 소리를 내기도 한다. 이러한 상황에서 계속 달리면 심하게 눌러 붙으면서 엔진이 대파되는 경우도 있으므로 주의해야 한다.

Q40 오일 팬 Oil Fan

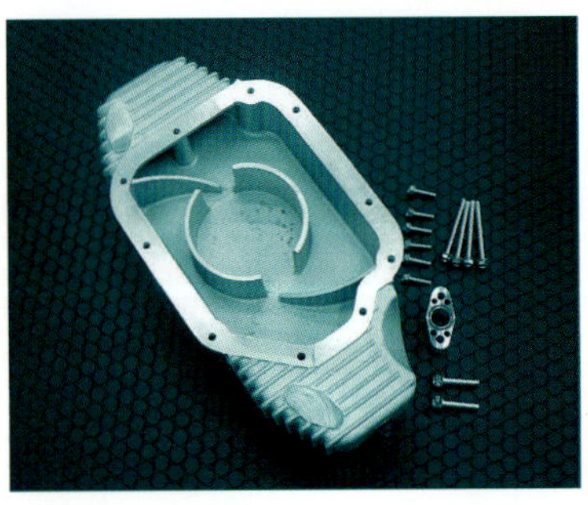

➡ 과격한 운전을 하면 오일이 한 쪽으로 치우쳐 빨아들이질 못하는 경우가 있다. 그래서 오일 팬 안에 배플 플레이트를 설치하여 오일이 치우치는 것을 막아주거나, 용량을 늘려주는 대용량 오일 팬 등도 시판되고 있다.

오일 팬은 엔진 각 부분을 돌아다니다 온 오일을 일시적으로 담아두는 파트다.

오일 팬 안에는 스트레이너라는 흡입구가 있어서 거기에서 오일펌프가 오일을 빨아내 다시 각 부분으로 보내게 된다.

엔진의 오일 온도가 올라가면 유막이 끊어져 트러블의 원인이 되기 쉽다. 오일량을 늘리면 온도가 쉽게 올라가지 않기 때문에 오일 팬을 대용량으로 교체한 다음 사용하는 오일량을 늘리는 방법도 있다. 그 다음에 서킷 등을 주행하다가 횡G가 걸리면 오일 팬 안의 오일이 한 쪽으로 치우쳐 스트레이너에서 빨아들이지 못하는 경우가 생긴다. 이것을 방지하기 위해 오일 팬에 배플(baffle)이라고 하는 칸막이를 설치하는 경우도 있다.

IQ를 더 높이자!! 실린더 블록의 용어 지식

주조 Casting / 단조 CForging

금속을 성형하는 방법. 주조는 곤죽같이 녹인 금속을 틀에 넣은 다음 식혀서 성형한다. 단조는 덩어리 상태의 금속에 엄청난 힘으로 틀을 세차게 내리쳐 성형한다. 주조는 형태를 자유롭게 만들 수 있고 대량 생산했을 때는 비용도 저렴하지만 단조는 강도나 강성이 높고 열에도 강하다.

프릭션 Friction

마찰. 일반적으로 기계가 부드럽게 작동할 때 방해가 되기 때문에 적을수록 좋다. 엔진의 경우 프릭션이 크면 바로 출력의 손실로 이어진다.

슬랩 스크래치 Slap Scratch

엔진 블로의 원인 가운데 하나. 피스톤 헤드 쪽의 가장자리 등이 고온으로 녹거나 떨어져 나가는 현상을 말한다. 녹아내린 부분이 실린더와 접속하면서 실린더에 상처를 내거나 눌러 붙게 된다.

오일 연소

엔진 트러블 가운데 하나. 피스톤 링이나 실린더 내벽이 마모되어 밀폐성이 나빠지면 평소대로라면 쓸려 내려갈 오일이 연소실로 들어가 연소되는 현상. 심할 경우 머플러에서 하얀 연기가 나온다.

[해답 & 해설]

초보 튜닝 마니아를 위한
메커니즘 강좌

[구동방식 예]

01 FF차

02 FR차

03 4WD(엔진 가로 배치)

04 4WD(엔진 세로 배치)

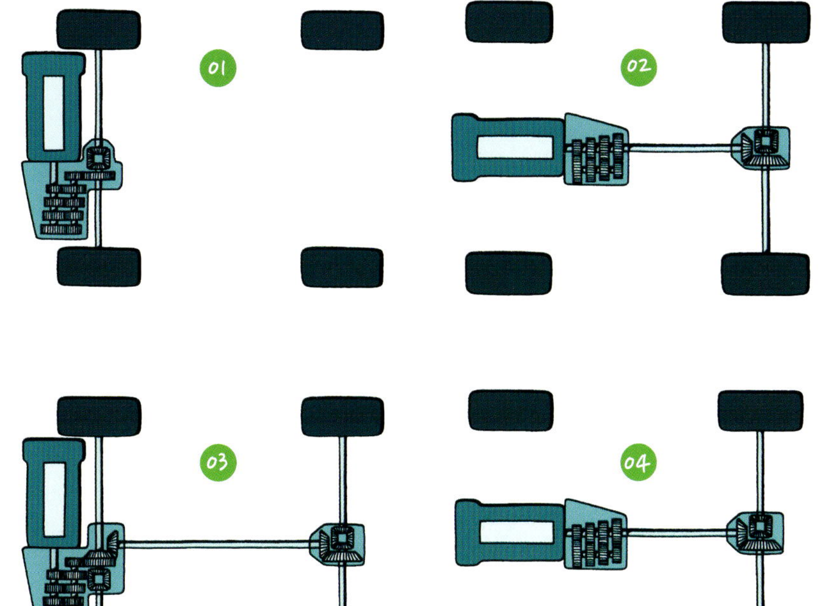

구동계통 메커니즘

엔진이 발생시킨 회전 에너지를 구동력으로 바꿔 구동바퀴로 전달하기까지의 기구를 동력 전달 장치라고 하며, 드라이브 트레인이나 파워 트레인이라고도 한다.

주요 구성 파트로는 클러치와 변속기(트랜스미션), 종감속 장치(파이널 리덕션 기어), 차동 장치(디퍼렌셜 기어), 구동축(드라이브 샤프트), 추진축(프로펠러 샤프트) 등이다. 휠과 타이어도 지면에 동력을 전달하므로 동력전달 장치에 포함된다.

흔히 말하는 FF차나 FR차 등과 같은 명칭은 자동차의 구동방식을 나타낸 것이다. 엔진을 탑재한 위치와 구동바퀴로 분류되는 경우가 많은데 앞쪽에 엔진을 탑재하고 구동바퀴도 앞에 있는 자동차를 FF차(Front Ship Engine·Front Drive)라고 한다. 마찬가지로 프런트 십 엔진·리어 드라이브를 FR, 미드십 엔진·리어 드라이브인 경우는 MR이라고 한다. 또한 포르쉐 등의 RR(리어 십·리어 드라이브)과 같은 레이아웃도 자주 듣는 말이다. 덧붙이자면 4륜 모두를 구동하는 자동차는 4WD차(4휠 드라이브)라고 하며, AWD차(올 휠 드라이브)라고도 한다.

구동방식에 의해 FF차는 안정감이 좋으며, FR차는 컨트롤 성능이 뛰어난 등 제각각 특징이 다르다. 요컨대 미드십이란 레이아웃은 엔진을 탑재한 위치가 차체의 중앙 쪽이라는 것을 의미하는데 차량은 무게의 균형이 좋아지고 운동의 밸런스도 뛰어나다. 4WD차는 타이어 4개로 노면에 힘을 전달할 수 있기 때문에 트랙션 성능이 뛰어나다.

Q41 트랜스미션 Transmission

엔진에서 구동계통 파트로 전달되는 회전이나 토크를 변화시키는 장치가 트랜스미션이다. 그냥 미션이라고도 부른다. 회전비가 다른 몇 개의 기어를 교체해 가면서 사용함으로써 낮은 속도의 영역부터 높은 속도의 영역까지 엔진이 잘 돌아가는 회전수를 사용할 수 있다. 현재 시판되고 있는 대부분의 자동차는 기어가 자동으로 변속되는 AT(Automatic Transmission)를 장착하고 있다. 회전수나 액셀러레이터 페달을 밟는 정도에 맞추어 기어가 자동적으로 바뀌기 때문에 운전을 조작하기가 간단하다.

수동으로 기어를 바꾸는 MT(Manual Transmission)는 상황에 맞추어 자유롭게 기어를 바꿀 수 있기 때문에 스포츠 주행을 하기에 적합하다. 실제로 스포츠카에 많이 사용되고 있다. 다만 클러치 조작이 필요하기 때문에 AT에 비해 운전의 조작이 약간 어렵다고 할까? MT의 경우 시판되는 차량의 대부분이 전후·좌우로 시프트 레버를 움직이는 "H패턴" 타입이지만, 앞뒤로만 시프트 레버를 움직이는 "I패턴" 타입도 있다(Sequential Mission이라고도 한다).

H패턴은 3단이나 4단에서도 바로 중립으로 돌아갈 수 있어서 도심지에서 운전하기가 편리한 편이다. 한편 I패턴은 한 번에 1단씩밖에 변속하지 못 하지만 변속이 빠르고 변속의 실수도 줄어들기 때문에 서킷 머신이나 드래그 레이스 등에 사용하는 경우가 많다.

Q42 LSD Limited Slip Differential

LSD는 기능에 따라 몇 가지 타입으로 나누어진다. 액셀러레이터 페달을 밟았을 때만 작동하는 1way, 액셀러레이터 페달을 밟거나 밟지 않을 때도 작동하는 2way, 액셀러레이터 페달을 밟았을 때는 잘 작동하지만 밟지 않을 때는 부드럽게 작동하는 1.5way 등이 있다.

디퍼렌셜(디퍼렌셜 기어)은 자동차가 선회할 때 발생하는 좌우바퀴의 회전수 차이를 해소하기 위한 장치다.

하지만 한계에 가까운 코너링을 하면 안쪽 바퀴에 가해지는 하중이 가벼워져 쉽게 공전할 수 있다. 그러면 디퍼렌셜의 원리 상, 공전하는 타이어로만 구동력을 전달하기 때문에 자동차가 가속을 하지 못하게 된다.

그래서 디퍼렌셜의 작용을 제한시킴으로써 한 쪽 타이어만 공전하는 것을 방지하는 장치를 장착하는데 그것이 LSD(리미티드 슬립 디퍼렌셜)이다. 스포츠카에는 노멀 상태에서 장착하는 경우도 있다. 하지만 순정 LSD는 작동이 자연스러운 비스커스(viscous)나 토르센(torsen, 헬리컬 기어) 같은 타입을 사용하는 경우가 대부분이기 때문에 본격적인 스포츠 주행에서 사용하기에는 조금 작동이 약할 수 있다.

그래서 튜닝카에서는 기계식(multi plate type) LSD로 바꾸는 경우가 많다. 약간의 타성은 있지만 잘 작동할 뿐만 아니라 효능 정도를 조정할 수 있다는 것이 기계식 LSD의 특징이다.

Q43 드라이브 샤프트 Drive Shaft

디퍼렌셜에서 좌우 구동바퀴로 뻗어 나와 타이어에 구동력을 전달하는 축이 드라이브 샤프트다.

출력을 높이거나 클러치와 LSD를 강화하면 부담이 증가하는 파트이므로 휘거나 부러지는 경우도 있다. 특히 FF차의 경우는 구동바퀴가 조향되기 때문에 더욱 부담이 크다고 할 수 있다.

거칠게 달리는 사람은 강화제품으로 바꾸거나 차종에 따라서는 튼튼한 다른 차량용 드라이브 샤프트를 유용하여 트러블을 방지하기도 한다.

Q44 프로펠러 샤프트 Propeller Shaft

FR차나 4WD차에 있어서 앞쪽에 있는 트랜스미션에서 리어 파이널 리덕션 기어로 구동력을 전달하는 축을 프로펠러 샤프트라고 한다.

튜닝 측면에서는 그다지 손을 대지 않는 파트이지만 엔진이나 트랜스미션을 바꾸거나 유용할 때는 프로펠러 샤프트도 다른 차량용의 것을 사용하거나 길이를 맞춰서 사용하기도 한다.

또한 상당히 고가의 파트이지만 초경량 카본 프로펠러 샤프트 등도 발매되고 있다. 프로펠러 샤프트는 원래부터 상당히 무겁기 때문에 경량화의 효과는 크다고 할 수 있다.

Q45 클러치 Clutch

엔진의 회전을 트랜스미션으로 전달하거나 끊어주는 파트가 클러치다. 튜닝을 통해 엔진의 토크가 높아졌거나 드래그 레이스의 출발, 드리프트에서의 클러치 조작 같이 거칠게 사용을 하면 노멀 클러치가 견뎌내지 못하고 미끄러지게 된다. 그래서 강화 클러치로 교환하는 것이다.

클러치를 강화하는 방법을 대략적으로 나누면 ① 더 마찰력이 강한 재질로 바꾼다, ② 압착해 주는 스프링을 강화한다, ③ 마찰재의 면적을 늘린다. 등의 선택 방법이 있다. 물론 ①번과 ②번의 방법도 사용하지만 ①번의 방법은 기술적으로 한계가 있으며, ②번의 방법은 클러치 조작에 필요한 답력이 커짐으로써 운전자에게 체력적인 문제가 대두된다. 때문에 클러치를 크게 강화하고 싶을 때는 ③번의 방법을 취하게 된다.

순정 클러치의 마찰판은 일반적으로 1장이지만 이것을 2장이나 3장으로 늘린다. 그렇게 마찰판의 면적을 늘려 클러치를 강화한 것이 트윈 플레이트나 트리플 플레이트라고 하는 것이다. 마찰판의 매수가 많을수록 더 큰 토크나 하드한 사용에 견뎌낼 수 있다고 생각하면 된다.

한편 클러치는 중앙 부분을 눌렀을 때 동력이 차단되는 구조의 푸시 방식과 중앙 부분을 당겼을 때 차단되는 구조의 풀 방식이 있다. 노멀 상태가 풀 방식인 차량에 튜닝용 푸시 방식의 클러치를 장착할 경우에는 반드시 변환 키트를 사용해야 하므로 주의가 필요하다.

Q46 허브 Hub

➡ 허브 볼트 수를 바꾸거나 PCD를 변경할 때는 다른 차량용의 허브를 유용하거나 시판되고 있는 변환 허브를 사용한다. 차종에 따라서는 4홀이나 5홀 모두에 사용할 수 있는 변환 허브도 시판되고 있다.

타이어와 휠을 장착하는 차체 쪽 파트를 허브라고 한다. 허브는 허브 캐리어(너클이라고도 한다)에 끼워지는데, 허브 볼트가 튀어나와 있다. 그 허브 볼트를 사용하여 휠을 고정한다.

SUV차나 트럭은 별개로 치고 승용차는 일반적으로 허브 볼트가 4개나 5개다. 그리고 허브 볼트가 박혀 있는 원의 직경(허브 중심점에서 허브 볼트까지의 길이의 2배)을 PCD(Pitch Circle Diameter)라고 한다. PCD는 일본 차량의 경우 100mm나 114.3mm가 많다. 휠을 교환할 때는 구멍 수와 PCD가 맞아야만 허브에 장착할 수 있으므로 주의가 필요하다.

Q47 센터 디퍼렌셜 Center Differential

코너링을 할 때 앞바퀴와 뒷바퀴에도 회전수 차이가 나타나기 때문에 4WD차에서는 앞바퀴와 뒷바퀴 사이에도 디퍼렌셜이 배치된다. 이것을 센터 디퍼렌셜이라고 한다.

센터 디퍼렌셜에도 여러 가지 기구가 있다. 예를 들면 스카이라인 GT-R 등에 탑재되어 있는 아테사 E-TS는 앞뒤의 토크 배분을 바꿀 수 있는 전자제어식 센터 디퍼렌셜이다. 평소 때는 앞뒤의 토크 배분이 0 : 100인데, 뒷바퀴가 미끄러졌을 때만 앞바퀴에도 토크가 배분되는 방식이다.

그리고 랜서 에볼루션에 탑재되어 있는 ACD(Active Center Differential)나 임프레자에 탑재되어 있는 DCCD((Driver's Control Center Differential)는 토크율이 바뀌는 전자제어 센터 디퍼렌셜이다. 턴인(turn-in)을 할 때는 LSD의 작동을 약하게 해 쉽게 선회할 수 있도록 해주며, 코너를 빠져나갈 때는 LSD를 강하게 작동시켜 트랙션을 좋게 하는 방식으로 제어하고 있다. 토크의 배분을 임의로 바꿀 수 있는 것도 있다.

Q48 리어 디퍼렌셜 Rear Differential

FR차나 FF차는 디퍼렌셜이 1개지만 4WD차는 보통 센터와 프런트, 리어 3곳에 장착되어 있다.

그 중에서도 최근의 4WD차의 리어 디퍼렌셜은 센터 디퍼렌셜과 더불어 대부분 최신 전자제어 장치가 적용되고 있다.

예를 들면, 미쓰비시 랜서 에볼루션 등에 장착되어 있는 AYC(Active Yaw Control)나 혼다 레전드에 장착되어 있는 SH-AWD(super Handling All-wheel-drive)는 코너링을 할 때 바깥쪽 타이어에 더 큰 구동력을 전달함으로써 4WD 특유의 언더 스티어를 없애고 쉽게 코너링할 수 있게 해 준다.

IQ를 더 높이자!! 구동계통 용어 지식

비스커스 (Viscous) 방식 LSD

순정으로 사용되는 LSD 타입 가운데 하나. 좌측 타이어에 연결되어 있는 다판 플레이트와 우측 타이어에 연결되어 있는 다판 플레이트가 하나의 케이스에 들어가 있는 상태에서 점성이 높은 오일(물엿 같은 느낌)로 채워져 있다. 좌우 바퀴의 회전수 차이가 커지면 그 오일의 점성으로 반대쪽 타이어에도 토크가 전해진다.

토르센 (torsen) 방식 LSD

LSD 타입의 하나. 디퍼렌셜 케이스 안에 몇 개의 헬리컬 기어가 조합된 상태에서 좌우 바퀴의 구동력에 차이가 생기면 톱니 면의 마찰력이나 기어와 케이스 사이의 마찰력을 통해 좌우 바퀴로 전달되는 구동력의 차이를 억제시키려는 작용을 한다. 순정 차량에 장착되는 경우가 많다. 토크 센싱(torque-sensing) 방식 LSD도 유사한 구조를 하고 있다.

기계식 (다판식) LSD

튜닝용이나 모터 스포츠용으로 가장 인기가 많은 LSD. 좌우 바퀴에 구동력의 차이가 생기면 프레셔 링이 좌우 바퀴로 이어진 다판 플레이트를 밀어붙여 디퍼렌셜을 로크 상태에 가깝게 한다.

도그 미션 Dog Mission

변속할 때 회전을 맞춰주는 싱크로메시라고 하는 기구가 없어서 갑자기 이빨의 요철에 의해 맞물리도록 되어 있는 미션. 주로 경기용으로 사용되는데 익숙한 드라이버라면 싱크로메시가 장착된 MT보다 신속하게 기어를 바꿀 수 있다.

튜닝 IQ 향상위원회
[해답 & 해설]

초보 튜닝 마니아를 위한
메커니즘 강좌

[대표적인 서스펜션의 종류]
- 01 스트럿
- 02 더블 위시본
- 03 멀티 링크(리어)
- 04 멀티 링크(프런트)
- 05 4링크 리지드(리어)
- 06 토션 빔(리어)

서스펜션의 메커니즘

서스펜션(suspension)은 자동차의 움직임이나 승차감과 직결되는 중요한 기구로서 현가장치라고도 부르며 쇽업소버, 스프링, 암, 로드, 링크 등으로 구성되어 있다. 넓게 생각하면 타이어 등도 서스펜션을 구성하는 일부로 취급하기도 한다. 구조나 기구는 설계자의 생각과 단가(cost) 문제로 인해 몇 가지 형식이 존재하는데 여기서는 대표적인 것들을 소개할까 한다.

먼저 프런트의 서스펜션 쪽에서 가장 일반적인 것은 스트럿(strut) 방식으로 불리는 구조다. 쇽업소버가 암의 일부로 작동함으로써 단가를 줄일 수 있다는 점도 특징 가운데 하나다. 임프레자나 셀리카, 랜서 에볼루션, 실비아의 프런트에 사용되고 있다. 구조가 간단해서 파트의 교환도 비교적 쉬운 편이다. 반면에 차종에 따라서는 조정할 수 있는 부분이 한정적이어서 미세한 세팅을 하기에는 부적합한 측면이 있으며, 차고(車高)의 변화에 따른 휠 얼라인먼트 변화량도 크다.

상하 2개의 암이 허브를 지지하고 있는 타입이 더블 위시본이다. FD3S 등 스포츠카에 사용되고 있다. 부품수가 많은 만큼 단가가 높아지지만 스트로크에 따른 휠 얼라인먼트의 변화가 적고 조정할 수 있는 부분이 많으며, 주행 성능이 스트럿 방식보다 뛰어난 경우가 많다.

더블 위시본의 파생형으로 멀티 링크 방식으로 불리는 타입이 있다. 스카이라인이나 실비아의 리어, 랜서 에볼루션이나 FTO의 리어 등 닛산 자동차와 미쓰비시 자동차에 많이 사용되고 있다. 더블 위시본보다 링크 수가 많아서 주행할 때 더 적극적으로 휠 얼라인먼트의 변화를 제어하고 있다. 다만 링크가 많은 만큼 필연적으로 부시(bush)의 수량도 많아지기 때문에 샤프한 맛은 떨어진다는 평가다.

스타렛, 마치 등과 같은 소형 FF차의 리어나 경자동차에 사용되는 토션 빔 방식은 부품수가 적고 컴팩트한 설계가 특징이다. 직진 안정성이 뛰어나지만 차고를 낮추면 래터럴 로드(lateral rod)의 영향 등으로 서스펜션 전체가 오른쪽이나 왼쪽으로 점점 치우쳐 간다. 기본적으로 휠 얼라인먼트 조정이 불가능한 구조다.

도요타 86의 리어 등에 사용되고 있는 것은 4링크 리지드 방식이다. 앞뒤방향으로 4개의 링크를 사용하여 하우징과 연결되어 있다. 86 등은 래터럴 로드를 사용하여 좌우방향 움직임을 규제하기 때문에 5링크라고도 한다. 하우징(스프링 아래 하중)이 무겁다거나 휠 얼라인먼트의 조정이 안 되는 등의 단점이 있다. 또한 일반적인 차량은 쇽업소버와 스프링이 별도로 장착되어 있기 때문에 서스펜션의 키트, 특히 스프링이나 차고 조절용 쇽업소버의 선택 폭이 좁다.

그밖에도 몇 가지 종류가 더 있지만 요즘 차량들의 서스펜션 구조는 이 정도가 대부분이다. 자신이 타고 있는 자동차의 서스펜션이 어떤 특성을 갖고 있는지 알아두면 자동차를 좀 더 사랑하게 되지 않을까?!

Q49 차고 조정식 서스펜션

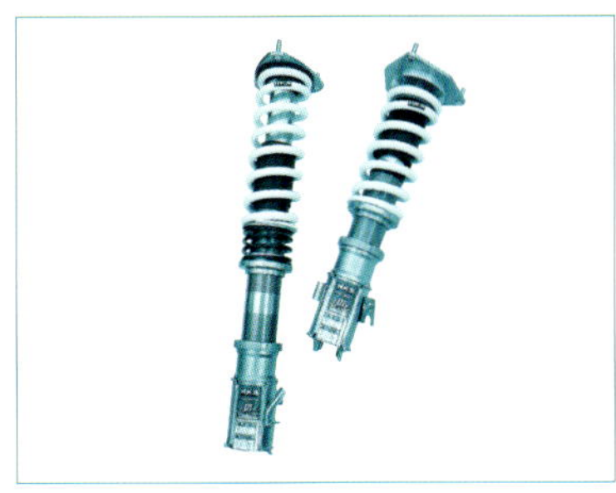

➡ 나사방식 차고 조정식 서스펜션에는 쇽업소버 케이스의 전체 길이를 늘이거나 줄일 수 있는 기구를 갖춘 전장(全長) 조정식(풀 탭 방식이라고도 부른다) 타입도 있다. 전장 조정식은 프리로드(pre-load)와 차고를 제각각 조정할 수 있다는 것 외에도 스프링이 놀지 않게 하면서 차고를 크게 낮추는 것도 가능하다. 다만 스트로크(상하로 움직이는 크기)를 크게 할 수 없다는 단점도 있다.

차고를 조정할 수 있는 장치가 설치되어 있는 서스펜션을 일반적으로 차고 조정식 서스펜션이라고 한다. 차고를 바꾸면 핸들링 특성 등 세팅을 변경할 수 있다는 것이 장점이다.

C링 차고 조정식 서스펜션 타입도 있지만 주류는 나사 방식 차고 조정용 서스펜션 타입이다. 이것은 쇽업소버의 셀 케이스(통) 바깥쪽에 나사산이 있어서 스프링의 아래를 지지하는 접시 모양의 부품(lower seat)을 돌려 위아래로 움직일 수 있다. 그렇게 하면 차고를 조정할 수 있는 것이다.

Q50 스프링 서스펜션 스프링

차체의 상하운동과 롤 등을 제어하거나 노면으로부터의 충격을 완화시켜주는 스프링. 딱딱함이나 부드러움을 나타내는 정도를 스프링 상수(spring rate)라고 하며, 일반적으로 단위는 kg/mm를 사용한다. 스프링을 적절한 레이트로 맞춰주면 자동차의 자세 변화가 작아져 더 기민하게 움직이게 된다. 그래서 스포츠 주행을 하는데 있어서는 스프링의 교환을 빼놓을 수 없을 정도다.

스프링의 형상은 크게 2종류로 나눌 수 있다. 황권(荒券, 노멀 형상)과 직권(直券)이다. 황권 타입은 노멀 차량이 사용하는 형상으로 지름이 크거나 비뚤어진 원통형이기도 하다. 대부분 차종별로 전용의 설계를 한다. 직권 타입은 깨끗한 원통형 스프링으로서 규격에 맞춰 만들어진 범용품이다. 차고 조정식 서스펜션에서는 대부분 직권 스프링을 사용하기 때문에 자동차의 사양이나 운전 스타일에 맞춰 다른 강도의 스프링을 자유롭게 선택할 수 있다는 장점이 있다.

수축하기 시작할 때는 부드럽다가 수축이 진행되면 딱딱해지는 가변 레이트(variable rate) 스프링도 존재한다. 또한 스프링이 놀지 않도록 해주는 짧고 부드러운 헬퍼 스프링이라는 것도 있다.

Q51 쇽업소버 Shock Absorber

쇽업소버는 스프링 진동을 감쇄시키는 역할을 한다. 자동차가 흔들리는 것을 막아줄 뿐만 아니라 자세의 변화 속도를 제어하는 기능도 있기 때문에 주행 성능에 큰 영향을 준다. 노멀보다도 하드로 하는 편이 빠르고 스포티한 핸들링을 보이지만 너무 하드로 하면 승차감이 나빠질 수 있다.

쇽업소버의 구조는 크게 2종류로 나눌 수 있다. 승차감을 유연하게 만들기가 쉬운 저가의 복통식과 세팅하고 싶은 감쇄력을 정확하게 만들기가 쉬운 고가의 단통식이다.

보통은 피스톤 로드가 위로 올라간 정립식(正立式)의 레이아웃을 하고 있지만 단통식의 경우는 로드가 아래쪽을 향한 도립식(倒立式)의 레이아웃을 한 것도 있다. 도립식은 선회에 대한 강성이 높기 때문에 스트럿 형식의 서스펜션에 많이 사용한다.

또한 손잡이나 다이얼을 돌리기만 하면 감쇄력을 하드로 하거나 소프트로 세팅할 수 있는 감쇄력 조정식 쇽업소버도 있다.

Q52 어퍼 마운트 Upper Mount, 스트럿 마운트

서스펜션의 상부를 자동차 보디와 연결해 주는 부분을 어퍼 마운트(스트럿 마운트)라고 한다.

노멀에서는 대부분 고무 부시를 사용하지만 튜닝 파트는 이 고무 부시를 필로우 볼로 바꾼 필로우 어퍼(필로우 볼 어퍼 마운트)라는 것도 있다. 서스펜션에서 차체로 전해지는 충격이 고무보다 직접적이다.

심지어 부시를 장착하는 플레이트를 별도로 만듦으로써 캠버의 조정 기구가 배치된 조정식 어퍼 마운트라는 것도 있다. 스트럿 형식의 서스펜션에 장착하면 캠버 각을 바꿀 수 있다.

Q53 롤 센터 어저스터 Roll Center Adjuster

자동차 롤링의 축이 되는 포인트를 롤 센터라고 부른다. 롤 센터는 서스펜션 암의 길이나 장착하는 각도로 결정되는데 차고를 낮추었을 때는 암의 각도가 바뀌면서 롤 센터가 밑으로 크게 내려오는 경우가 있다. 그 결과 차고를 낮추었는데도 롤링이 쉽게 일어나는 현상이 생기는 것이다.

그래서 롤 센터 어저스터라고 하는 파트를 장착하게 되는데 이것을 장착하면 암의 각도를 보정함으로써 롤 센터를 높일 수 있게 된다. 그렇게 하면 서스펜션을 하드로 하지 않고도 롤링을 줄일 수 있다.

Q54 스태빌라이저 Stabilizer

스태빌라이저는 좌우 서스펜션을 연결해 주는 막대 형태의 스프링이다. 보통 자동차가 롤링을 하게 되면 한 쪽 서스펜션은 수축하고 다른 쪽 서스펜션은 늘어나게 된다. 이때 스태빌라이저가 비틀리면서 롤링에 저항하려고 한다. 즉 롤링을 억제시키는 역할을 하는 것이다.

좌우 타이어가 같이 오르내릴 때는 비틀림이 없기 때문에 스태빌라이저는 작동하지 않는다. 즉 직진을 하다가 좌우 바퀴가 동시에 둔덕을 넘을 때는 승차감 등에 그다지 영향을 주지 않는다. 때문에 롤링만 억제하고 싶을 때는 스프링을 하드로 하는 것보다 스태빌라이저를 강화품으로 바꾸는 쪽이 승차감의 악화를 줄이는 방법인 것이다. 이 외에도 앞뒤방향의 자세변화에도 그다지 영향을 끼치지 않는 등 스트리트 튜닝에 효과적인 파트다.

Q55 필로우 부시 Pillow Bush

노멀 차량에서 서스펜션 암은 대부분 부시라고 하는 원통 모양의 고무를 사용하여 보디에 장착하고 있다. 진동이나 충격, 잡음을 흡수하기 위해서다.

그런데 힘이 가해지면 고무이기 때문에 찌그러들면서 서스펜션이 이상한 움직임을 보이거나 반응이 무뎌지는 단점이 생긴다.

그래서 고무를 대신하여 필로우 볼이라는 금속재질의 구슬과 그것을 담아주는 하우징을 조합시킨 조인트를 사용하게 된다. 그것이 바로 필로우 부시인 것이다. 불필요한 움직임이 없어지고 핸들링도 좋아지지만 반대로 승차감이 나빠지거나 노화가 진행되면 잡음이 발생되는 것 말고도 수명이 짧아서 정기적인 메인터넌스가 필요하다는 단점도 있다.

Q56 조정식 암 Adjustable Arm

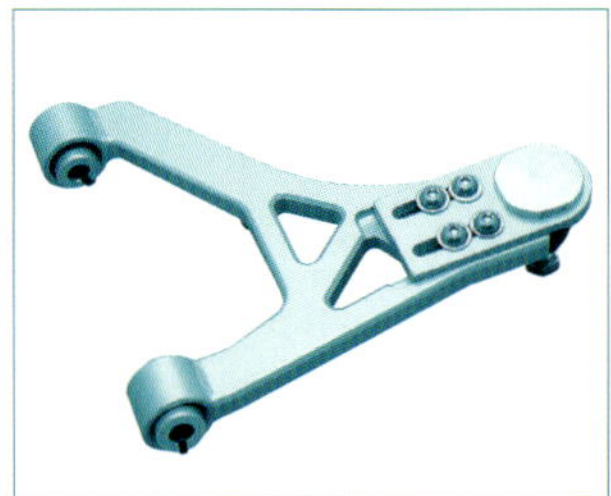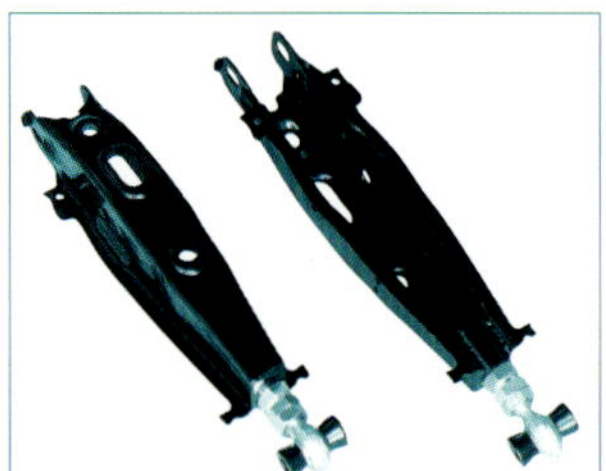

나사를 신축시킬 수 있는 턴버클(turnbuckle) 방식과 구멍을 길게 해서 조정하는 방식이 일반적이다. 캠버와 토 등 조정하고 싶은 부분에 따라 교환하는 로드나 암이 달라진다.

차고를 낮추면 토나 캠버 등과 같은 휠 얼라인먼트가 바뀌기 때문에 다시 조정해 줄 필요가 있는데 대폭적으로 조정해야 할 때는 암이나 링크의 길이를 바꿔 줄 필요가 있다. 그런데 노멀 암에는 길이를 조정할

수 있는 기구가 설치되어 있지 않을뿐더러 장착되어 있더라도 조정범위 폭이 좁기 때문에 마음먹은 대로 조정하기가 불가능하다. 그럴 때 바로 조정범위가 넓은 조정식 암으로 교환하는 것이다.

튜닝용 조정식 암은 서스펜션의 형식에 맞춰 다양한 타입의 조정식 암이나 링크가 판매되고 있다. 마음먹은 대로 휠 얼라인먼트를 세팅할 수도 있으며, 지오메트리를 바꿈으로써 핸들링의 특성을 바꾸는 것도 가능하다.

IQ를 더 높이자!!
서스펜션 관련 용어 해설 용어 지식

C링 차고 조정식 서스펜션

차고 조정식 쇽업소버의 한 종류다. 쇽업소버 통에 홈이 나 있어서 거기로 「C」자를 닮은 링을 끼운 다음 스프링 어시스트를 배치한 구조로 되어 있다. 여러 개의 홈이 나 있기 때문에 C링 위치를 이동시키면 차고를 바꿀 수 있다. 황권(荒券)의 스프링을 조합하여 사용하는 경우도 많다. 현재는 나사식의 차고 조정식 서스펜션이 인기를 끌고 있기 때문에 제품은 많지 않다.

프리로드 Pre-load

처음부터 스프링에 걸려 있는 하중을 말한다. 일반적으로 스프링을 쇽업소버에 끼울 때 약간 수축시켜 장착하게 되는데 그때의 수축된 정도를 말한다. 그 정도에 따라 핸들링 특성이나 승차감도 어느 정도 바뀌기 때문에 세팅의 요소 가운데 하나라 할 수 있다. 전장 조정식 서스펜션이 아닌 차고 조정식 서스펜션인 경우 차고를 바꾸면 동시에 프리로드도 바뀌게 된다.

감쇠력 Damping Force

스프링이 수축되거나 신장되려고 할 때 저항으로 작용하는 쇽업소버의 힘을 가리킨다. 이 힘에 의해 스프링의 불필요한 진동이 억제되거나 자동차의 자세변화 속도가 제어된다.

지오메트리 Geometry

서스펜션 암이나 타이어의 기하학적 배치, 링크의 움직임을 말한다. 자동차에서는 서스펜션의 지오메트리와 스티어링의 지오메트리가 있다. 예를 들면 리어 타이어의 경우 코너링 중에 안정성을 높이기 위해, 서스펜션이 수축할 때는 직진성을 높이기 위해 토인(toe-in) 방향이 되도록 지오메트리가 바뀌는 경우가 많다.

[해답 & 해설]

초보 튜닝 마니아를 위한
메커니즘 강좌

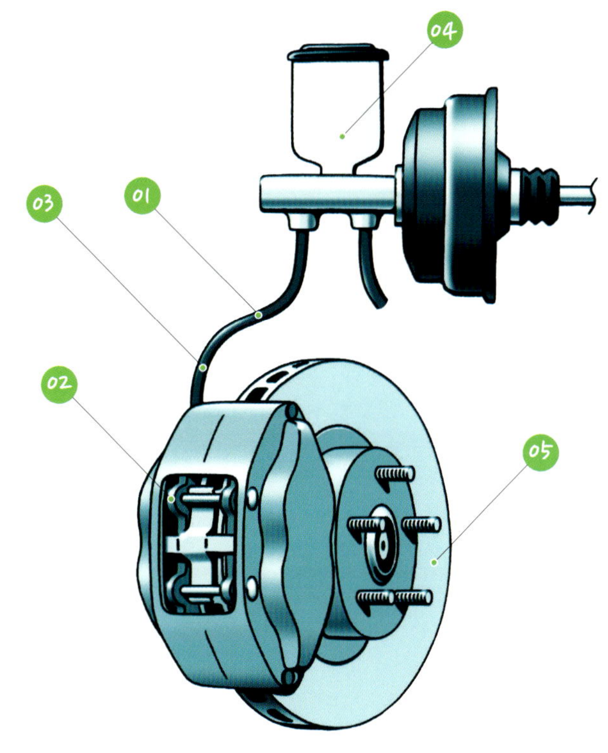

⬇ 이러한 방식으로 체크하면 된다.

☑ 점검 / ☒ 교환 / ☒ 마모되어 있음 / ☒ 균열이 있음 / ☒ 더러움

- **01** 브레이크 라인 균열 ☐
- **02** 브레이크 패드 잔량 ☐
- **03** 브레이크 오일에 공기가 들이 있음 ☐
- **04** 브레이크 오일이 더러움 ☐
- **05** 디스크 마모 ☐

브레이크 계통의 메인터넌스 가이드

브레이크는 자동차 파트 가운데 가장 중요한 메인터넌스 & 튜닝 파트다. 왜냐하면 브레이크의 트러블이나 성능 부족은 목숨과 관련된 문제이기 때문이다. 그래서 브레이크의 메인터넌스 항목은 한 번 더 들여다 볼 필요가 있다 브레이크 패드의 잔량 점검은 물론이거니와 브레이크 디스크 점검도 잊지 말고 해줘야 한다.

브레이크 디스크의 표면에 레코드 판 같은 자국이 났으면 메인터넌스를 해야 할 시기다. 표면에 자국이 난 상태에서는 신품의 패드로 교환하더라도 브레이크의 패드가 디스크에 균일하게 접촉되질 않기 때문에 안정된 제동력을 얻을 수 없다. 그밖에도 브레이크 오일의 노화에 따른 비점의 저하나 공기의 혼입, 브레이크 핀 균열 등도 드물다고는 할 수 없으므로 꼼꼼하게 점검하길 바란다.

Q57 패드 Pad

회전 중인 브레이크 디스크를 양쪽에서 누름으로써 회전을 막아내는 역할을 하는 것이 브레이크 패드다.

순정 브레이크 패드는 소리가 나서는 안 되고 생산 단가 등도 중시하고 있기 때문에 언덕길이나 서킷을 격렬하게 달리게 되면 제동력이 부족하거나 쉽게 페이드(fade) 현상이 발생하게 된다.

그래서 스포츠 주행을 할 때는 가격이 조금 비싸더라도 더 성능이 좋고 페이드 현상이 잘 일어나지 않는 스포츠 패드로 교환해야 안심하고 달릴 수 있다. 최근에는 순정 패드 정도의 가격으로 성능을 중시한 입문용 스포츠 패드 등도 판매되고 있으므로 초보자에게는 좋은 환경이라 하겠다.

다만 스포츠 주행용 패드에는 특징이 있어서 제품에 따라서는 모든 상황에서 뛰어나다고 할 수 없으므로 주의해야 한다. 특히 레이스에서의 사용을 감안한 브레이크 패드는 온도가 올라가야만 성능이 발휘되도록 만들어졌거나 패드 가루가 많이 생기기도 하고 소리가 나는 것도 있으므로 나에게 적합한 것을 선택하도록 한다.

Q58 캘리퍼 Calliper

(➡) GT-R이나 임프레자, 랜서 에볼루션 등은 순정상태에서 브렘보 제품의 캘리퍼가 장착되어 있다. 이들 순정 고성능 캘리퍼를 유용하는 것도 자주 사용하는 방법이다. 이들 제품을 사용할 경우는 브래킷 키트 등이 필요한 경우가 많다.

브레이크 디스크의 가장자리를 잡고 있는 것처럼 장착되어 있는 파트가 브레이크 캘리퍼다. 안쪽에는 브레이크 패드가 장착되어 있다.

브레이크 캘리퍼를 크게 나누면 부동식(floating type)과 대향식(opposite type)이 있다. 부동식은 피스톤이 한 쪽에만 장착되어 있는 캘리퍼를 말하며, 순정 캘리퍼에 많이 사용되는 방식이다.

대향식이란 피스톤이 양쪽에 장착되어 있는 캘리퍼를 말한다. 대향식 캘리퍼가 응답성도 좋고 터치도 정확하기 때문에 컨트롤하기 쉬운 편이다. 일부의 스포츠카나 튜닝 파트로서 판매되고 있는 캘리퍼는 대부분이 대향식이다.

덧붙이자면 캘리퍼를 말할 때 흔히 몇 포트(port)라고 하는 경우가 많은데 이것은 피스톤 수를 말하는 것이다.

이 피스톤의 개수를 늘려 패드를 눌러 붙이는 면적을 증가시키면 안정된 압력으로 강력하게 디스크의 회전을 막을 수 있다.

Q59 디스크 Disc

타이어와 함께 회전하는 원반 모양의 금속이 브레이크 디스크다. 회전하는 디스크를 패드가 잡으면서 브레이크가 걸리는 것이다.

튜닝용 디스크는 순정품과 비교하여 대부분 열에 강한 재질로 만들어져 있다. 이러한 디스크를 사용하면 격렬하게 달려도 비틀어지는 등의 트러블이 적다.

또한 디스크 표면에 슬릿이 파여 있는 것도 있다. 이것은 패드의 표면을 슬릿이 조금씩 깎아냄으로써 항상 신선한 상태에서 사용할 수 있도록 하기 위한 것이다. 또한 브레이킹시 발생되는 열로 인하여 패드에서 생긴 가스를 이 슬릿을 통해 배출시킴으로써 페이드 현상을 억제시키는 효과도 있다.

그밖에도 벨 하우징을 알루미늄 재질로 바꾼 2피스 디스크라는 것도 있다. 이것은 디스크를 경량화할 수 있다는 점과 방열성이 좋아지는 장점이 있다.

덧붙이자면 디스크를 큰 것으로 교환하면 그만큼 브레이크가 잘 듣는다.

Q60 브레이크 오일 Brake Oil)

(➡) 브레이크 오일에는 드라이 비점과 웨트 비점이라는 것이 있다. 드라이 비점은 신품 상태의 성능을 말하고 웨트 비점은 수분이 3.5% 포함되었을 때의 성능을 말한다. 덧붙이자면 엔드리스 제품의 「RF-650」은 드라이 비점이 323℃고, 웨트 비점은 218℃다.

마스터 실린더에서 발생한 오일의 압력(유압)을 캘리퍼로 전달함으로써 피스톤을 밀어내는 것이 브레이크 오일의 역할이다.

브레이크 오일이 끓기 시작하면 베이퍼 록(vapor lock)이 발생하여 브레이크 성능이 나빠진다. 따라서 스포츠 주행을 할 때는 비점이 높은 브레이크 오일을 선택하는 것이 좋다.

한편 브레이크 오일에는 DOT(Department Of Transportation ; 미국운수성)규격이라는 것이 있다. 이것은 단순하게 숫자가 높을수록 잘 비등하지 않는다고 생각하면 된다. 순정 차량에는 DOT3가 들어가 있는 경우가 많지만 스포츠 주행을 하려면 DOT4나 DOT5를 넣어주는 것이 안정적이다.

최근에는 DOT규격에 꼭 들어맞지 않는 고성능 브레이크 오일도 있다.

Q61 마스터 실린더 Master Cylinder

➡ 브레이크를 밟았을 때 그 답력으로 마스터 실린더가 먼저 움직이게 된다. 그렇게 되면 브레이킹을 했을 때의 직접적인 감각이 없어지게 됨으로 마스터 실린더의 움직임을 막아 주는 파트가 마스터 실린더 스토퍼라고 한다.

브레이크 페달을 밟으면 마스터 실린더 안에 있는 피스톤이 움직이면서 유압을 발생시키게 된다. 그 유압으로 브레이크가 작동하는 것이다.

브레이크 페달을 밟는 힘으로만 브레이킹을 하기에는 매우 어렵기 때문인데 그래서 엔진의 부압을 이용하여 브레이크 페달을 밟는 힘(답력)을 증가시키는 마스터 백이라는 장치가 마스터 실린더에 장착되어 있는 것이다.

한편 터빈을 교환하였을 때 배기계통을 어떻게 배관하느냐에 따라 마스터 실린더에 열이 쉽게 전달되는 경우가 있다. 그렇게 되면 베이퍼 록의 원인이 될 수 있으므로 단열의 대책을 해줄 필요가 있다.

Q62 브레이크 호스 Brake Hose

마스터 실린더에서 각 바퀴의 브레이크까지는 유압을 전달하기 위한 금속 파이프가 연결되어 있다. 그러나 마지막 부분에는 서스펜션과 간섭이 일어나지 않도록 고무호스로 되어 있다. 그것이 브레이크 호스다.

브레이크를 강화하면 이 고무호스가 다소 팽창하게 된다. 그것이 페달 터치를 나쁘게 하는 원인이 되는 것이다.

그래서 이 고무호스를 팽창하지 않도록 스테인리스 메시 재질의 호스로 바꾸어 주는데 페달을 터치할 때 직접적인 느낌을 주며, 미세하게 컨트롤하기가 쉬워진다.

Q63 덕트 호스 Duct Hose

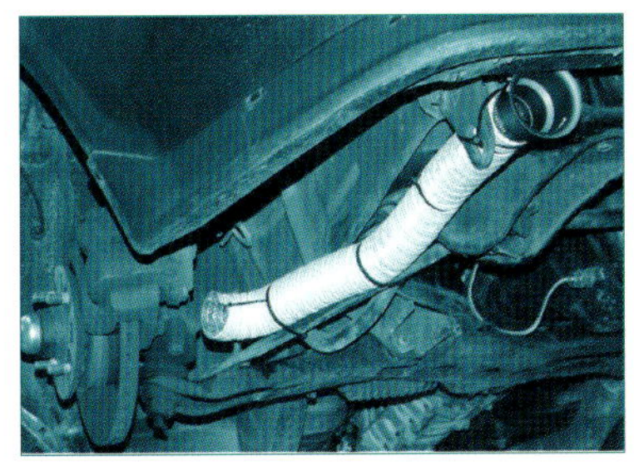

주름진 호스를 사용하여 범퍼의 구멍 쪽에서 끌어와 캘리퍼나 디스크로 바람을 쏘여주면 냉각효율이 향상된다. DIY로도 간단히 할 수 있는 냉각 방법이다.

브레이크의 최대 적은 열이라고 해도 과언이 아니다. 베이퍼 록, 페이드 현상, 디스크의 손상 등 모두 열 때문에 일어나는 트러블인 것이다. 격렬하게 달리다보면 당연히 브레이크는 고온으로 상승하게 되는데 이때 트러블을 방지하기 위해서 냉각시켜 주는 것이 가장 효과적인 방법이다.

그 방법 가운데 하나가 덕트를 끌어와 설치하는 것이다. 디스크나 캘리퍼에 주행의 바람을 유도하여 냉각시키는 것이다.

Q64 슈 Shoe

최근의 스포츠카에서는 찾아볼 수 없지만 패밀리 카나 컴팩트 카에는 지금도 드럼식 브레이크를 장착하는 경우가 적지 않다. 또한 스포츠카 가운데 일부의 핸드 브레이크만큼은 드럼식을 사용하는 차종도 있다.

드럼 브레이크의 경우는 패드가 아니라 슈라고 하는 파트로 마찰력을 발생시켜 제동하게 된다.

짐카나나 드리프트 등과 같이 핸드 브레이크를 많이 사용할 경우 순정 슈의 상태로는 기능이 약하거나 페이드 현상이 발생되기 쉽다. 따라서 그럴 때는 슈도 스포츠 타입으로 교환하여 주는 것이 록(lock)을 쉽게 시킬 수 있는 방법이다.

덧붙이자면, 록시키는 성능만큼은 디스크보다 드럼 쪽이 뛰어난 경우가 많다.

IQ를 더 높이자!! 브레이크 관련 용어 지식

페이드(Fade) 현상

고온으로 올라가면 브레이크 패드의 재질인 레진이라는 수지가 가스가 되면서 패드의 표면에 노출된다. 그 가스가 패드와 디스크 사이로 들어가 브레이크를 잘 듣지 않게 만드는 현상을 페이드 현상이라고 한다.

벨 하우징 Bell Housing

브레이크 디스크 중심의 허브에 장착하는 부분을 말한다. 순정 상태에서는 대부분 디스크와 일체로 성형되어 있지만 튜닝 디스크에는 이 부분만 알루미늄 등으로 만든 것이 있다.

베이퍼 록 Vapor Lock

브레이크 오일이 끓기 시작하면 브레이크 계통 내에서 기포가 생긴다. 기포는 탄력성이 있어서 유압을 흡수하기 때문에 브레이크 페달을 밟아도 그 힘이 캘리퍼로 전달되지 않게 되면서 브레이크가 잘 작동하지 않게 된다. 그런 현상을 베이퍼 록이라고 한다.

ABS Anti-Lock Brake System

안티록 브레이크 시스템의 약자. 브레이크 페달을 밟아 타이어에 록이 걸렸을 때도 계속적으로 유압을 제어함으로써 자동차가 컨트롤되지 않는 것을 방지해 주는 장치다.

튜닝 IQ 향상위원회
[해답 & 해설]

초보 튜닝 마니아를 위한
메커니즘 강좌

타이어 교환은 슬립 사인이 기준이다.

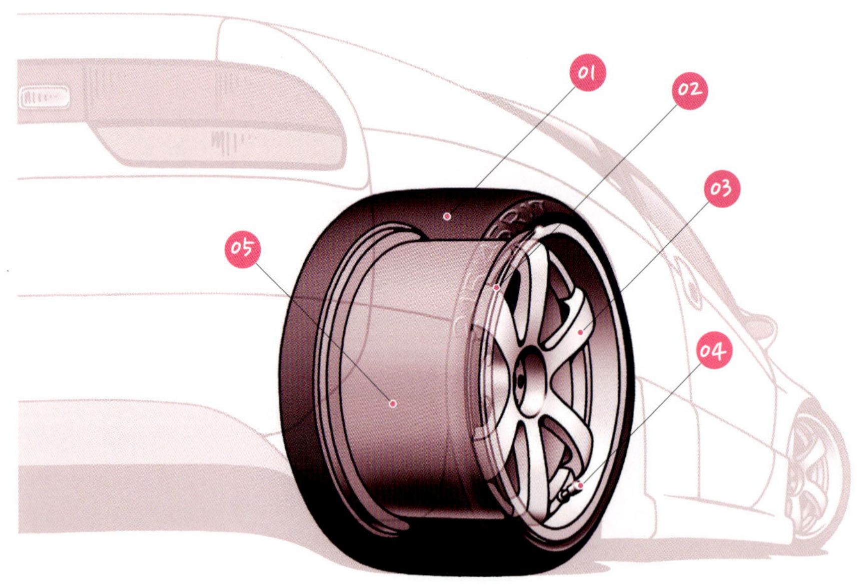

⬇ 이러한 방식으로 체크하면 된다.

☑ 점검 / ◎ 정비 / ☒ 교환 / ☒ 마모되어 있음

01 타이어에 못 같은 것이 박혀있지 않은가 ☐
02 펜더와 타이어가 간섭을 일으키지는 않는가 ☐
03 림이 구부러져 있지 않은가 ☐
04 공기 압력은 적정한가 ☐
05 슬립 사인이 나와 있음 ☐

타이어 & 휠 관련 메인터넌스 가이드

타이어와 휠의 메인터넌스에서 가장 중요한 것은 타이어의 홈과 공기 압력이다. 먼저 타이어는 엔진에서 발생한 동력을 노면에 전달하는 마지막 장소인 만큼 항상 상태를 점검해야 한다. 홈이 없어지면 비가 올 때 하이드로플래닝(hydroplaning) 현상을 초래하여 큰일을 맞닥트릴 수도 있기 때문이다.

타이어를 아낀다고 슬립 사인이 나왔는데도 계속해서 타는 것은 절대로 바람직하지 않다. 또한 캠버가 부여되어 있는 자동차의 경우는 안쪽의 홈이 마모되어 있는 경우가 있으므로 점검을 할 때는 전체적으로 하는 등 주의가 필요하다.

공기 압력은 타이어 온도에 따라 변하기 때문에 타이어의 온도 변화가 심한 서킷 주행 전후나 계절이 바뀌는 시점에서는 반드시 조정해 주도록 한다. 또한 어딘가 세게 부딪쳤을 때는 휠이 손상되면서 조금씩 공기가 빠져나가는 경우도 있으므로 꼼꼼하게 공기 압력을 점검하도록 한다.

Q65 접지면 Tread

➡️ 타이어의 교환 시기를 나타내는 표시에 "슬립 사인"이라는 것이 있다. 타이어의 홈 잔량이 없어져 사진 속의 손가락으로 가리키는 부분처럼 홈이 없는 부분이 나타난다. 이것은 타이어의 교환 시기를 점검하기 위한 구조이기 때문이다.

접지면이란 타이어 외주가 노면에 접지되는 부분을 말한다. 스포츠 타이어는 이 부분에 그립력이 높은 콤파운드를 사용한다.

또한 트레드 패턴도 타이어에 있어서는 중요한 요소다. 드라이 노면의 그립만 생각한다면 홈이 적은 것이 좋겠지만 그렇게 되면 웨트 노면에서 배수성이 나빠져 하이드로플래닝을 일으킬 가능성이 있으므로 일반 도로용 타이어로는 위험한 것이다.

그렇다고 트레드의 블록 하나하나가 작으면 블록이 비틀리면서 접지가 제대로 안 될 수 있으며, 스포츠 주행할 때는 발열량이 증가하는 등의 이유로 대부분의 스포츠 타이어는 강성이 높은 굵은 블록을 하고 있다.

Q66 사이드 월 Side Wall

타이어의 옆 부분을 사이드 월이라고 한다. 사이드 월이 약해져서 많이 찌그러들면 노면에 제대로 힘을 전달하지 못한다. 때문에 스포츠 타이어의 사이드 월은 강성이 높게 만들어져 있다.

이 사이드 월에는 타이어의 사이즈와 방향성, 생산 시기나 공장의 정보 등이 표시되어 있다 또한 비대칭 패턴을 갖고 있는 타이어의 경우에는 안쪽과 바깥쪽을 나타내는 표시 등도 있다. 타이어를 장착할 때는 꼼꼼히 체크한 다음 방향이 틀리지 않도록 해야 한다.

Q67 인장(引張) 타이어

폭이 넓은 휠에 약간 좁은 타이어를 끼우면 사이드 월이 밖으로 당겨지면서 타이어 단면이 사다리 같아진다. 이러한 장착 방법을 인장(引張) 타이어라고 한다.

폭이 넓은 휠에 적정한 크기의 타이어를 장착했을 때 간혹 타이어와 펜더가 간섭하는 경우가 생긴다. 그럴 때 타이어를 당겨서 끼움으로써 펜더와 닿지 않게 할 수 도 있다.

다만 극단적으로 당기게 되면 타이어 접지면이 줄어들어 그립력이 떨어지거나 타이어 비드가 떨어지는 경우도 있으므로 주의가 필요하다.

Q68 S타이어 S Tire

➡️ S타이어의 트레드는 사진같이 홈이 적다. 타이어의 온도가 적정수준까지 올라갔을 때 강력한 그립력을 발휘하기 때문에 지그재그 주행이나 급발진 & 급브레이크를 함으로써 타이어를 예열시키는 레이싱 장면을 본 적이 있을 것이다.

보통 시가지 등에서 사용되는 하이그립 레이디얼 타이어보다 그립력이 좋으며, 서킷에서도 사용되는 S타이어.

승차감이나 소음, 라이프(타이어 수명) 등을 희생하더라도 어쨌든 좋은 기록을 내는데 포인트를 두고 개발된 것이다. S타이어는 강성이 높고 블록이 크며, 부드러운 콤파운드를 사용하는 것이 특징이다.

콤파운드도 몇 종류나 되는데 서킷을 1~2랩 정도만 달리도록 그립력을 발휘하는 것이나 연속으로 랩을 돌아도 평균적으로 높은 그립력을 발휘하는 것 등이 있다.

S타이어의 특징은 일반도로에서의 주행도 문제가 없다는 점이지만 비가 올 때와 같이 노면상황이 나쁠 경우에는 보통 타이어보다 성능이 떨어지므로 주의가 필요하다.

Q69 공기 압력 Air Pressure

➡️ 서킷을 주행한 다음에는 타이어의 열 때문에 공기 압력이 높아진다. 주행을 즐기는 마니아라면 공기 압력 게이지 정도는 갖고 다니면서 평소에도 공기 압력이 적정한지 어떤지 점검하는 습관을 갖도록 하자.

공기 압력의 조정은 그립력이나 강성 등 타이어의 성능을 제대로 발휘시키기 위해서라도 중요하다.

또한 타이어의 온도에 따라 공기 압력은 변하기 때문에 서킷을 주행할 때는 타이어가 따뜻해진 다음 다시 조정하는 것이 정석이다. 물론 냉각된 상태의 타이어로 돌아가는 길에 한 번 더 조정하는 것도 잊어서는 안 된다.

공기 대신에 질소가스를 충전하는 경우가 있는데 이것은 온도에 의한 공기 압력의 변화를 적게 하기 위한 것이다.

한편, 드리프트에서 연기를 만들기 위해서는 적정 공기 압력보다도 높게 해주는 것도 효과적이다. 공기 압력이 높으면 타이어의 접지면이 줄어서 공전을 일으키기가 쉽기 때문이다. 덧붙이자면 대부분의 D1 드라이버는 3.5~4kg/cm² 정도의 높은 공기 압력으로 달린다고 한다.

Q70 휠 사이즈 Wheel Size

휠 사이즈는 타이어 사이즈보다 조금 복잡하다.

예를들면 "17×8.5J+31 5홀 PCD 114.3" 같은 방식으로 휠 사이즈를 표시한다. 이것은 휠의 크기나 옵셋, PCD(Pitch Circle Diameter) 등을 나타낸 수치이다.

옵셋이란 것은 허브에 장착하면 면이 휠 중심에서 어느 쪽으로 어느만큼 이동했느냐 하는 수치를 말한다. +인 경우는 휠이 보디 쪽으로 들어갔다는 뜻이며, -인 경우는 바깥쪽으로 나왔다는 의미다.

"PCD"는 허브 볼트를 관통하는 구멍을 연결했을 때의 원 직경을 뜻한다. 일본차량은 대부분의 차종이 114.3이나 100이다.

Q71 단조 Forging

알루미늄 휠을 만드는 방법에는 크게 2가지가 있다. 알루미늄 소재를 열로 용융(molten)시킨 다음 형틀에 부어 성형하는 "주조(casting)" 방법과 알루미늄 소재에 엄청난 압력으로 형틀을 눌러서 성형하는 "단조"방법이다.

단조 방법은 소재의 밀도가 높아져서 강해지기 때문에 강도가 높은 휠이나 경량의 휠을 제작할 수 있다. 때문에 레이스용 휠은 거의 단조로 만들어진다.

한편, 주조 방법은 디자인을 자유롭게 할 수 있고 비용이 많이 들지 않기 때문에 가격이 적절하다는 장점이 있다.

Q72 광폭 심저 림 Wide Drop Rim

휠의 디스크 부분이 안으로 깊이 들어가 있어서 림 폭이 넓은 휠을 광폭 심저 림이라고 한다.

리버스 림 타입은 타이어를 끼울 때 필요한 림의 요(凹) 부분이 휠 안쪽으로 치우쳐 있어 휠을 더 크게 보이도록 하는 효과가 있다. 디스크 부분을 크게 디자인할 수 있으면 외관을 박력이 넘치게 할 수 있는 것이다.

Q73 인치업 Inch-up

순정 휠보다 지름이 큰 휠로 교환하거나 15인치에서 17인치 휠로 바꾸는 것도 인치업이라고 한다.

인치업을 하는 경우 타이어 외경을 맞추기 위해 편평률이 더 낮은 타이어로 바꾸는 것이 기본이다.

인치업을 하는 장점은 무엇보다 휠이 크게 보이면서 외관이 멋지게 보인다는 것이다. 또한 장착할 타이어의 용량도 높일 수 있으며, 편평률이 낮아지면서 타이어가 잘 휘지 않기 때문에 코너링 성능이 높아진다는 것이다.

IQ를 더 높이자!! 타이어 & 휠 관련 용어 지식

콤파운드 Compound

원래는 화학합성물이라는 의미지만 타이어의 경우는 트레드에 사용되는 재료를 가리킨다. 주요 성분은 고무지만 천연고무나 합성고무를 베이스로 삼아 다양한 재질이 배합되어 만들어진다.

하이드로플래닝 Hydroplaning

도로에 물이 있을 때 타이어가 노면의 물 위로 뜨게 되는 현상(수막현상). 타이어가 노면과 접촉하지 못하면서 그립력이 거의 없는 상태가 되기 때문에 자동차를 제어하지 못하게 된다. 홈이 적은 타이어에서 쉽게 일어나는 현상이다.

편평률 Aspect Ratio

타이어의 트레드 폭과 사이드 월 높이의 비율을 말한다. 사이드 월 높이÷트레드 폭×100으로 표시한다. 숫자가 작을수록 광폭 타이어가 된다.

튜닝 IQ 향상위원회
[해답 & 해설]

초보 튜닝 마니아를 위한
메커니즘 강좌

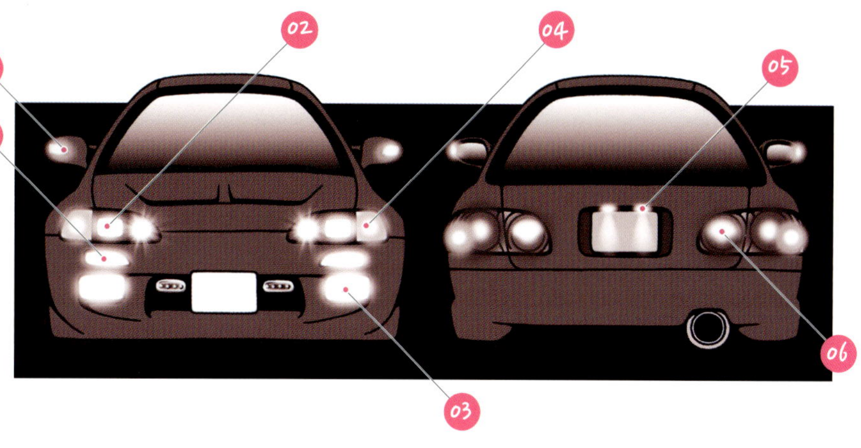

램프 관련 메인터넌스 가이드

도로를 달리는 차량에는 반드시 장착되어 있는 헤드라이트나 방향지시등과 같은 램프 종류. 주행 중의 시계를 확보하거나 마주 오는 자동차와 후방의 차량에게 자신의 존재를 알리기도 하는 등 그 역할은 아주 중요하다. 그런 만큼 전구의 필라멘트가 끊어지거나 장착의 불량 등이 발생하지 않도록 평소에 신경을 쓰는 습관이 중요하다.

헤드램프 전구의 필라멘트가 끊어져 있으면 어두운 곳에서 시야를 확보하기가 어려우며, 방향지시등이나 브레이크등이 정상적으로 작동하지 않으면 다른 차량에게 나의 운전 상황을 전달하지 못하게 된다. 운전학원에서도 주행 전에 각 라이트의 점등을 확인하도록 가르치고 있지 않은가?

라이트 관련 파트는 이러한 중요성 때문에 눈에 잘 띄도록 설계되어 있는데, 그로 인해 예전부터 튜닝 & 드레스업 파트로도 높은 인기를 이어오고 있다. 또한 교환 작업도 간편하기 때문에 실제로 교환하고 다니는 사람들도 상당히 많지 않을까 한다. 그렇게 교환한 파트는 차량의 검사에 문제가 없는 것도 많지만 등화 종류에 있어서는 세세한 안전기준이 설정되어 있으므로 개중에는 차량의 검사에 통과하지 못하는 것도 있을 수 있으므로 구입할 때 잘 확인하도록 할 것.

Q74 HID High Intensity Discharge

10년 전부터 등장하기 시작한 비교적 새로운 타입의 헤드라이트다. 크세논 헤드램프라든가 디스차지 헤드램프라고도 하지만 일반적으로는 HID라는 말을 많이 사용한다.

기존의 할로겐 램프는 전기의 흐름으로 필라멘트를 발열시켜 발광시키는데 비해서 HID는 고압으로 변환한 전기를 발광관 안에서 방전시킴으로써 광원(光源)을 얻고 있다.

결과적으로 할로겐 램프보다 적은 전력으로 더 밝은 빛을 낼 수 있으며, 필라멘트가 없기 때문에 수명도 길다는 장점이 있다.

다만 전압을 변환해 주는 장치 등이 필요하기 때문에 할로겐 램프보다 상당히 고가라는 점과 지향성이 뛰어나기 때문에 할로겐 램프에 비해 주변이 조금 어둡다는 점이 단점이라 할 수 있다.

하지만 순정으로 장착된 것은 렌즈 등을 개량하여 할로겐 램프보다도 고성능을 자랑하며, 튜닝용 HID 장착 키트에 있어서도 비슷한 성능의 향상을 이루고 있다.

한편 튜닝용으로 장착할 경우에는 전압을 제어해주는 장치를 장착해야 하는 등의 수고가 필요하다. 또한 고전압이 걸리는 경우가 있으므로 주의도 필요하다. 차종에 적합한 타입 중에는 「차량 검사 대응」 이라고 적혀 있는 것은 일단 문제가 없지만 빛색깔이 푸른 것 등은 「차량 검사 대응불가」 인 것도 있으며, 장착 공간에 따라 리트랙터블 라이트 등에는 적합하지 않은 것도 있다. 또한 H4 전구(bulb)용 가운데는 상향등과 하향등 전환이 안 되는 것 등도 있으므로 주의해서 선택하여야 한다.

Q75 유로 테일 Euro Tai

➡ 사진처럼 바깥쪽 커버가 클리어렌즈를 하고 있으며 램프가 보이는 디자인의 콤비네이션 램프를 일반적으로 "유로 테일"이라고 부른다.

뒤쪽 콤비네이션 램프 전체가 투명한 커버로 덮여 있고 방향지시등이나 테일 램프 등 각 램프 부분만 적색이나 황색을 하고 있는 디자인을 유로 테일이라고 부른다. 램프 이외의 패널은 흑색이나 크롬도금을 하고 있는 것이 많다.

마쯔다 아텐자나 도요타 알테자에서는 순정으로도 사용하고 있다. 미국에서는 앞서 데뷔한 알테자의 디자인이 인기를 끌면서 일본에서 말하는 유로 테일을 「알테자 테일」 이라고도 부른다고 한다.

파생된 튜닝 제품 가운데는 LED를 사용한 타입도 많다.

튜닝용으로 장착할 경우 해외용 사양에 적용된 적색 방향지시등과 테일 램프나 반사판이 없는 것은 차량의 검사에 통과하지 못하는 경우가

있으므로 주의가 필요하다. 덧붙이자면 유로 테일의 어원은 말 그대로 유럽 차량의 적색과 클리어로 구성된 테일 램프가 멋지게 받아들여지면서 생겨난 것 같다.

Q76 미러 윙커 Mirror Winker

➡ 럭셔리 느낌의 드레스업 가운데 하나로 인기를 끌고 있는 미러 윙커는 시인성이 좋고 사고방지에 효과가 있어서 순정으로 장착되어 나오는 신형자동차도 증가하고 있다.

최근에는 노멀 차량에도 도어 미러에 윙커(방향지시등)가 장착되는 경우가 증가하고 있다. 물론 추후에 장착하는 경우도 차량의 검사에는 문제가 없다. 다만 색이나 밝기 등은 엄격하게 안전기준에 적합해야 한다. 좌우의 장착위치가 거의 똑같아야 한다는 것, 색은 호박색이어야 하고 방향을 표시하는 쪽 100m(측면 지시기는 30m) 거리에서 주간에 점등이 확인되어야 할 것, 상하 15도 범위 안에서 확인할 수 있어야 한다는 등의 규정이 있다.

Q77 안개등 Fog Lamp

안개가 끼면 일반 헤드램프는 빛이 반사되어 앞쪽이 잘 보이지 않는다. 그럴 때 사용하기 위한 보조등이 안개등이다.

안개등의 색은 백색이나 황색으로 정해져 있다. 정확하게 말하면 안전기준에는 3개 이상 장착하면 안 된다든가 헤드램프보다 높은 위치에 장착해서는 안 된다든가, 위쪽으로 올라가는 빛은 차단해야 한다는 식으로 여러 가지 규정이 있다. 차량 검사 대응이 되는 튜닝을 하려는 사람은 장착할 때 한 번 조사해 보길 바란다.

Q78 데이 라이트 Day Light (주간 주행등)

교통사고를 방지하기 위해서는 주간에도 라이트를 점등시켜 다른 자동차에게 내 자동차의 존재를 알리는 것이 중요하다. 그러나 헤드라이트는 일반적으로 소비전력도 많고 헤드라이트 전구가 빨리 소모된다. (특히 할로겐 램프가 그렇다). 그래서 헤드라이트를 대신하여 낮 동안에 점등시켜 두기 위해 개발한 것이 소위 말하는 데이 라이트인 것이다. 최근에는 택시 등도 많이들 장착하고 있는데 소비전력을 적게 하고 수명도 길어지도록 LED를 사용한 것이 많다. 이 데이 라이트는 밝기가 400~1200칸델라 이하로서 좌우에 각각 1개씩 설치, 등광색은 백색이어야 한다.

Q79 네온 관 Neon Tube

네온관은 형광등을 닮은 구조를 하고 있어서 쉽게 깨질 수 있기 때문에 최근에는 LED 타입도 인기(엄밀하게는 네온이 아니지만)다. LED의 경우는 회로를 사용하여 점등의 패턴을 줄 수도 있다. 또한 LED를 어필하기 위해 지면에 간격을 두고 빛이 비춰도록 하는 방법도 많이 사용하고 있다.

네온관이란 막대 모양의 발광기로서 형광색으로 빛나는 것을 말한다. 이것을 차체의 아래에 장착함으로써 드레스업 효과를 주는 자동차도 많다.

이것이 차량의 검사에 통과하는지 여부를 묻는다면 기본적으로는 ok다. 다만 너무 눈이 부셔서 운전자나 다른 사람에게 방해를 주는 것은 안 된다. 그리고 금지된 색도 안 된다. 앞에서 보이는 곳에 적색을 달거나 뒤에서 보이는 곳에 흰색을 장착하는 것은 안 된다는 것이다. 그밖에 LED타입을 하고 있으면서 그라데이션(gradation) 처럼 색이 바뀌는 것도 안 된다. (일본기준)

Q80 스트로보 Strobe

스트로보 시스템은 순정 전구 등을 바꿔서 사용하는 경우가 많은데 차폭등으로도 병행하여 사용할 수 있는 블리츠의 「i-Burner SPARK LIGHTS」 같은 제품도 판매 중이다.

빛을 번쩍거리게 점멸시켜 존재감을 알리는 드레스업을 스트로보(strobo)라고 한다. HID에 장착하여 점멸을 제어하는 타입과 순정 차폭등에 장착하는 타입 등이 있다. D1 머신이나 GT머신 가운데서도 장착한 차량이 있다.

이 파트는 일반도로에서의 사용이 기본적으로 금지되어 있다. 안전기준에 적합하지 않으므로 차량의 검사에도 통과하지 못 한다. 등화류에 관해서는 많은 기준이 있으므로 모든 기준을 만족시키는 것이 어렵기도 하다. 보통 승용차의 경우는 차폭등, 방향지시등, 보조 방향지시등, 비상점멸 표시등이 전부다. 이러한 것들 이외에 점멸하는 것이 있으면 안 된다.

덧붙이자면 차내에 장착되어 있더라도 자동차 밖으로 강한 빛이 새어나가는 것은 안 된다. 물론 일반도로에서 사용하지 않으면 문제는 없다.

Q81 LED Light Emitting Diode

LED는 발광 다이오드를 말한다. 일정한 방향으로 전압을 인가하면 발광하는 반도체로서 전구와는 다른 원리로 빛을 낸다.

소비전력 당 발광성능이 높은데다가 수명도 길다. 근래에 생산 단가가 크게 떨어지고 발광색 종류도 증가하면서 자동차 부품에도 많이 사용되고 있다.

외관 상 특징은 빛이 강하다는 점이다. 기존 전구보다도 점등과 소등 시간이 짧기 때문에 점멸을 시키면 샤프한 인상을 준다.

본체가 보이지 않더라도 LED임을 알 수 있을 정도로 차이가 확연하기 때문에 테일 램프 종류의 전구 이외에 많은 드레스업 아이템이 만들어지고 있으며, 기술의 발달로 인해 발광량도 증가하는 추세여서 일부 모델에는 헤드라이트로도 사용하고 있다.

튜닝 IQ 향상위원회
[해답 & 해설]

초보 튜닝 마니아를 위한
메커니즘 강좌

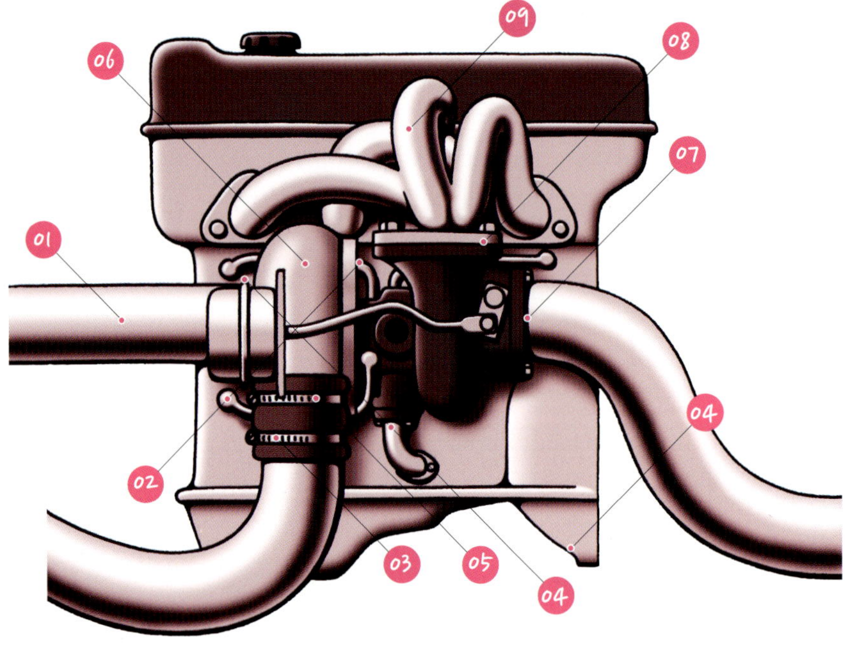

⬇ 이러한 방식으로 체크하면 된다.

☑ 세정·교환 / ☒ 새는 곳이 있음 / ☒ 빠진 곳이 있음 / ☒ 덜컥거리는 곳이 있음 / ☒ 해당 없음

01 석션 계통 안쪽에서 오일이 샘 ☐

02 워터라인에서 물이 샘 ☐

03 파이핑이 빠짐 ☐

04 오일라인에서 오일이 샘 ☐

05 고무 파트와 하니스 등의 경화·노화 ☐

06 부스트 압력이 너무 올라감. 오버 슈트 ☐

07 샤프트가 덜컥거림 ☐

08 터빈 개스킷에서 배기가 샘 ☐

09 배기 매니폴드에 균열이 있음 ☐

터보차저와 관련된 메인터넌스 가이드

터보와 관련된 메인터넌스라고는 하지만 샤프트가 덜컥거리거나 개스킷이 빠지는 현상 등은 노화에 따른 본체의 마모이기 때문에 초보자가 방어하기 어렵다. 구지 말한다면 RB엔진의 스카이라인 계열 등과 같이 터빈이 약한 차종은 일반적으로 언급되는 최고 부스트 압력 이상으로 올리지 말 것.

그리고 설정 부스트 압력으로 안정될 때까지 오버슈트 외에 순간적인 지정 부스트 압력을 넘지 않도록 주의하는 정도다. 또한 터빈 입구나 석션 계통, 인터쿨러 등을 점검할 수 있으면 이 부분에 오일이 많이 묻어 있지는 않은지 살펴보도록 한다. 만약에 오일이 떨어질 정도로 고여 있다면 센터 하우징 샤프트나 베어링이 수명을 맞이하기 직전일 가능성이 높기 때문이다.

그밖에 연식이 오래된 차량이나 많이 주행한 차량은 터빈 주변의 고무 파트나 액셀러레이터 케이블, 하니스 등이 열에 의해 손상(경화)되어 있는 경우도 적지 않다. 경화나 변색, 미세한 균열 등의 조짐이 발견되면 즉시 조치를 취해야지 그냥 나두었다가는 트러블을 불러일으킬 수 있다. 파트의 교환과 함께 똑같은 열의 피해가 일어나지 않도록 단열대책까지 해주면 더 좋을 것이다.

Q82 터보차저 Turbocharger

엔진에서 나온 배기가스는 큰 압력을 갖고 있다. 그 압력으로 터빈 휠을 회전시킴으로써 반대쪽에 장착되어 있는 컴프레서로 흡입 공기를 압축하여 엔진에 강제적으로 집어넣는 장치가 터보차저다.

다만 일정 이상의 엔진 회전수에 도달하지 않으면 압축이 시작되지 않기 때문에(부스트 압력이 걸리지 않는다) 그때까지는 NA(자연 흡기) 엔진과 똑같이 서지탱크 안은 부압 상태에 있다.

터보엔진은 같은 배기량의 엔진인 경우 NA보다 많은 공기를 흡입하기 때문에 그 공기량에 맞는 연료를 분사함으로써 더 큰 출력을 낼 수가 있다.

터보 시대의 F1이 단지 1500cc 엔진으로 1500마력 이상의 파워를 냈듯이 터보차저는 파워를 크게 향상시킬 수 있는 장치라 할 수 있다.

Q83 컴프레서 Compressure

터보차저는 몇 가지 부품들로 나누어진 구조를 하고 있다. 주요 부품으로는 배기 쪽의 터빈과 흡기 쪽의 컴프레서를 들 수 있다.

터빈 하우징에는 엔진에서 나온 배기가 무서운 기세로 흘러들어와 속에 있는 터빈 휠이라는 날개바퀴를 회전시킨다.

그리고 그 터빈 휠의 축은 반대쪽의 컴프레서 안에 있는 컴프레서 휠과 연결되어 있기 때문에 컴프레서 휠이 동시에 회전하게 되는 것이다.

물론 과급에 따라 흡기량이 많아지면 그만큼 배기압력도 증가하기 때문에 컴프레서와 터빈의 크기가 어떻게 균형을 이루느냐에 따라 엔진의 출력을 향상시키는데 있어서 커다란 포인트가 된다.

Q84 액추에이터 Actuator

➡️ 대형 터보차저는 액추에이터를 사용하지 않고 대부분 웨이스트 게이트를 사용하는 경우가 많다. 이것도 부스트 압력을 제어하기 위해 사용하는 파트로서, 일정한 배기 압력이 걸리면 안에 있는 밸브가 열리면서 배기가스를 바이패스시킨다. 그 바이패스 통로를 대기 쪽으로 내보내면 "쉬익"거리는 특유의 배출 음이 난다.

터빈 휠은 엔진의 회전수와 연동되어 있기 때문에 엔진 회전수가 올라가면 같이 빨라진다. 부스트 압력도 거기에 맞춰 상승하게 되는데 이것을 그대로 놔두면 너무 올라가게 된다. 그래서 터빈 휠로 향하는 배기 용량을 제어함으로써(배기가스 바이패스 경로에서 직접 머플러로 빼낸다) 부스트 압력을 조정하는 것이다. 그 제어를 위한 파트가 액추에이터나 웨이스트 게이트다.

과급 압력이 너무 많이 걸리면 노킹이나 데토네이션 등과 같은 이상연소가 일어나 엔진이 파손된다. 또한 이상연소가 발생하지 않아도 엔진의 허용범위를 초과하는 출력이 발생하거나 터빈 본체의 강도부족으로 터빈이 파손되기도 한다. 그렇기 때문에 무턱대고 부스트 압력을 올리다가는 트러블을 일으키는 원인이 될 수 있다는 것을 명심해야 한다.

Q85 센터 하우징 Center Housing

컴프레서 휠과 터빈 휠은 샤프트로 연결되어 있다. 그 샤프트에 베어링이 설치되어 있는 부분을 센터 하우징이라고 한다.

센터 하우징은 샤프트가 눌어붙지 않도록 오일이 순환하도록 되어 있다. 모델에 따라서는 이 부분에 냉각수가 지나는 것도 있다.

베어링에는 부시가 사용되거나 볼 베어링이 사용되기도 한다. 부시는 구조가 심플하고 단가가 저렴하다. 볼 베어링은 저항이 적기 때문에 부스트 압력의 상승이 빠르다는 특징이 있다.

Q86 하이 플로 Hi-Flow

설정 부스트 압력을 높였을 때 고속회전 영역에서 터보차저의 용량이 부족하여 부스트 압력이 떨어지는 경우가 있다. 그것을 막기 위해 터보차저의 컴프레서 쪽을 큰 것으로 교환하거나 가공함으로써 용량을 증가시켜 주는데 그런 터빈을 하이 플로 터빈이라고 부른다.

컴프레서 쪽을 크게 해줌으로써 같은 배기 압력으로 많은 공기를 집어넣는 것이 목적이다. 터보차저 자체를 큰 것으로 바꾸는 것보다 비용을 들이지 않고 출력을 향상시킬 수 있다.

Q87 볼트 온 터보 Bolt-on Turbo

튜닝 메이커가 판매하는 기존의 터보차저 가운데서 특히 큰 출력을 지향하는 터보차저는 차종별로 전용의 설계가 안 된 것들이 많다. 그런 터보차저를 차량에 장착할 때는 배기 매니폴드나 흡배기 파이프까지 해당 차종(엔진)의 전용품으로 교환해야 장착이 가능하기 때문에 부품수도 많아지고 제품의 가격도 동시에 높아진다.

그러나 배기 매니폴드나 배기계통 파트를 변경하지 않고도 장착할 수 있는 터보도 증가해 왔는데 그런 터보차저를 "볼트 온 터보 키트"라고 부른다. 참고로, NA 자동차에 터보차저를 장착할 때는 배기 매니폴드 등도 교환해야 하는데 그때도 "볼트 온 터보" 라고 부른다.

Q88 부스트 미터 Boost Meter

➡ 이 부스트 미터는 데피의 "링크미터 BF." 전원이 인가되면 스모크 렌즈를 투과하여 눈금과 지침 등이 나타난다(단위는 킬로 파스칼로 표시). 정밀한 스텝핑 모터를 채용하고 있어 압력을 정확히 나타낸다. 피크 값의 표시나 램프도 내장되어 있다.

터보차저는 공기를 압축시켜 엔진에 집어넣게 되는데 이때 어느 정도로 압축했는지 즉, 어느 정도까지 흡기 쪽 압력이 올라갔는지를 보기 위해서는 부스트 미터가 편리하다.

순정 상태에서 부스트 미터가 장착되어 있는 자동차도 있지만 눈금이 대략적이기 때문에 언뜻 봐서는 정확한 부스트 압력을 판단하기 쉽지 않을 때도 있다. 그래서 지름이 크고 시인성이 좋은 튜닝용 부스트 미터를 장착하는 것이다.

또한 엔진의 이상 유무를 점검하거나 엔진의 특성을 파악하는 데에도 사용할 수 있다.

IQ를 더 높이자!! 터보관련 용어 지식

터빈 Turbine

정확하게는 유체(공기나 물 등)의 힘으로 회전하는 엔진을 가리킨다. 터보차저는 "배기가스에 의해 회전하는 터빈을 사용한 슈퍼차저"라는 의미다. 일반적으로는 터보차저 전체를 가리켜 터빈이라고 하지만 터보차저의 배기 쪽만 터빈이라고 부르는 경우도 있다.

슈퍼차저 Supercharger

공기를 압축시켜 강제로 엔진에 넣어주는 장치(과급기)를 말한다. 엄밀하게는 터보차저도 슈퍼차저의 일종이다. 그러나 일반적으로 자동차용 슈퍼차저는 크랭크 풀리에서 벨트로 구동시켜 공기를 압축시키는 장치를 대부분 슈퍼차저라고 부른다.

부스트 압력 Boost Pressure

터보차저에 의해 압축된 흡기 압력을 말한다. 당연한 말이지만 같은 배기량, 같은 터빈을 장착한 엔진이라도 부스트 압력이 높으면 출력이 더 나온다. 다만 배기를 빼지 못하면 부스트 압력을 올려도 출력이 올라가지 않는 경우도 있으며, 부스트 압력을 너무 높이면 엔진 등의 부담도 커지게 된다.

블로 오프 밸브 Blow off Valve

액셀러레이터 페달에서 발을 뗐을 때 흡기 파이프 안의 압력(공기)을 빼내기 위한 밸브. 압축공기가 흡기관 안에 머물러 있다가 터빈의 회전을 방해하는 것을 막기 위한 파트다. 밸브가 열리면서 공기가 밖으로 빠져나올 때 "푸싯~"하는 배출 음이 들린다.

서징 Surging

부스트 압력이 높을 때 풍량이나 압력이 맥동을 일으켜 터빈(컴프레서)의 흡입구 부근에서 진공상태가 발생하는 것. 이 영향으로 인해 터빈이 정상적으로 공기를 빨아들이지 못하면서 과급상태가 불안정해진다. 이 증상을 막기 위해서 빅 터빈에서는 포티드 슈라우드(ported shroud)라고 하는 흡입구 슈라우드에 구멍을 뚫어서 주변 압력을 조정할 수 있도록 컴프레서 커버를 사용하는 방법으로 대처하는 경우도 있다.

초보 튜닝 마니아를 위한
메커니즘 강좌

[사이드 포트]

01 흡기

02 압축

03 점화

04 배기

[페리페럴 포트]

05 흡기

06 압축

07 점화

08 배기

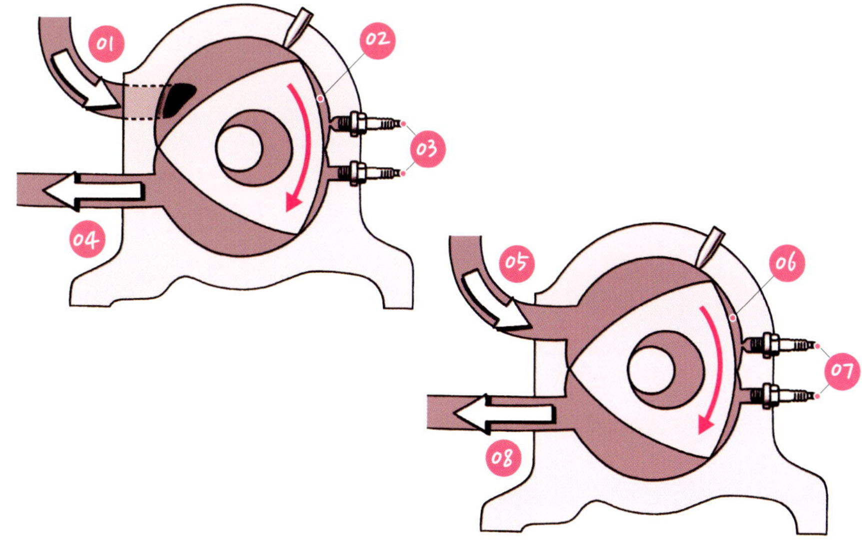

로터리 엔진의 메커니즘

로터리 엔진 튜닝에서 가장 효과적인 것은 포트의 형상을 바꾸는 것이다. 사이드 하우징에 포트가 있는 것을 사이드 포트라 하며, 로터 하우징에 포트가 있는 것을 페리페럴 포트(peripheral port)라고 한다. 로터가 포트를 통과할 때 흡기나 배기를 하기 때문에 포트 크기나 형상을 바꾸는 것이 엔진의 특성을 크게 좌우하게 된다. 포트의 가공은 리시프로케이팅 엔진에서 말하는 밸브 리프트 양이나 캠의 작용 각, 밸브 타이밍의 변경에 해당한다.

피스톤의 왕복운동을 회전운동으로 변환시켜 동력원으로 삼는 리시프로케이팅 엔진(reciprocating engine)에 비해 로터의 회전운동을 이용하는 것이 로터리 엔진이다. 현재 유일하게 로터리 엔진을 탑재한 차량을 제조하고 있는 마쯔다에서는 1967년에 등장한 코스모 스포츠에 탑재한 10A 엔진을 비롯하여 RX-8의 13B, 유노스 코스모의 3로터 20B 등을 제작해 왔다. 또한 레이스용으로 개발된 R26B는 NA 4 로터로서 마쯔다 787B에 탑재하여 르망24시간 내구레이스에서 우승까지 거두었다.

로터리 엔진의 특징은 콤팩트하다는 점과 구조가 간단하다는 점이다. 주요 구성 파트로는 2로터 엔진인 경우 불과 11개뿐이다. 리시프로케이팅 엔진 같이 복잡한 기구인 벨트가 없다. 또한 로터의 회전운동을 출력으로 삼고 있기 때문에 엔진의 진동도 적다.

다만 파트 구성이 적은 반면에 그 파트를 제조하는데 있어서 높은 정밀도나 설비가 필요하다. 그 때문에 튜닝 파트가 거의 없다는 것이 단점으로 지적된다. 배기량을 높이는 것도 현실적으로 불가능하다. 이러한 이유들 때문에 엔진의 본체를 튜닝할 수 있는 여지가 한정되어 있는 등의 단점도 있다.

그런 로터리 엔진의 튜닝에서 가장 효과적인 것이 포트의 가공이다. 흡기 포트나 배기 포트의 형상을 매끄럽게 깎거나 가공하기도 하고 아예 포트의 위치 자체를 바꾸는 튜닝을 하기도 한다. 이것을 리시프로케이팅 엔진에 비교하면 캠 교환＋포트 가공과 동일한 효과를 가져 오는 것이다.

그밖에 균형을 맞춰주거나 실(seal)을 강화하는 방법, 순정 로터의 유용 등이 주요 튜닝의 메뉴라 할 수 있다.

Q90 로터 Router

로터는 리시프로케이팅 엔진의 피스톤에 해당하는 역할을 한다. 그렇다고 상하로 운동하는 것은 아니고 로터가 타원 운동을 함으로써 익센트릭 샤프트(eccentric shaft)를 회전시키게 된다.

로터의 외주 쪽 3면에는 목욕통 형태로 파여(凹) 있는데 그 파인 곳이 연소실인 것이다.

탑재되는 엔진에 따라 압축비가 다르기 때문에 엔진을 유용하는 튜닝도 이루어지고 있다. 13B의 경우 FC3S(전기, 후기, 해외용 NA), FD3S, RX-8 등에서 각각 압축비가 다르게 설정되어 있다. 또한 20B와 13B는 로터의 호환성이 있어서 튜닝이나 오버홀을 할 때 압축비가 다른 로터로 교환하는 경우도 있다. RX-8의 13B는 고압축이지만 NA용으로 설계되어 있기 때문에 가볍기는 하지만 강도가 떨어진다. 유감스럽게 고출력 터보 튜닝에는 유용하기가 어려운 것 같다.

Q91 하우징 Housing

➡ 인터미디에이트 하우징의 흡기 포트는 액셀러레이터 페달을 밟기 시작할 때부터 열리며, 앞과 뒤 하우징의 포트는 약간 늦게 열리도록 되어 있다. 흡기의 특성이 다른 포트를 함께 사용함으로써 이상적인 흡기 효율을 실현할 수가 있는 것이다.

로터의 외주 부분에 해당하는 하우징을 로터 하우징, 로터를 앞뒤에서 끼우는 벽 같은 부분을 사이드 하우징이라고 한다. 로터 하우징 사이에 끼여 있는 사이드 하우징은 인터미디에이트 하우징이라고도 부른다.

로터를 감싸고 있는 하우징은 리시프로케이팅 엔진처럼 일체형 블록이 아니라 익센트릭 샤프트를 중심으로 겹쳐놓은 듯이 조립된 것이 특징이다.

3각형 로터가 눈썹 모양의 로터 하우징 안에서 회전하면 연소실과 하우징의 간격이 넓어졌다 좁아졌다 한다. 그 공간의 용적 변화를 이용하여 흡기, 압축, 연소, 배기를 하는 것이 로터리 엔진의 원리다.

Q92 익센트릭 샤프트 Eccentric Shaft

익센트릭 샤프트는 리시프로케이팅 엔진에서 말하면 크랭크샤프트에 해당하는 파트다. 로터가 장착된 부분은 편심(샤프트의 중심에서 벗어남) 축을 하고 있어서 로터가 1회전하는 동안에 익센트릭 샤프트는 3회전을 하게 된다.

2로터 엔진의 익센트릭 샤프트는 일체 성형이지만 3로터 엔진에서는 구조 상 분할을 하지 않으면 엔진을 조립할 수가 없다. 그래서 유노스 코스모의 20B 엔진은 2분할 방식으로 되어 있다.

Q93 스테이셔널 기어 Stational Gear

스테이셔널 기어는 밖으로 톱니가 나 있는 기어로서 여기에 로터 안쪽의 톱니(안쪽으로 이빨이 난 기어)가 맞물리게 된다. 이러한 조합 상태에서 로터가 편심으로 눈썹 형태의 궤적을 그리면서 회전운동을 하는 것이다.

스테이셔널 기어 안쪽은 메인 베어링으로 되어 있는데 이 부분에 익센트릭 샤프트가 설치된다. 베어링에는 부시를 사용하는데, FD3S용으로는 순정 상태에서 10가지 사이즈를 라인업하고 있다. 그만큼 클리어런스 조정이 엄격하게 필요한 엔진이라고 할 수 있다.

Q94 에이펙스 실 Apex Seal

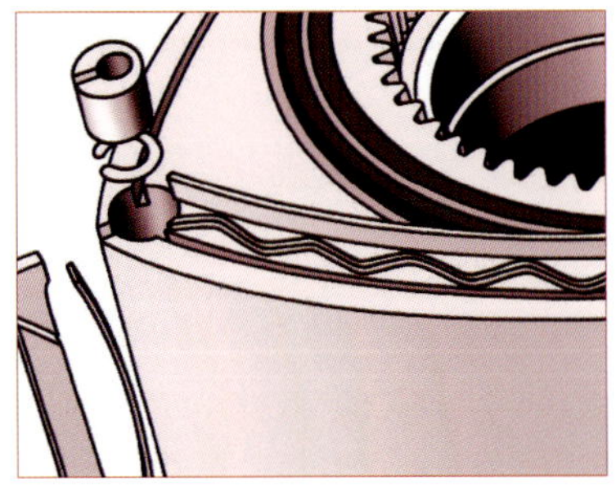

➡ 로터리 엔진의 실 종류에는 에이펙스 실 외에 에이펙스 실의 양쪽 끝 부분에 장착하는 코너 실과 로터 측면인 외주부분 근처에 장착하는 사이드 실이 있다. 이것들을 총칭해서 가스 실이라고 부르는 경우도 있다. 또한 로터 측면의 중심 근처에서 작동실로 오일이 새는 것을 막아주는 실도 존재한다.

에이펙스 실이란 리시프로케이팅 엔진에서 말하는 피스톤 링과 같은 기능을 하는 파트다. 항상 로터 하우징 안쪽 면에 밀착되어 있으면서 기밀성을 유지하는 역할을 하고 있다.

계속 힘이 가해지는 파트이기 때문에 로터리 엔진 중에서는 여기가 가장 손상이 잘되는 부분이다.

가장 고출력 튜닝용으로 이야기되는 것은 FD3S에 사용되었던 3분할 타입의 에이펙스 실이었다. 하지만 RX-7의 2분할 타입 에이펙스 실이 등장하고 나서는 절판이 되었을 정도였다. 강화 에이펙스 실이란 것도 있지만 내구성이나 유지비를 생각하면 일반적으로 순정 에이펙스 실이 무난한 선택인 것 같다.

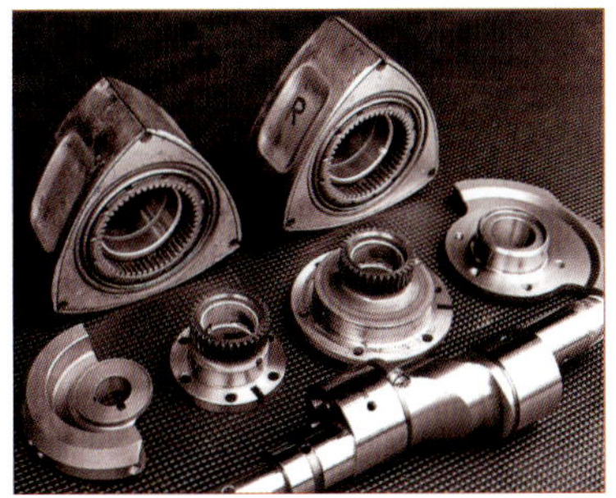

Q95 포트 Port

흡기와 배기 양쪽 사이드 하우징에 있는 포트를 사이드 포트라고 하며, 로터 하우징에 있는 포트를 페리페럴 포트라고 한다. RX-7의 13B나 유노스 코스모의 20B는 사이드 포트에서 흡기를 하고 페리페럴 포트로 배기를 한다. RX-8의 13B-MSP는 흡배기 모두 사이드 포트에서 이루어진다.

이 포트의 가공은 로터리 엔진의 본체에서 할 수 있는 출력 향상의 튜닝으로서는 효과적인 튜닝이라 할 수 있다. 특히 흡기 포트는 포트를 확대(사이드 포트 가공)하는 것만으로 오버랩이 커지기 때문에 고속회전·고출력 타입으로 바뀐다. 그밖에도 흡기 포트를 최대한 넓이는 「브리지 포트 사양」, 흡기 포트를 로터 하우징으로 옮기는 「페리페럴 포트 사양」 등 여러 가지 방법이 있다.

Q96 메탈링 오일 펌프 Metaling Oil Pup

로터리 엔진에서는 에이펙스 실이나 코너 실을 윤활하기 위해 혼합기에 오일을 분사하여 하우징 안으로 같이 집어넣고 있다. 이 오일의 분사에 필요한 제어를 하기 위한 펌프를 메탈링 오일 펌프라고 한다.

이처럼 리시프로케이팅 엔진과 달리 로터리 엔진은 항상 엔진 안에서 오일을 연소하고 있다. 때문에 오일이 항상 줄어드는 것이다. 2스트로크 엔진의 윤활방법과 기본 개념은 같다고 할 수 있다.

오일이 엔진 안에서 연소되므로 엔진 안에 그을음이 쉽게 발생하는데 그다지 풀 액셀러레이터로 달리지 않는 사람이나 가끔씩 자동차를 타는 운전형태라면 실(seal)이 고착되어 카본로크라는 트러블을 일으키는 경우도 있다.

Q97 점화 플러그 Spark Plug

(➡) 로터리 엔진의 전용 플러그는 연소실 안으로 플러그 끝이 튀어나오지 않도록 대부분 끝이 평평한 모양을 하고 있다. 전극 주변에 십자 모양의 홈이 파여 있는 것이나 외측 전극이 끝부분과 평행하게 된 것 등이 있다.

로터리 엔진은 연소실이 납작하고 모양이 길뿐만 아니라 항상 이동하기 때문에 혼합기를 짧은 시간에 효율적으로 연소하기가 어렵다. 그래서 로터의 회전방향을 따라 2개의 점화 플러그가 장착되어 있는 것이다. 하나가 먼저 점화를 하고 그래도 타다 남은 혼합기를 2번째로 점화해서 연소시키기 위해서다.

순정 상태에서는 2개의 점화 플러그가 다른 열가를 사용하므로 점화 플러그를 교환할 때는 주의가 필요하다. 먼저 점화하는 플러그를 리딩 플러그, 나중에 점화하는 플러그를 트레이딩 플러그라고 한다. 요컨대 FD3S의 경우에 순정 상태에서는 9번과 7번 플러그를 사용하고 있다. 무엇보다 조금 세게 달릴 때는 2개의 플러그가 거의 동시에 점화를 하기 때문에 튜닝을 했을 때는 같은 열가의 플러그로 바꾸는 경우도 많다.

IQ를 더 높이자!! 로터리 엔진 용어 지식

페리트로코이드 곡선 Peritrochoid Curve

로터 하우징의 형상을 만드는 도형을 말한다. 1쌍의 잘록한 눈썹 같은 모양이다. 로터리 엔진은 2 : 3의 기어비로 설정된 바깥쪽 기어와 안쪽 기어를 조합시켰는데 바깥쪽 기어를 고정하고 안쪽 기어를 회전시킨다. 이때 안쪽 기어 한 곳에 펜을 연결해 두면 그 펜의 궤적이 페리트로코이드 곡선이 되는 것이다.

브리지 포트 사양 Bridge Port Option

사이드 포트 가공을 더 심화시킨 튜닝 방법이다. 흡기 포트의 구멍을 코너 실 궤적의 바깥쪽까지 확대하였을 경우 코너 실이 지나가는 부분만큼은 하우징 벽을 남겨두어야 한다. 그 남겨진 부분이 다리와 같은 모양을 하고 있다고 해서 브리지 포트라고 부르는 것이다.

페리페럴 포트 사양 Peripheral Port Option

흡기 포트의 튜닝 방법 가운데 하나. 사이드 포트의 흡기 포트를 막고 로터 하우징에 흡기 포트를 뚫는 방법이다. 브리지 포트보다 더 오버랩이 커서 고속회전·고출력형 파워의 특성을 보인다.

르네시스-S RENESIS-S

RX-8에 탑재되어 있는 B13B-MSP형 엔진의 애칭. 사이드 배기 포트 등을 사용하여 250ps을 발휘하는 NA 엔진. 연비도 뛰어나고 배기가스를 깨끗하게 하는데도 성공하고 있다.

자동차
튜닝 DIY Vol.1
TUNING HAND BOOK
알기쉬운 튜닝 사례
승인없이 변경 가능한 튜닝
승인을 받아야 하는 튜닝
승인이 불가능한 튜닝

자동차 튜닝DIY HAND BOOK Vol.1

2015년 1월 20일 초판 인쇄
2021년 9월 15일 초판 3쇄 발행

발 행 인 : 김 길 현
발 행 처 : (주)골든벨
등   록 : 제 1987-000018 호 © 2015 Golden Bell

● 주소 : 04316 서울특별시 용산구 245(원효로1가) 골든벨빌딩 5~6F
● TEL : (02)713-4135   ● FAX : (02)718-5510
● E-mail : 7134135@naver.com   ● http://www.gbbook.co.kr
● ISBN : 979-11-85343-84-6

※ 이 책은 일본의 삼영서방과 한국의 (주)골든벨과의
   한국어 번역판을 독점출판 계약을 맺었으므로 무단 전재와 무단 복제를 금합니다.

Motor Fan illustrated

Vol 1 친환경자동차

Vol 2 F1 머신
하이테크의 비밀

Vol 3 엔진 테크놀로지

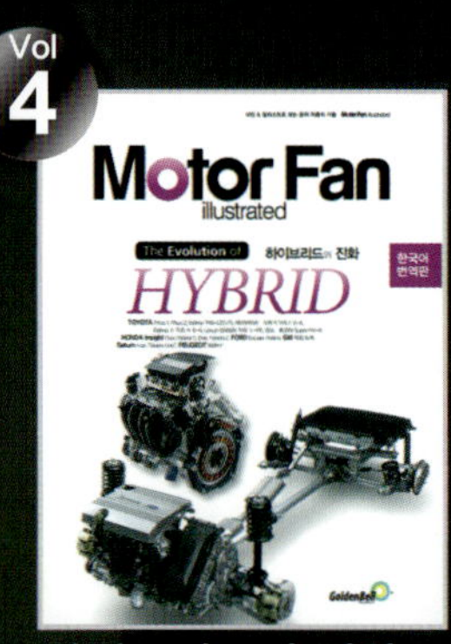

Vol 4 하이브리드의 진화

Vol 5 트랜스미션
오늘과 내일

Vol 6 가솔린 · 디젤
엔진의 기술과 전략

Vol 7 튜닝 F1 머신
공력의 기술

Vol 8 드라이브 라인
4WD & 종감속기어

Vol 9 자동차 디자인

Vol 10 조향 · 제동 쇽업소버

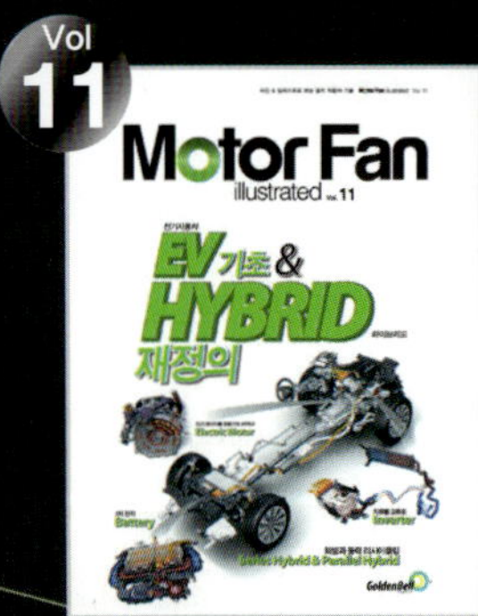

Vol 11 전기 자동차 기초 &
하이브리드 재정의

Vol 12 신소재 자동차 보디

Vol 13 타이어 테크놀로지

Vol 14 자동변속기 · CVT

Vol 15 디젤 엔진의 테크놀로지